清华电脑学堂

文档处理与排版标准教程（Word+InDesign）

宋翔 / 编著

清华大学出版社
北京

内容简介

本书以简洁的语言介绍了使用 Word 和 InDesign 编辑与排版文档所需掌握的主要功能、操作方法和实用技巧。本书提供了"动手实践""案例实战""疑难解答"几个栏目，以便增强学习效果，使读者可以更好地将理论知识与实践相结合。

本书共 9 章，内容分为 Word 和 InDesign 两部分：Word 部分中的内容主要包括文档基本操作和页面设置、文本编辑和格式设置、创建和设置表格、插入和设置图片、图文表混排、创建和使用样式与模板、自动编号和动态引用、创建目录、设置页眉和页脚、控制分节、使用主控文档处理长文档和多文档等；InDesign 部分中的内容主要包括 InDesign 界面环境和文档基本操作、使用排版定位工具、改变默认设置、添加和编辑文本、设置字符格式和段落格式、创建和设置表格、导入和设置图片、绘制和设置形状、组织和编排对象、创建和管理颜色、控制分页和分栏、添加页码、创建和使用主页、印前检查、打包文档、导出 PDF 文档等。

本书附赠案例文件、重点内容的多媒体视频教程和教学课件，案例文件包括原始文件和结果文件，既便于读者上机练习，又可以在练习后进行效果对比，从而快速掌握 Word 和 InDesign 的操作方法和技巧。

本书既适合想要学习使用 Word 和 InDesign 进行文档编辑和排版的用户，也适合从事版式设计的设计师和专业排版人员，还可作为各类院校和培训班的版式设计和排版的教材。

图书在版编目（CIP）数据

文档处理与排版标准教程 : Word+InDesign / 宋翔编著.—北京：清华大学出版社，2023.5
（清华电脑学堂）

ISBN 978-7-302-63225-2

Ⅰ.①文… Ⅱ.①宋… Ⅲ.①文字处理系统－教材②电子排版－应用软件－教材 Ⅳ.①TP391.12
②TS803.23

中国国家版本馆CIP数据核字（2023）第057077号

责任编辑：张　敏
封面设计：郭二鹏
责任校对：胡伟民
责任印制：刘海龙

出版发行：清华大学出版社
网　　址：http://www.tup.com.cn，http://www.wqbook.com
地　　址：北京清华大学学研大厦A座　　邮　　编：100084
社 总 机：010-83470000　　邮　　购：010-62786544
投稿与读者服务：010-62776969，c-service@tup.tsinghua.edu.cn
质 量 反 馈：010-62772015，zhiliang@tup.tsinghua.edu.cn
课 件 下 载：http://www.tup.com.cn，010-83470236
印 装 者：北京博海升彩色印刷有限公司
经　　销：全国新华书店
开　　本：170mm×240mm　　**印　　张**：13　　**字　　数**：340千字
版　　次：2023年7月第1版　　**印　　次**：2023年7月第1次印刷
定　　价：89.00元

产品编号：089825-01

前言

Word是使用率最高的文本编辑和排版应用程序，很多用户都在使用Word，而InDesign是专业的版式设计和排版人员使用的主要工具，这两个应用程序在文档编辑、制作和排版方面有着非常广泛的受众群体。编写本书的目的是帮助读者快速掌握使用Word和InDesign编辑和排版文档的方法和技巧，顺利完成实际工作中的任务，解决实际应用中的问题。本书主要有以下几个特点：

（1）全书包含大量案例，读者可以边学边练，快速掌握Word和InDesign的常用功能及其操作方法。案例文件包括原始文件和结果文件，既便于读者上机练习，又可以在练习后进行效果对比。

（2）每章穿插着几个“动手实践”栏目，读者可以跟着书中的步骤实际上机操作练习，快速理解和掌握知识点。

（3）每章有一个“案例实战”栏目，以一个综合案例贯穿本章涉及的重要知识点，将所学理论知识与实践相结合，快速提升实战水平。

（4）每章结尾的“疑难解答”栏目提供了在学习和操作过程中容易遇到的问题，并给出了相应的解决方法。

（5）在每个操作的关键点上使用红色框线进行醒目标注，读者可以快速找到操作的关键点，节省读图时间。

本书内容以Word 2019和InDesign CC 2017为主要操作环境，但是内容本身同样适用于大多数的Word和InDesign版本，这些不同版本在界面和功能两方面的差异很小，完全不影响本书的学习。

本书共9章，各章的具体情况见下表。

章　名	简　介
第1章　Word文档基本操作和页面设置	介绍Word界面环境及其各个部分的功能和用法，以及文档的基本操作和页面格式的设置方法
第2章　Word文本编辑和格式设置	介绍在Word中输入和编辑文本，以及为文本设置字符格式和段落格式的方法
第3章　Word表格和图片	介绍在Word中创建和设置表格与图片的方法，以及对图、文、表3种对象进行混合排版的方法
第4章　Word样式和模板	介绍Word样式和模板的创建与使用方法
第5章　Word长文档和多文档排版	介绍可以提高长文档或多文档的排版效率、减少人为失误的Word相关功能的使用方法
第6章　InDesign界面环境和文档的基本操作	介绍InDesign界面环境的组成结构和操作方法，以及InDesign文档的基本操作、排版辅助工具和更改默认设置的方法
第7章　InDesign文本和表格	介绍在InDesign中创建和编排文本与表格的方法

续表

章　　名	简　　介
第 8 章　InDesign 图片、图形和对象	介绍在 InDesign 中使用图片、图形的方法，以及这些对象和文本之间的排版方法，还介绍创建和管理颜色的方法
第 9 章　InDesign 页面布局设计和印前输出	介绍在 InDesign 中设计页面布局时使用的一些工具和方法，以及印前检查、打包、导出 PDF 等方面的操作

本书适合以下读者阅读：

- 希望学习 Word 和 InDesign 的常用功能和操作方法的用户。
- 希望提高文档制作水平和排版效率的用户。
- 使用 Word 和 InDesign 设计和制作各类型文档的用户。
- 使用 InDesign 进行版式设计和排版的设计师和排版人员。
- Word 和 InDesign 爱好者。
- 在校学生和社会求职者。

本书附赠以下资源：

- 本书案例文件，包括原始文件和结果文件。
- 本书重点内容的多媒体视频教程。
- 本书教学课件。

读者可以扫描下方二维码下载本书的配套资源。

案例文件

视频教程

教学课件

作者

2023 年 2 月

目录

Word 文档基本操作和页面设置

Word 文本编辑和格式设置

Word 表格和图片

Word 样式和模板

Word 长文档和多文档排版

InDesign 界面环境和文档的基本操作

InDesign 文本和表格

InDesign 图片、图形和对象

InDesign 页面布局设计和印前输出

第1章 Word文档基本操作和页面设置

使用 Word 编辑和排版文档之前，首先应该熟悉 Word 的界面环境及其各个部分的功能和用法，并掌握文档的基本操作和页面格式的设置，这些都是进行后续操作的基础，本章将介绍上述这些内容。

1.1. 熟悉 Word 界面环境

在使用 Word 编辑和排版文档之前，首先需要熟悉 Word 程序的界面环境，并可根据个人操作习惯，对 Word 界面进行自定义设置，从而提高操作效率。

1.1.1 Word 界面整体结构

Word 界面由标题栏、快速访问工具栏、功能区、“文件”按钮、内容编辑区、状态栏等部分组成，如图 1-1 所示。

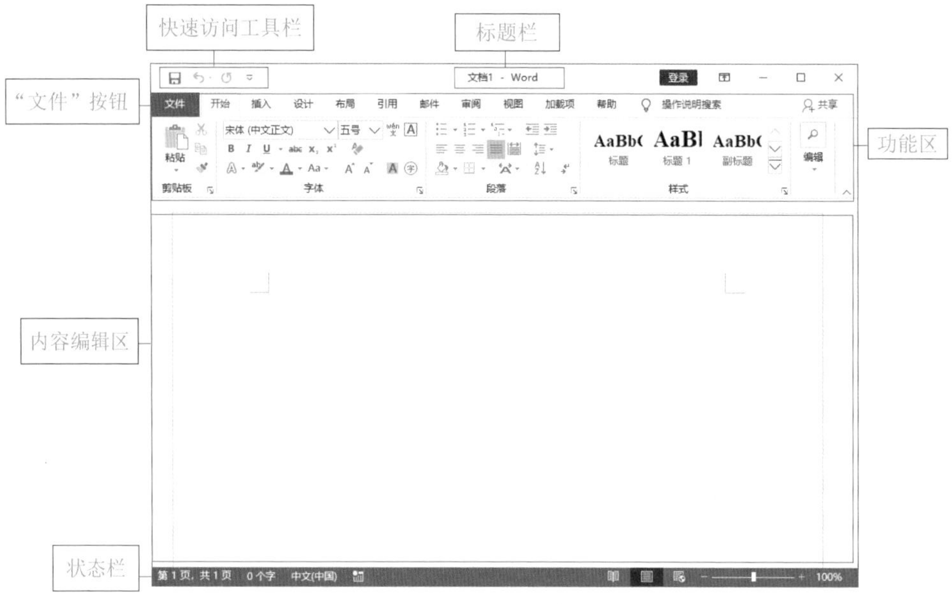

图 1-1 Word 界面的整体结构

- 标题栏：显示当前打开的 Word 文件的名称（例如“文档 1”）和 Word 程序的名称。
- 快速访问工具栏：排列着一个或多个按钮，单击这些按钮可以快速执行 Word 命令。默认只显示“保存”“撤销”和“恢复”3 个命令，用户可以在快速访问工具栏中添加更多的命令或删除不需要的命令。
- 功能区：功能区是一个与 Word 窗口等宽的矩形区域，由多个选项卡组成，Word 中的大量命令按照类别分布在这些选项卡中。用户可以在功能区中添加新的选项卡，并可自由组织选项卡中包含的命令。
- “文件”按钮：单击“文件”按钮，在打开的菜单中包含与文件操作有关的命令，例如新建、打开、保存、打印等。
- 内容编辑区：用户在 Word 文件中输入、编辑和排版的内容都位于内容编辑区中。当内容太多而无法完全显示在窗口中时，可以拖动水平滚动条或垂直滚动条上的滑块来查看未显示的内容。

- 状态栏：显示 Word 文档中的一些状态信息，例如当前显示的页面的页码以及文档的总页数。

1.1.2 快速访问工具栏

在 Word 程序中打开一个文档后，Word 程序窗口的顶部将显示该文档的名称和 Word 程序的名称，该部分称为“标题栏”。快速访问工具栏默认位于标题栏的左侧，其中包含一些命令，它们以按钮的形式显示，单击这些按钮将执行相应的 Word 命令，如图 1-2 所示。

图 1-2 快速访问工具栏

快速访问工具栏默认位于功能区的上方，可以将其显示到功能区的下方，只需右击快速访问工具栏，在弹出的菜单中选择“在功能区下方显示快速访问工具栏”命令，如图 1-3 所示。

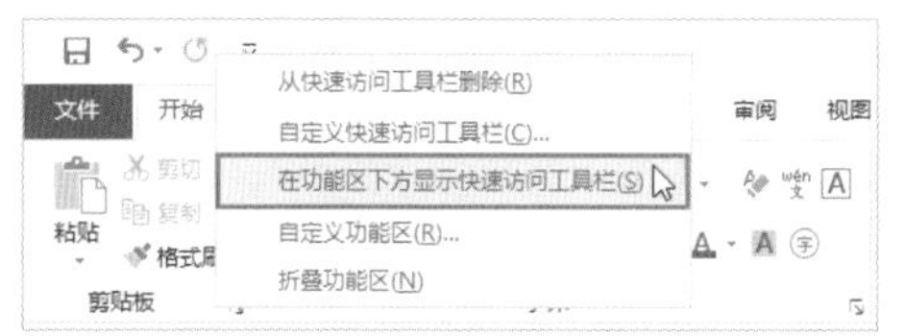

图 1-3 选择“在功能区下方显示快速访问工具栏”命令

1.1.3 功能区

功能区位于 Word 窗口标题栏的下方，它是一个横向贯穿整个 Word 窗口的矩形区域，如图 1-4 所示。在功能区中包含多个选项卡，每个选项卡的名称显示在选项卡的上方，例如“开始”选项卡、“插入”选项卡。单击选项卡的名称将激活相应的选项卡，并使其中的命令显示在功能区中，然后可以执行其中的命令。

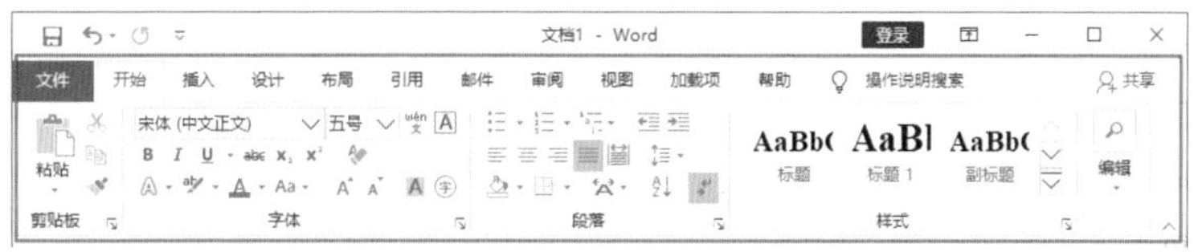

图 1-4 功能区

在功能区的各个选项卡中包含很多 Word 命令，每个选项卡中的命令按照功能划分为多个组。例如，“布局”选项卡中的命令分为“页面设置”“段落”和“排列”3 个组。

功能区中的命令分为多种类型，有可以直接单击就能执行操作的“按钮”，例如“开始”选项卡中的“格式刷”按钮，如图 1-5 所示；也有可以从多个选项中选择其中之一的“下拉列表”和“单选钮”，例如“开始”选项卡中的“字体”下拉列表，如图 1-6 所示；还有可以同时勾选多个选项的“复选框”，例如“视图”选项卡中的几个复选框，如图 1-7 所示。

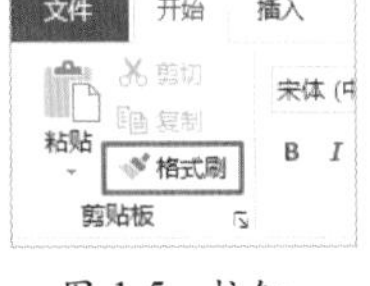

图 1-5　按钮

图 1-6　下拉列表

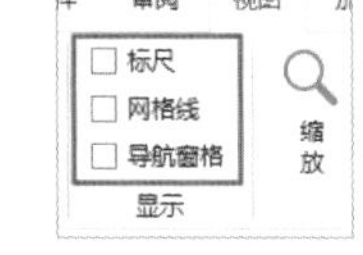

图 1-7　复选框

在某些组的右下角有一个“对话框启动器”按钮，如图 1-8 所示。单击该按钮将打开一个对话框，其中包含该按钮所在的组中的所有命令和选项，以及并未显示在组中的选项。例如，在“开始”选项卡中单击“字体”组右下角的按钮，将打开“字体”对话框。

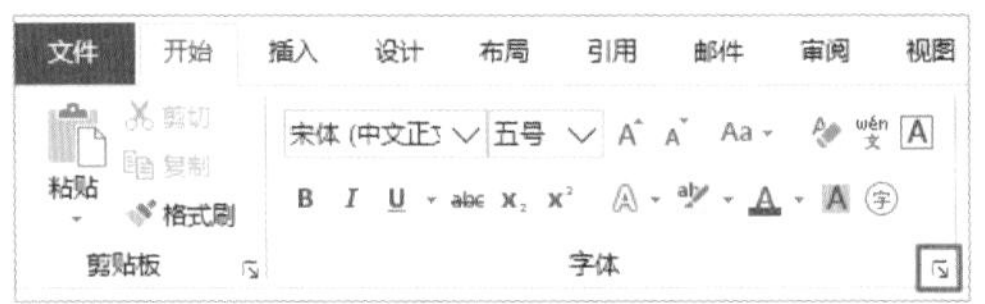

图 1-8　“对话框启动器”按钮

如需扩大内容编辑区的空间，可以将功能区折叠起来，只需双击功能区中任意一个选项卡的名称，此时将只显示选项卡的名称，而不会显示选项卡中的命令，如图 1-9 所示。在功能区折叠的状态下单击任意一个选项卡的名称，将临时显示选项卡中的命令；单击其他位置时，选项卡会再次折叠起来。

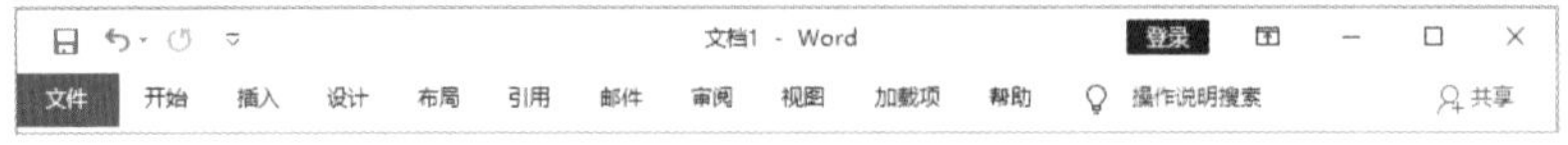

图 1-9　折叠功能区

注　意

当 Word 程序窗口以最大化方式显示时，功能区中的大多数命令控件都能完整显示出来。如果改变窗口的大小，为了适应窗口尺寸的变化，一些命令控件的外观和尺寸会自动调整。例如，原来同时显示文字和图标的按钮，将变成只显示图标而隐藏文字。还有其他一些变化，读者可以留心观察。

1.1.4 状态栏

状态栏位于 Word 窗口的底部，如图 1-10 所示。状态栏的左侧显示了当前文档的一些相关信息，例如当前显示在窗口中页面的页码以及文档的总页数；右侧提供了用于调整页面显示比例和视图切换的控件，使用这些控件可以调整页面的显示比例，以及在不同的视图之间切换。

图 1-10 状态栏

提 示

用户可以选择要在状态栏中显示哪些内容，只需右击状态栏，在弹出的菜单中进行选择，开头带有对钩标记的选项表示当前正显示在状态栏上。

1.1.5 视图

视图是为完成特定任务提供的便捷操作环境，不同的视图提供了用于完成特定任务的命令和工具。Word 有 5 种视图：页面视图、大纲视图、草稿视图、阅读视图、Web 版式视图。可以使用以下两种方法在不同视图之间切换：

- 单击状态栏右侧的视图按钮，如图 1-11 所示。
- 单击功能区的“视图”选项卡中的视图按钮，如图 1-12 所示。

图 1-11 状态栏中的视图按钮

图 1-12 功能区中的视图按钮

动手实践 自定义设置 Word 界面

为了让 Word 界面符合个人操作习惯，用户可以将自己常用的命令添加到快速访问工具栏和功能区中，以便加快命令的执行速度，提高操作效率。

1. 自定义设置快速访问工具栏

单击快速访问工具栏右侧的下拉按钮 ，弹出如图 1-13 所示的菜单，其中带有对钩标记的命令表示已被添加到快速访问工具栏。选择没有对钩标记的命令，即可将其添加到快速访问工具栏。如果选择带有对钩标记的命令，则会将其从快速访问工具栏中删除。

如需将功能区中的命令添加到快速访问工具栏，可以右击功能区中的某个命令，在弹出的菜单中选择“添加到快速访问工具栏”命令，如图 1-14 所示。

如需添加的命令不在功能区中，可以右击快速访问工具栏，在弹出的菜单中选择“自定义快速访问工具栏”命令，打开“Word 选项”对话框的“快速访问工具栏”选项卡，在左侧的下拉列表中选择“不在功能区中的命令”，如图 1-15 所示。

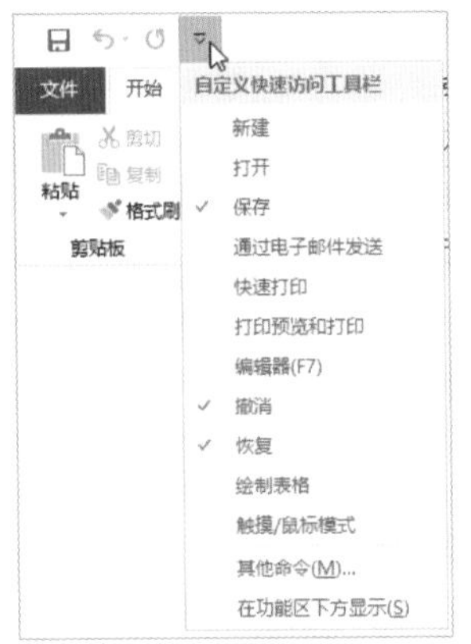

图 1-13　在下拉菜单中选择要添加的命令

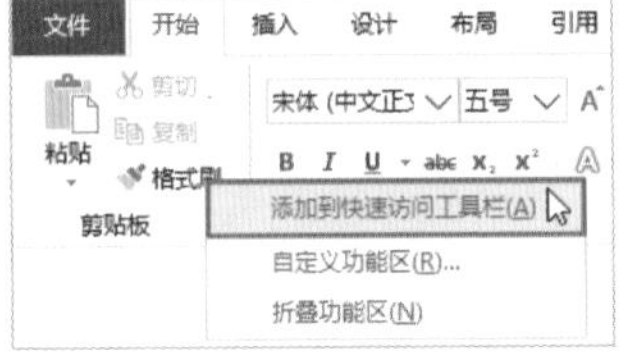

图 1-14　添加功能区中的命令

图 1-15　选择“不在功能区中的命令”

在左侧下方的列表框中将显示“不在功能区中的命令”类别中的命令，选择要添加的命令，然后单击“添加”按钮，即可将该命令添加到右侧的列表框中，如图 1-16 所示。位于右侧列表框中的命令都会显示在快速访问工具栏中，单击“上移”按钮▲或“下移”按钮▼可以调整命令的排列顺序。

使用以下两种方法可以删除快速访问工具栏中的命令：

- 在快速访问工具栏中右击要删除的命令，然后在弹出的菜单中选择“从快速访问工具栏删除”命令。
- 打开“Word 选项”对话框的“快速访问工具栏”选项卡，在右侧的列表框中选择要删除的命令，然后单击“删除”按钮。

图 1-16 将命令添加到快速访问工具栏

2. 自定义设置功能区

自定义设置功能区的方法与自定义快速访问工具栏类似，右击功能区，在弹出的菜单中选择“自定义功能区”命令，打开“Word 选项”对话框的“自定义功能区”选项卡，在左侧的下拉列表中选择命令所在的位置，然后在下方的列表框中选择所需的命令，再在右侧的列表框中选择一个组，单击“添加”按钮，即可将所选命令添加到选中的组中。

自定义功能区时，通过使用“新建选项卡”“新建组”和“重命名”3 个按钮，如图 1-17 所示，既可以在 Word 默认的选项卡中创建新的组，并将所需命令添加到新建的组中，又可以创建新的选项卡，并在新建的选项卡中创建新的组，然后将所需命令添加到组中。无论哪种情况，都可以修改选项卡、组和命令的名称。

图 1-17 自定义功能区

只能将命令添加到用户创建的组中，而不能将其添加到默认的组中。

1.2 文档基本操作

文档的基本操作包括文档的新建、打开、保存、关闭、恢复等，它们是对文档进行其他操作的基础。

1.2.1 新建文档

启动 Word 时默认显示“开始屏幕”界面，如图 1-18 所示。界面上方以缩略图的形式显示了几个 Word 内置模板，可以使用这些模板创建新的文档；界面下方列出了最近打开过的一些文档的名称，以便用户可以再次快速打开这些文档。

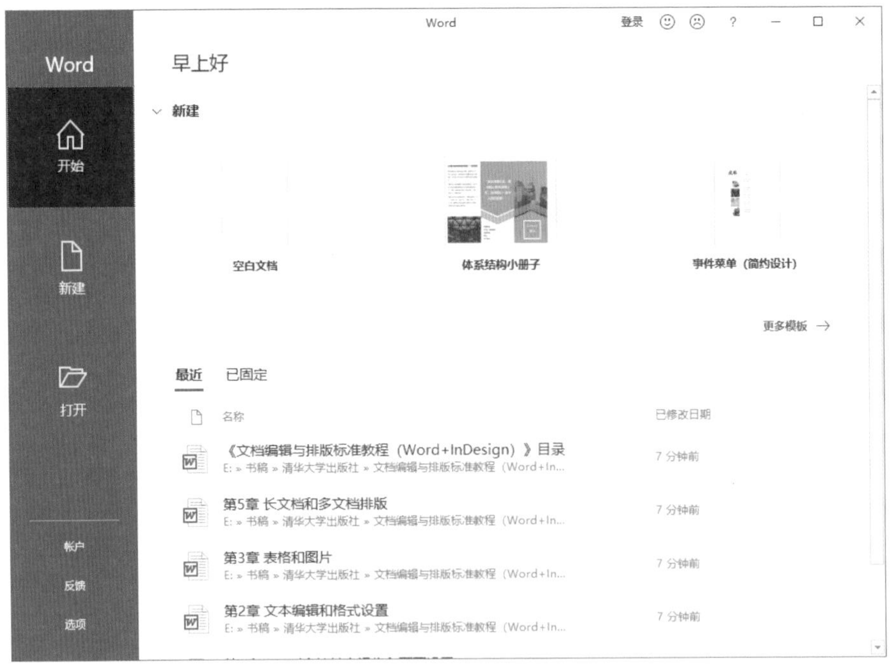

图 1-18 “开始屏幕”界面

如需创建新的文档，可以在 Word 开始屏幕的左侧单击“新建”，进入如图 1-19 所示的界面，然后执行以下操作：

- 单击界面上方的“空白文档”，将创建一个不包含任何内容的文档。
- 界面下方的“Office”类别中显示了一些模板，使用这些模板可以快速创建符合特定应用需求和外观的文档。如需获得更多的模板，可以在文本框中输入关键字进行搜索。

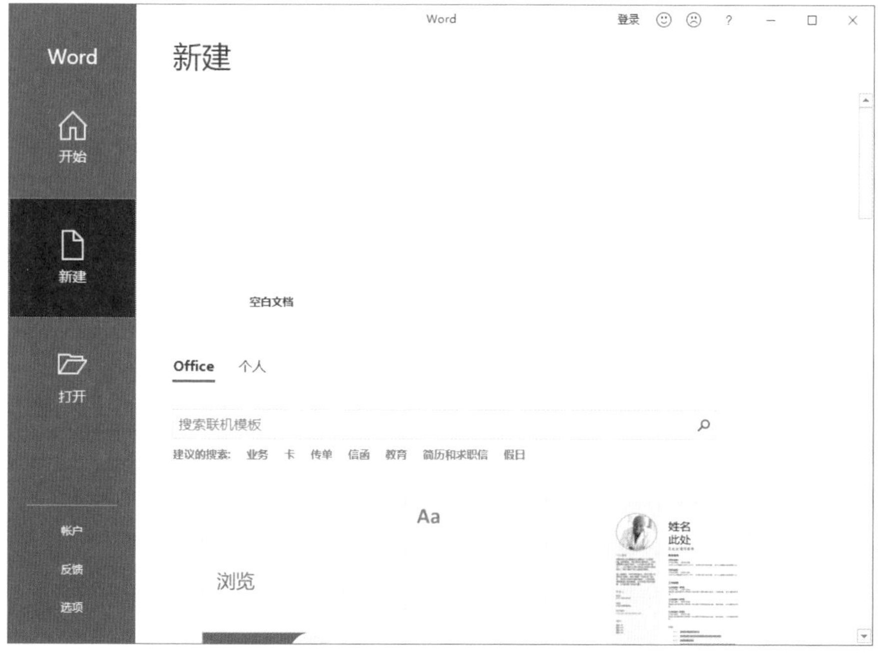

图 1-19　新建文档的界面

提　示

除了使用 Word 内置模板之外，用户也可以使用自己创建或收集的模板来创建新的文档，这些模板显示在“个人”类别中。

无论使用 Word 内置模板还是用户自己的模板，只需单击模板对应的缩略图，即可基于该模板创建新的文档。如图 1-20 所示为单击名为“三折小册子（蓝色）”的模板后显示的界面，单击界面中的“创建”按钮，将基于该模板创建文档。

图 1-20　使用内置模板创建文档的界面

如果已经离开了Word开始屏幕，并进入Word文档窗口，此时如需新建文档，可以单击“文件”按钮后选择“新建”命令，然后在进入的界面中操作，该界面的外观与Word开始屏幕类似。

1.2.2 打开文档

当需要查看或编辑存储在计算机中的文档时，需要先在Word中将其打开。在Word开始屏幕的左侧单击“打开”，或者在Word文档窗口中单击“文件”|“打开”命令，进入如图1-21所示的界面，该界面分为左右两列，左列显示“最近”“OneDrive”和“这台电脑”等几个命令，右列显示的内容根据用户在左列选择的命令而变。例如，如果在左列选择“最近”，则右列将显示最近打开过的文档名称。

图 1-21　打开文档的界面

提　示

在Word 2007及更高版本的Word中打开.doc或.dot格式的文档时，将在Word窗口的标题栏中显示“[兼容模式]”字样，并禁用在Word早期版本中不支持的新功能，如图1-22所示。

图 1-22　兼容模式

注 意

如需退出兼容模式，可以单击“文件”|“信息”命令，在进入的界面中单击“转换”按钮，如图 1-23 所示，然后在打开的对话框中单击“确定”按钮，即可将当前文档升级到新的文件格式(即.docx 或.dotx)。转换后即可在文档中使用 Word 高版本中的新功能，标题栏中的“[兼容模式]”字样也会自动消失。

图 1-23　转换文档格式

拓 展

受保护的视图是在打开任何可能存在安全隐患的文档时提供的一种保护措施。默认情况下，当在 Word 中打开从 Internet 中下载的文件、从 Outlook 中下载的附件，以及位于不安全位置中的文件时，这些文件都将自动在受保护的视图中打开。此时会在 Word 窗口顶部的标题栏中显示“[受保护的视图]”字样，功能区下方将显示一个黄色的消息栏，并禁用大多数编辑功能，如图 1-24 所示。如果确定文档是安全的，则可以单击消息栏中的“启用编辑”按钮，恢复文档的编辑功能。

图 1-24　在受保护的视图中打开文档

1.2.3　保存和另存文档

保存文档有两层含义：对于新建的文档来说，保存文档会将其以文件的形式存储在计算机磁盘中，便于以后反复查看和编辑；对于已经存储在计算机磁盘中的文档，保存文档会将当前的编辑成果记录下来，以便在下次打开这个文档时，可以继续之前未完成的编辑，而不会丢失上次编辑过的内容。

单击“文件”|“保存”命令或按 Ctrl+S 组合键，即可保存当前文档。如果该文档从未被保存过，则将显示“另存为”对话框，如图 1-25 所示。用户需要为文档选择保存位置和文件名，然后单击“保存”按钮，即可将该文档以指定的名称保存到选择的位置。

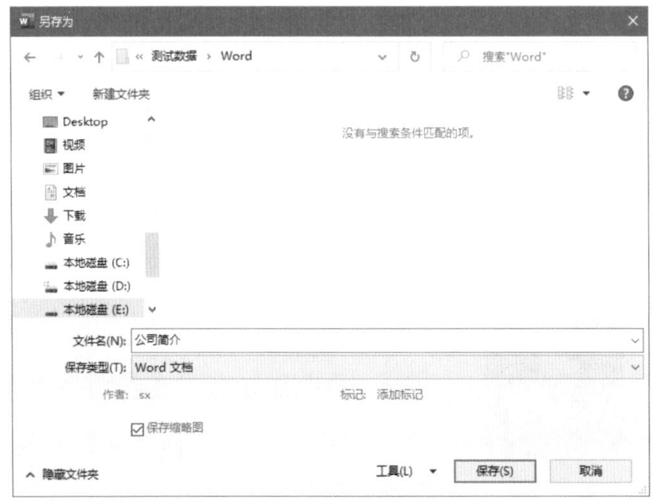

图 1-25 “另存为”对话框

如果在修改文档的内容后，既想保存修改结果，又不想破坏原来的文档，则可以单击“文件”|“另存为”命令，将文档以另一个名称保存，相当于为文档创建了一个副本。

1.2.4 关闭文档

当不再使用文档时，可以将其关闭，以释放其占用的内存空间。单击“文件”|“关闭”命令，即可关闭当前文档。如果在关闭文档时存在未保存的内容，则将显示如图 1-26 所示的对话框，可以执行以下几种操作：

- 单击“保存”按钮，保存文档后将其关闭。
- 单击“不保存”按钮，不保存文档并将其关闭。
- 单击“取消”按钮，不保存也不关闭文档。

图 1-26 选择关闭文档的方式

1.2.5 恢复未保存的文档

Word 允许用户恢复新建但未保存到计算机磁盘中的文档。例如，在 Word 中新建一个文档，然后在其中输入几个字，或者仅仅是按了一两次空格键或 Enter 键。在不保存该文档的情况下将其关闭，以后用户可以恢复该文档中的内容。

该恢复功能仅在 Word 2010 及更高版本的 Word 中有效。

如需恢复未保存的文档，可以在 Word 开始屏幕中单击“打开”，或者在文档窗口中单击“文件”|“打开”命令，在进入的界面中单击“恢复未保存的文档”按钮（参见图 1-21）。打开如图 1-27 所示的对话框，双击要恢复的文档，将在 Word 中打开该文档，并显示其中包含的内容，然后将该文档以指定的名称保存到计算机磁盘中即可。

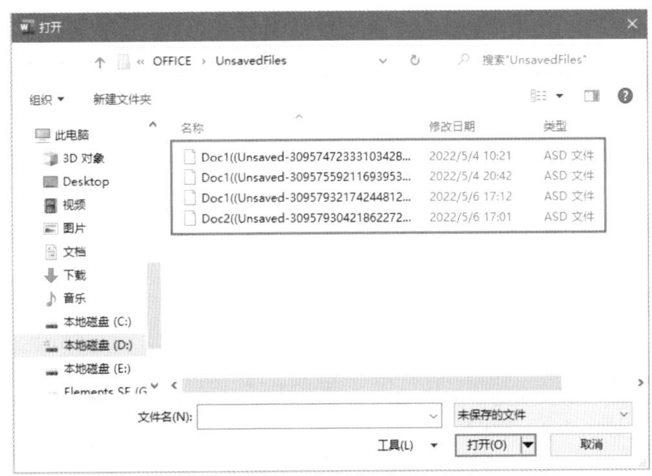

图 1-27 选择要恢复的文档

动手实践 为文档加密

为了使文档中的内容不会轻易被他人获悉，可以为文档加密，只有知道密码的用户才能打开和修改文档。密码分为打开密码和修改密码两种。

1. 设置文档的打开密码

文档的打开密码是指在打开文档时需要输入正确的密码，如果输入错误的密码，则无法打开文档。设置文档的打开密码的操作步骤如下：

（1）单击“文件”|“信息”命令，在进入的界面中单击“保护文档”按钮，然后在弹出的菜单中选择“用密码进行加密”命令，如图 1-28 所示。

（2）打开“加密文档”对话框，在文本框中输入打开文档时的密码，然后单击“确定”按钮，如图 1-29 所示。

（3）在打开的对话框中再输入一遍相同的密码，然后单击“确定”按钮。

此时已为文档设置好打开密码，执行“保存”命令将密码存储到当前文档中。下次打开该文档时将要求用户输入密码，只有输入正确的密码才能打开该文档。

如需删除文档的打开密码，可以重复执行上述第一步中的操作，删除“加密文档”对话框中的密码，然后单击“确定”按钮，最后保存文档。

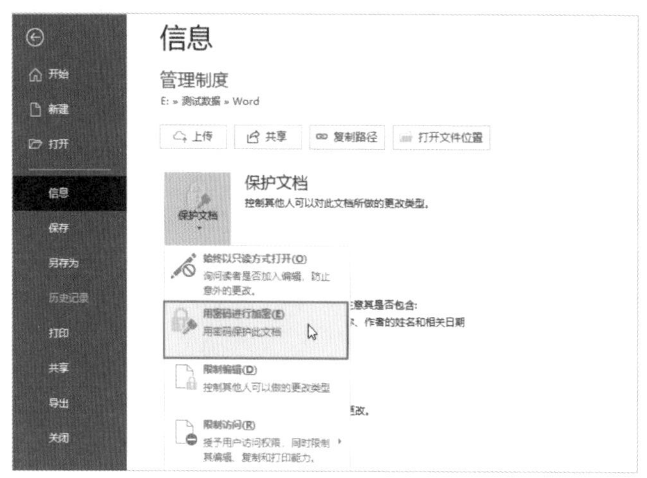

图 1-28　选择“用密码进行加密”命令

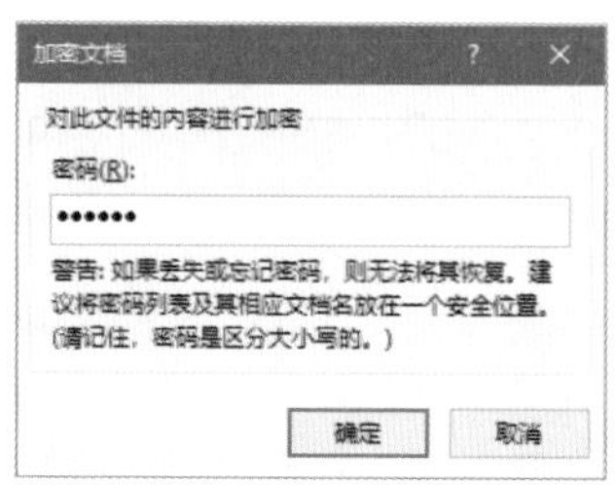

图 1-29　设置文档的打开密码

2. 设置文档的修改密码

只有输入正确的密码才能对打开的文档进行修改，否则将只能浏览打开的文档，而不能对其进行修改。设置文档的修改密码的操作步骤如下：

（1）按 F12 键，打开“另存为”对话框，单击“工具”按钮，然后在弹出的菜单中选择“常规选项”命令，如图 1-30 所示。

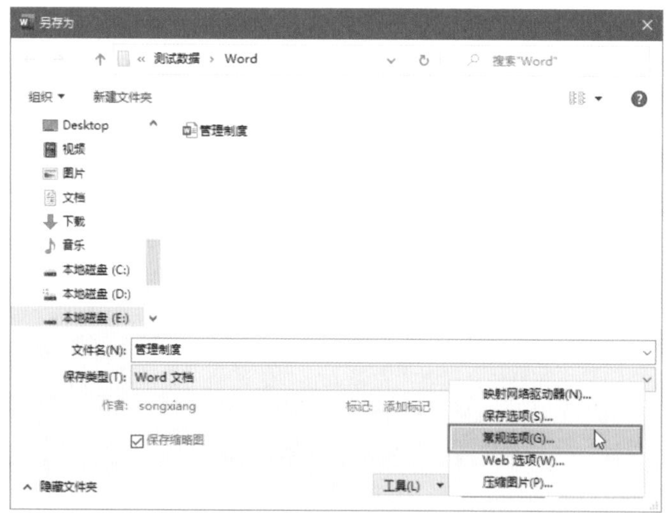

图 1-30　选择“常规选项”命令

（2）打开“常规选项”对话框，在“修改文件时的密码”文本框中输入文档的修改密码，然后单击“确定”按钮，如图 1-31 所示。

（3）在打开的对话框中再输入一遍相同的密码，然后单击“确定”按钮。

（4）返回“另存为”对话框，指定文档的名称和保存位置，然后单击“保存”按钮，即可设置好文档的修改密码。

下次打开该文档时将要求用户输入密码，只有输入正确的密码才能对文档内容进行修改，否则只能单击“只读”按钮打开文档，但是无法修改文档中的内容。

图 1-31　设置文档的修改密码

1.2.6　打印文档

为了以纸质形式保存文档，可以将编辑好的文档打印到纸张上。打印前需要进行一些设置，例如打印机、纸张、打印的页面范围等。

单击“文件”|“打印”命令，进入如图 1-32 所示的界面，该界面分为左、右两部分，左侧是可以设置的打印选项，右侧显示的是打印预览效果。

技巧

如果打印预览效果中的页面没有完整显示，则可以单击界面右下角的按钮，即可自动调整页面的大小使其完整显示。

通过界面左侧的打印选项，可以设置打印机、纸张的尺寸和方向、页边距、打印的页面范围和顺序、打印的份数等，只需打开这些选项的下拉列表，然后选择所需的选项或输入设置值即可。

设置打印的页面范围时，除了可以选择预置的范围，例如所有页、当前页或选中的内容之外，还可以在“页数”文本框中输入要打印的页码或页码范围，有以下几种情况：

- 打印连续的页面：使用“-”符号指定连续的页面范围，例如“2-5”表示打印第 2 ～ 5 页。
- 打印不连续的页面：使用“,”符号指定不连续的页面，例如“1,3,5”表示打印第 1、3、5 页。

图 1-32 打印预览和设置界面

- 打印连续和不连续的页面：同时使用“-”和“,”符号指定连续和不连续的页面，例如“1,3,5-8”表示打印第 1、3 页以及第 5 ～ 8 页。
- 打印包含节的页面：如果为文档设置了分节，则可以使用字母 s 表示节，字母 p 表示页，页在前、节在后，字母不区分大小写，例如“p3s2”表示第 2 节第 3 页。可以结合前几种方法指定包含节和页的打印范围，例如“p3s2-p6s5”表示打印第 2 节第 3 页到第 5 节第 6 页中的内容。

设置好打印选项并确认预览效果正确之后，可以单击界面上方的“打印”按钮打印文档。

1.3 设置文档的页面格式

在文档中添加内容并排版之前，首先应该确定好文档的页面格式，主要包括页面的方向、大小、页边距、页眉和页脚的大小等。如果在编排内容后再设置页面格式，会导致已排好版的内容位置发生变动或产生错位，进而可能会导致某些页面的底部出现大面积空白，并使既定页码发生变化。因此，文档的页面格式最好在编排内容之前预先设置好。

1.3.1 设置页面方向

在 Word 中新建的空白文档的页面方向默认为纵向，用户可以随时将页面方向更改为横向。只需在功能区的“布局”选项卡中单击“纸张方向”按钮，然后在打开的列表中选择“横向”，如图 1-33 所示。

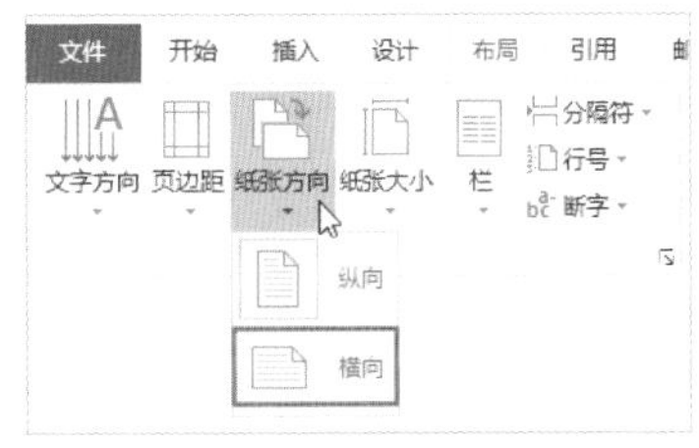

图 1-33　更改页面方向

注意

无论更改哪一页的页面方向，文档中其他页面的方向都会自动调整为相同的方向。

1.3.2　设置页面尺寸

页面尺寸即纸张大小，Word 提供了很多纸张大小的规格，可以直接选择这些预置规格，也可以自定义设置纸张的大小。在功能区的“布局”选项卡中单击“纸张大小”按钮，然后在打开的列表中选择预置的纸张大小，如图 1-34 所示。

如需自定义设置纸张的大小，可以选择图 1-35 所示的下拉列表底部的“其他纸张大小”命令，打开“页面设置”对话框的“纸张”选项卡，在“宽度”和“高度”两个文本框中分别输入纸张的宽度和高度，然后单击“确定”按钮，如图 1-35 所示。

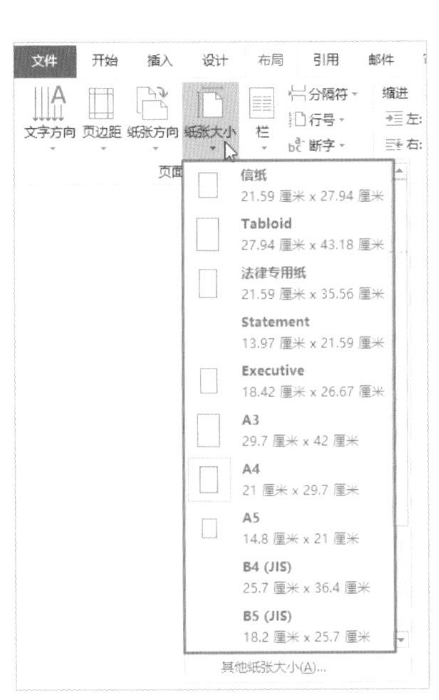

图 1-34　选择预置的纸张大小

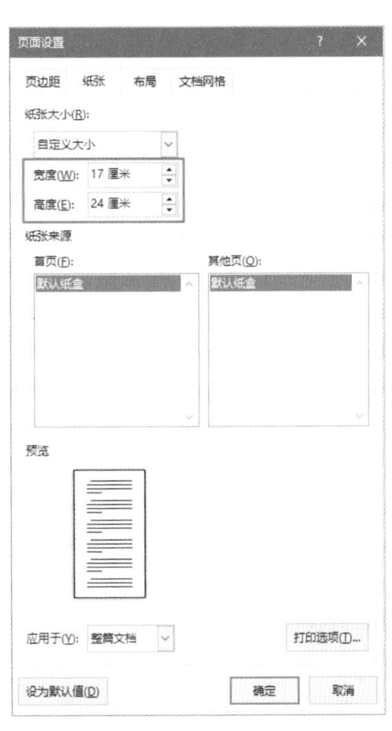

图 1-35　自定义设置纸张大小

1.3.3　设置页边距

页边距是指版心的 4 个边缘与页面对应的 4 个边缘之间的距离，设置页边距实际上是在确定页面版心的大小。版心是页面中面积最大的区域，文档中的主要内容都位于版心。根据纸张和页边距的大小，可以使用以下公式计算出版心的大小：

版心的宽度 = 纸张的宽度 – 页面左边距 – 页面右边距
版心的高度 = 纸张的高度 – 页面上边距 – 页面下边距

与设置纸张大小的方式类似，可以选择 Word 预置的页边距，也可以自定义设置页边距。在功能区的“布局”选项卡中单击“页边距”按钮，然后在打开的列表中选择预置的页边距，如图 1-36 所示。

如需自定义设置页边距，可以在图 1-37 所示的下拉列表的底部选择“自定义页边距”命令，打开“页面设置”对话框的“页边距”选项卡，在“上”“下”“左”和“右”4 个文本框中分别输入 4 个页边距的值，然后单击“确定”按钮，如图 1-37 所示。

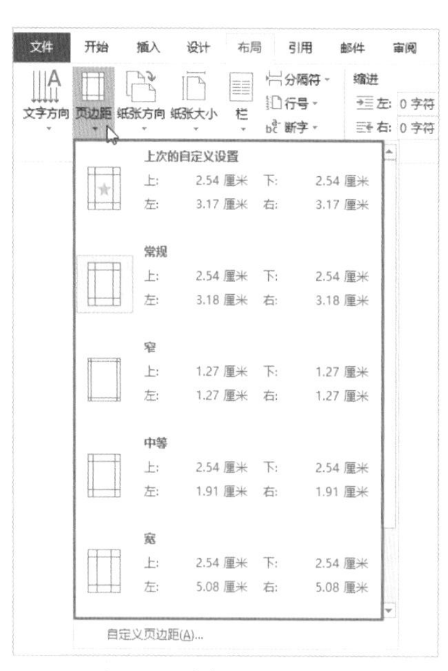

图 1-36　选择预置的页边距

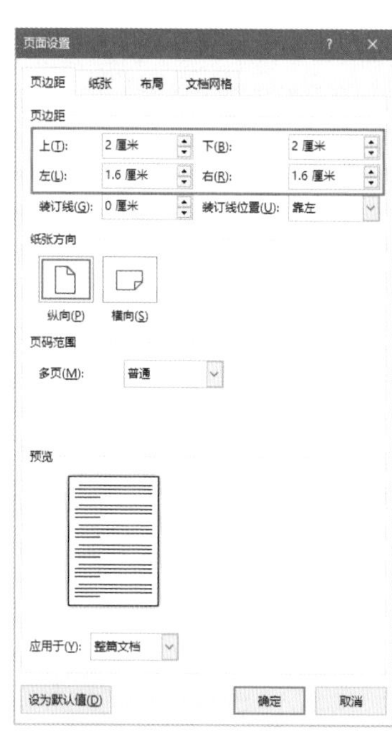

图 1-37　自定义设置页边距

1.3.4　设置页眉和页脚的大小

图 1-38　设置天头和地脚的大小

页眉位于版心的上方，页脚位于版心的下方。与版心大小的计算方法有些类似，页眉和页脚的大小也无法直接设置，而是需要通过页面的上边距和下边距的大小，以及天头和地脚的大小计算得到。天头是页眉以上的空白，地脚是页脚以下的空白。“页面设置”对话框的“布局”选项卡中的“页眉”和“页脚”两个选项设置的是天头和地脚的大小，如图 1-38 所示。

使用以下公式可以计算出页眉和页脚的大小：

页眉 = 页面上边距 – 天头
页脚 = 页面下边距 – 地脚

1.4 案例实战：创建标准公文页面尺寸的文档

标准公文的纸张大小为A4，页面的上边距为3.7厘米，左边距为2.8厘米，版心的宽度为15.6厘米，高度为22.5厘米，页码位于版心下边缘下方7毫米的位置。创建符合上述尺寸要求的公文文档的操作步骤如下：

（1）启动Word程序，新建一个空白文档。

（2）在功能区的“布局”选项卡中单击“纸张大小”按钮，然后在打开的列表中选择“A4”，如图1-39所示。

（3）单击功能区中的“布局”|“页面设置”组右下角的对话框启动器，打开“页面设置”对话框，在“页边距”选项卡的“上”和“下”两个文本框中分别输入“3.7厘米”和“3.5厘米”，在“左”和“右”两个文本框中分别输入“2.8厘米”和“2.6厘米”，然后单击“确定”按钮，如图1-40所示。

图1-39 设置纸张大小

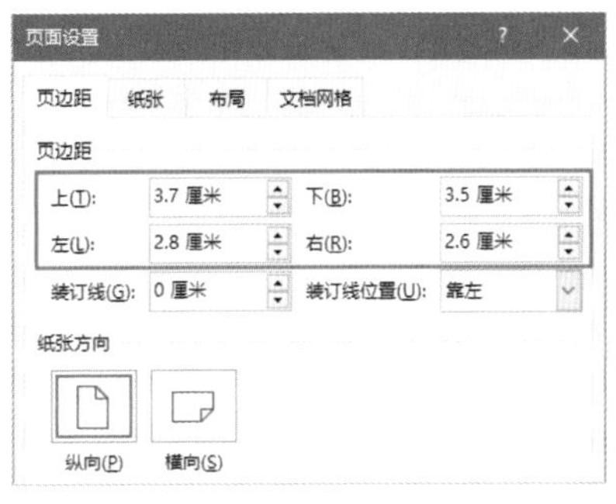

图1-40 设置页边距

技巧

A4纸张的宽度为21厘米，高度为29.7厘米。本例要设置的版心宽度为15.6厘米，高度为22.5厘米，并且已经给出上边距和左边距的值分别为3.7厘米和2.8厘米，因此，可以通过公式计算出所需设置的下边距和右边距的值。

下边距：29.7-22.5-3.7=3.5厘米

右边距：21-15.6-2.8=2.6厘米

（4）在“页面设置”对话框中切换到“布局”选项卡，将“页脚”设置为“2.8厘米”，然后单击“确定”按钮，如图1-41所示。

技巧

本例设置的“页脚”选项由以下公式计算得到：下边距为-7毫米。由于下边距是3.5厘米，所以最后的计算结果为：3.5−0.7=2.8（厘米）。

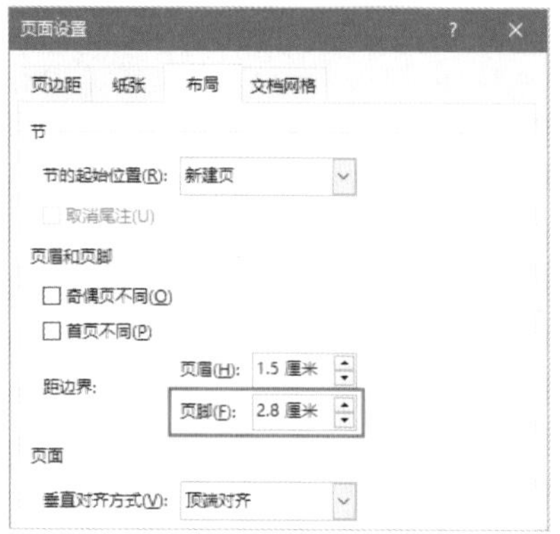

图 1-41　设置页码位置

（5）将文档以“标准公文页面尺寸”名称保存到指定的文件夹。

1.5　疑难解答

1.5.1　如何在打开或保存文档时不显示开始屏幕

默认情况下，每次在 Word 窗口中执行文档的“打开”或“保存”命令时，都会显示开始屏幕。如需隐藏开始屏幕，可以单击“文件”|“选项”命令，打开“Word 选项”对话框，在“保存”选项卡中勾选“使用键盘快捷方式打开或保存文件时不显示 Backstage”复选框，然后单击“确定”按钮，如图 1-42 所示。

图 1-42　勾选“使用键盘快捷方式打开或保存文件时不显示 Backstage”复选框

1.5.2 如何一次性关闭所有打开的文档

需要将“全部关闭”命令添加到快速访问工具栏或功能区中，该命令位于“Word 选项”对话框的“快速访问工具栏”或“自定义功能区”选项卡中的“不在功能区中的命令”类别中，如图 1-43 所示。

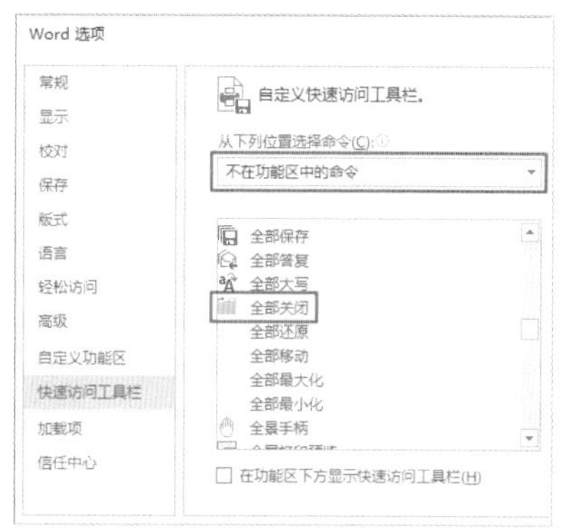

图 1-43 使用“全部关闭”命令可以快速关闭打开的所有文档

将该命令添加到快速访问工具栏或功能区后，执行该命令，即可一次性关闭所有打开的文档。

1.5.3 为何无法恢复未保存的文档

关闭从未保存过的文档时，下次无法恢复该文档中的内容。解决此问题的方法是在“Word 选项”对话框的“保存”选项卡中勾选“如果我没保存就关闭，请保留上次自动恢复的版本”复选框，如图 1-44 所示。

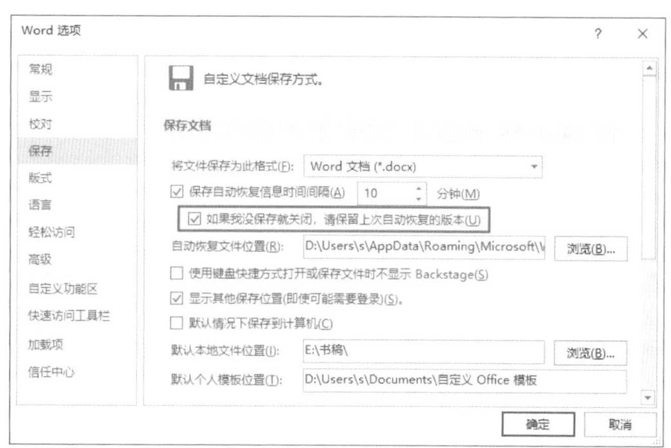

图 1-44 勾选“如果我没保存就关闭，请保留上次自动恢复的版本”复选框

如果勾选该复选框后，仍然无法恢复未保存的文档，则需要确保在新建但未保存的文档中的编辑时间，不短于在图 1-44 所示的“保存自动恢复信息时间间隔”文本框中设置的时长。

第 2 章 Word 文本编辑和格式设置

文本是构成文档内容的主要元素，包括中文汉字、英文字母、数字、标点符号，以及特殊符号等。完成文档的页面格式设置之后，接下来要做的是在文档中添加文本，然后为其设置所需的格式。本章将介绍在 Word 中输入和编辑文本，以及为文本设置字符格式和段落格式的方法。

2.1 输入和编辑文本

文本是文档内容的主要组成部分，构建文档内容的第一步就是在文档中输入文本。本节将介绍输入和编辑文本的方法，包括文本的输入、选择、修改、替换、移动、复制、删除等。

2.1.1 输入文本

图 2-1 文档中的插入点

在输入内容之前，首先应该了解 Word 是如何控制内容的输入位置和方式的。无论是新建的还是已有的 Word 文档，在每个文档中都包含一条闪烁的竖线，它决定输入的内容位于文档的哪个位置，将这条竖线称为“插入点”，如图 2-1 所示。

输入内容时，插入点会随着内容的增多自动向右移动，并始终位于刚刚输入好的内容的右侧，如图 2-2 所示。

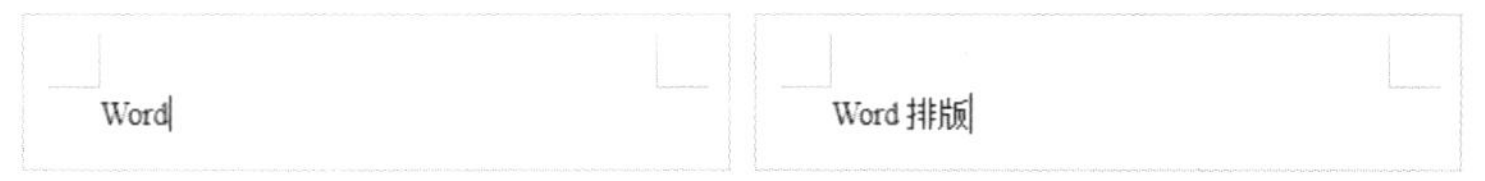

图 2-2 插入点随着输入内容的增多自动右移

当输入的内容到达一行的结尾时，后续输入的内容将自动显示到下一行。如需在一行的任意位置开始换行输入，可以按 Enter 键进行强制换行。

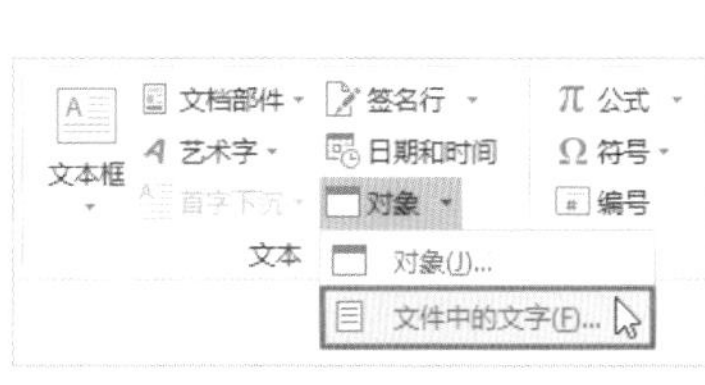

图 2-3 选择“文件中的文字”命令

提 示

除了从头开始输入文本之外，还可以将现有的 Word 文档、文本文件或网页中的内容导入到当前文档，只需在功能区的“插入”选项卡中单击“对象”按钮上的下拉按钮，然后在弹出的菜单中选择“文件中的文字”命令，如图 2–3 所示，接着选择要导入的文件即可。

提 示

有时在一页内容未填满时，希望将位于某处之后的内容移入下一页，此时可以将插入点定位到希望分页的位置，然后按 Ctrl+Enter 组合键。

动手实践 选择文本

如需处理特定范围内的文本，例如执行“复制”或“删除”操作，需要先选择该范围内的文本。根据文本范围的不同，Word 提供了多种选择方法。

1．选择不规则区域中的文本

拖动鼠标指针可以选择不规则区域中的文本，这也是选择文本最常用的方法。单击文本范围的起始位置，然后按住鼠标左键，将鼠标指针拖动到文本范围的结束位置，即可选中拖动范围内的文本，选中的文本呈现特定的颜色，如图 2-4 所示。

视频提供了功能强大的方法帮助您证明您的观点。当您单击联机视频时，可以在想要添加的视频的嵌入代码中进行粘贴。您也可以输入一个关键字以联机搜索最适合您的文档的视频。

为使您的文档具有专业外观，Word 提供了页眉、页脚、封面和文本框设计，这些设计可互为补充。例如，您可以添加匹配的封面、页眉和提要栏。单击“插入”，然后从不同库中选择所需元素。

图 2-4　拖动鼠标指针选择文本

如果选择的文本范围很大，例如跨越多个页面，则可以单击要选择的文本范围的起始位置，然后按住 Shift 键，再单击要选择的文本范围的结束位置，即可选中包括起始位置和结束位置在内的整个范围内的文本。

如果要选择的文本位于不相邻的位置，则可以先选择某一处文本，然后按住 Ctrl 键，再继续选择其他位置上的文本，如图 2-5 所示。

视频提供了功能强大的方法帮助您证明您的观点。当您单击联机视频时，可以在想要添加的视频的嵌入代码中进行粘贴。您也可以输入一个关键字以联机搜索最适合您的文档的视频。

为使您的文档具有专业外观，Word 提供了页眉、页脚、封面和文本框设计，这些设计可互为补充。例如，您可以添加匹配的封面、页眉和提要栏。单击“插入”，然后从不同库中选择所需元素。

图 2-5　选择不相邻的文本

提　示

如果误选了某处文本，则可以在按住 Ctrl 键时单击该处文本的范围内，即可取消对该处文本的选中状态。

2．选择矩形区域中的文本

Word 支持在垂直范围内的矩形区域中选择文本，即在未到达一行结尾时就可以选择其他行中的文本。首先将插入点定位到要选择的垂直范围内的第一行的起始位置，然后按住 Alt 键并拖动鼠标指针，即可选择垂直范围内的多行文本，如图 2-6 所示。

视频提供了功能强大的方法帮助您证明您的观点。当您单击联机视频时，可以在想要添加的视频的嵌入代码中进行粘贴。您也可以输入一个关键字以联机搜索最适合您的文档的视频。

为使您的文档具有专业外观，Word 提供了页眉、页脚、封面和文本框设计，这些设计可互为补充。例如，您可以添加匹配的封面、页眉和提要栏。单击“插入”，然后从不同库中选择所需元素。

图 2-6　选择矩形区域中的文本

3．选择一行或多行文本

选择一行或多行文本有以下几种方法：

- 选择一行：将插入点定位到要选择的行的左侧且位于页面的左边距范围内，当鼠标指针变为时单击，如图 2-7 所示。

- 选择相邻的多行：先选择一行，然后按住鼠标左键向上或向下拖动。
- 选择不相邻的多行：先选择一行，然后按住 Ctrl 键再选择其他行。

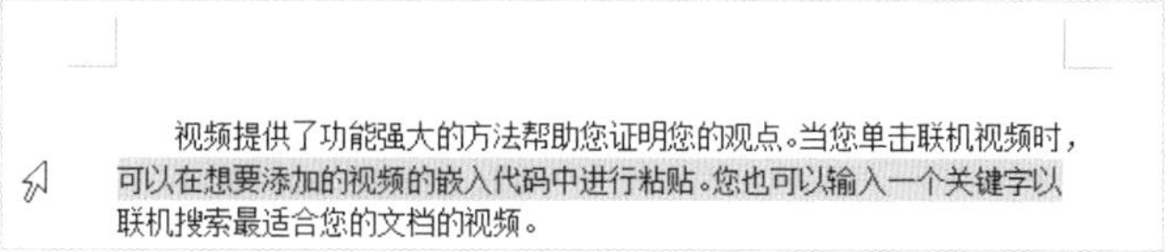

视频提供了功能强大的方法帮助您证明您的观点。当您单击联机视频时，可以在想要添加的视频的嵌入代码中进行粘贴。您也可以输入一个关键字以联机搜索最适合您的文档的视频。

图 2-7　选择一行

4．选择一段或多段文本

选择一段或多段有以下几种方法：

- 选择一段：将插入点定位到要选择的段落的左侧且位于页面的左边距范围内，当鼠标指针变为时双击。
- 选择相邻的多段：先选择一段，然后按住鼠标左键向上或向下拖动。
- 选择不相邻的多段：先选择一段，然后按住 Ctrl 键再选择其他段。

5．选择版心中的所有内容

选择版心中的所有内容有以下几种方法：

- 按 Ctrl+A 组合键。
- 在功能区的“开始”选项卡中单击“选择”按钮，然后在弹出的菜单中选择“全选”命令。
- 将鼠标指针移动到页面左边距的范围内，当鼠标指针变为时，连续单击鼠标左键 3 次。

2.1.2　修改文本

如果发现输入了错误的内容，则可以单击要修改的内容的左侧或右侧，将插入点定位到此处，然后按 Delete 键或 BackSpace 键，即可删除插入点左右两侧的内容，再输入所需的内容。也可以先选择要修改的内容，然后输入所需的内容以覆盖原有内容。

如果要修改的内容出现在文档的多个位置，可以使用替换功能进行批量操作，具体方法将在 2.1.3 节进行介绍。

2.1.3　替换文本

使用“替换”功能可以快速修改或删除出现在文档多个位置上相同或相似的内容。

1．常规替换

在功能区的“开始”选项卡中单击“替换”按钮，或按 Ctrl+H 组合键，打开“查找和替换”对话框的“替换”选项卡，在“查找内容”和“替换为”两个文本框中分别输入修改前和修改后的内容，然后可以执行以下几个操作：

- 替换：单击“替换”按钮，将从当前插入点位置向文档结尾的方向查找第一个与“查找内容”文本框中的内容相匹配的内容，找到后使用“替换为”文本框中的内容对其进行替换。
- 全部替换：单击“全部替换”按钮，将所有与“查找内容”文本框匹配的内容修改为“替换为”文本框中的内容。

- 查找下一处：单击“查找下一处”按钮，将从当前插入点位置向文档结尾的方向查找并选中下一个与“查找内容”文本框中的内容相匹配的内容。

如图 2-8 所示表示在文档中查找“Excel”，然后将其修改为“Word”。

图 2-8 “查找和替换”对话框中的“替换”选项卡

提 示

如果在“替换为”文本框中不输入任何内容，则将删除文档中与“查找内容”文本框中的内容相匹配的内容。

2. 通配符替换

使用通配符可以查找和替换符合条件的一系列内容，而不只是针对特定的个体。例如，查找以字母 b 开头、字母 t 结尾的所有英文单词，或者查找所有的 3 位数字。通配符是在查找和替换操作中具有特殊含义的字符，例如，“*”代表零个或任意个字符，“?”代表任意单个字符。表 2-1 列出了在 Word 查找和替换中可以使用的通配符的功能及其用法。

表 2-1 Word 查找和替换中的通配符

通配符	说　明	示　例
?	任意单个字符	c?t 可查找到 cat、cut，但查找不到 coat
*	任意零个或多个字符	c*t 可查找到 cat、cut，也可查找到 coat
<	单词的开头	<(view) 可查找到 viewer，但查找不到 review
>	单词的结尾	(view)> 可查找到 review，但查找不到 viewer
[]	指定字符之一	c[au]t 可查找到 cat、cut，但查找不到 cot
[-]	指定范围内的任意单个字符	[0-9] 可查找到 0 ～ 9 的任一数字
[!]	括号内字符范围以外的任意单个字符	[!0-9] 查找除数字 0 ～ 9 以外的其他任何内容
{n}	n 个前一字符或表达式	ro{2}t 可查找到 root，但查找不到 rot
{n,}	至少 n 个前一字符或表达式	ro{1,}t 可查找到 root，也可查找到 rot
{n,m}	n 到 m 个前一字符或表达式	10[1-3] 可查找到 10、100、1000 及 10000 中的前 4 位
@	一个或一个以上的前一字符或表达式	ro@t 可查找到 rot、root，与 {1,} 的功能类似

续表

通配符	说　明	示　例
(n)	用于将内容分组，以便在替换代码中以组为单位进行灵活操作	如果查找 (word)，可以在替换时使用 \1 表示 word。如果查找 (word)(excel)，可以使用 \1 和 \2 表示 word 和 excel

提　示

在替换操作中使用通配符时，需要在“查找和替换”对话框的“替换”选项卡中单击“更多”按钮，然后勾选“使用通配符”复选框。

如图 2-9 所示，文档中共有 5 个段落，其中 3 个段落中都包含“Word”单词，现在想要使用“替换”功能一次性删除这 3 个段落。

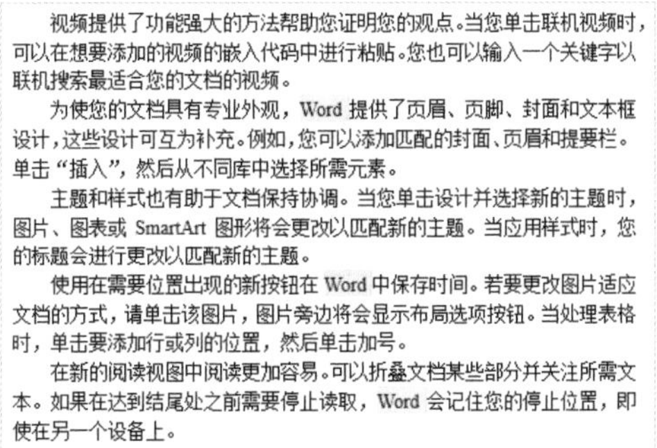

视频提供了功能强大的方法帮助您证明您的观点。当您单击联机视频时，可以在想要添加的视频的嵌入代码中进行粘贴。您也可以输入一个关键字以联机搜索最适合您的文档的视频。

为使您的文档具有专业外观，Word 提供了页眉、页脚、封面和文本框设计，这些设计可互为补充。例如，您可以添加匹配的封面、页眉和提要栏。单击“插入”，然后从不同库中选择所需元素。

主题和样式也有助于文档保持协调。当您单击设计并选择新的主题时，图片、图表或 SmartArt 图形将会更改以匹配新的主题。当应用样式时，您的标题会进行更改以匹配新的主题。

使用在需要位置出现的新按钮在 Word 中保存时间。若要更改图片适应文档的方式，请单击该图片，图片旁边将会显示布局选项按钮。当处理表格时，单击要添加行或列的位置，然后单击加号。

在新的阅读视图中阅读更加容易。可以折叠文档某些部分并关注所需文本。如果在达到结尾处之前需要停止读取，Word 会记住您的停止位置，即使在另一个设备上。

图 2-9　使用“替换”功能删除所有包含“Word”单词的段落

操作步骤如下：

（1）打开“查找和替换”对话框的“替换”选项卡，在“查找内容”文本框中输入以下内容：<[!^13]@Word*^13

提　示

“[!^13]”表示除了段落标记之外的任意字符，“<”表示词的开头，“@”表示一个以上的前一字符或表达式，“<[!^13]@”表示以非段落标记开头的一个或多个字符。“Word*^13”表示包含“Word”在内的以段落标记结尾的内容，“<[!^13]@Word*^13”表示包含“Word”在内的整个段落。

（2）单击“更多”按钮，然后勾选“使用通配符”复选框，最后单击“全部替换”按钮，如图 2-10 所示。

提　示

如果“Word”单词位于段落的开头，则需要在“查找内容”文本框中输入以下内容来删除包含“Word”单词的段落：Word*^13。

图 2-10　设置查找和替换选项

2.1.4　移动和复制文本

文本的移动和复制是编辑文档时的常用操作。“移动”可以改变文本在文档中的位置，“复制”可以为文本创建一个或多个副本，并将这些副本放置在文档中的任意位置。Word 为文本的移动和复制提供了多种方法。

1. 常规方法

如果在近距离范围内移动或复制文本，最简单的方法是使用鼠标拖动文本，具体如下：

- 移动：选择要移动的文本，然后将鼠标指针移动到选中的文本范围内，当鼠标指针变为时，按住鼠标左键将所选内容拖动到目标位置。
- 复制：选择要复制的文本，然后将鼠标指针移动到选中的文本范围内，当鼠标指针变为时，先按住 Ctrl 键，再按住鼠标左键将所选内容拖动到目标位置。

还可以使用功能区命令、鼠标快捷菜单命令或组合键来执行移动和复制文本的操作，如表 2-2 所示。

表 2-2　移动和复制文本的 3 种方式

操　作	功　能　区	鼠标快捷菜单	组　合　键
移动	“开始”选项卡中的“剪切”命令 “开始”选项卡中的“粘贴选项”下拉列表中的命令	“剪切”→“粘贴选项”中的命令	Ctrl+X → Ctrl+V
复制	“开始”选项卡中的“复制”命令 “开始”选项卡中的“粘贴选项”下拉列表中的命令	“复制”→“粘贴选项”中的命令	Ctrl+C → Ctrl+V

2．Office剪贴板

Office剪贴板用于临时存放用户剪切或复制的最多24项内容，用户每次剪切或复制的数据都会被添加到Office剪贴板中，最新剪切或复制的内容位于最上方。打开Office剪贴板有以下两种方法：

- 单击功能区“开始”|“剪贴板”组右下角的对话框启动器。
- 连按两次Ctrl+C组合键。

将Office剪贴板中的内容粘贴到文档中有以下几种方法：

- 粘贴一项或多项：单击Office剪贴板中的任意一项，将其粘贴到插入点位置。重复此操作，将不同项粘贴到文档中。
- 粘贴所有项：单击Office剪贴板中的“全部粘贴”按钮，即可将所有项粘贴到插入点位置。
- 粘贴除个别项之外的其他所有项：先右击不想粘贴的项，在弹出的菜单中选择“删除”命令，将该项从Office剪贴板中删除，如图2-11所示。然后单击“全部粘贴”按钮，将剩下的所有项粘贴到文档中。

3．选择性粘贴

“选择性粘贴”功能可以将剪切或复制的数据以特定的格式粘贴到Word中，具体包含哪些格式由当前正在剪切或复制的数据类型决定。

在剪切或复制数据并将插入点定位到目标位置之后，在功能区的“开始”选项卡中单击“粘贴”按钮上的下拉按钮，然后在弹出的菜单中选择“选择性粘贴”命令，如图2-12所示。

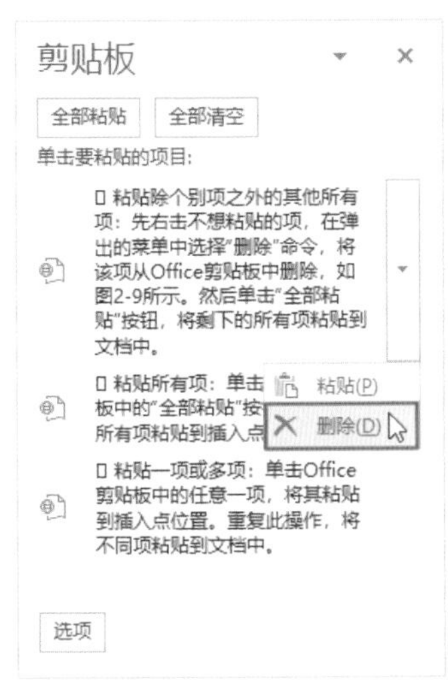

图2-11　从Office剪贴板中删除不需要的项

图2-12　选择“选择性粘贴”命令

打开“选择性粘贴”对话框，在“形式”列表框中选择粘贴数据的格式，如图2-13所示。在对话框上方的“源”右侧显示的是当前正在剪切或复制的数据来源。如果数据来源于支持链接和嵌入功能的程序，则会包含名称以“对象”结尾的选项，例如图2-13中的“Microsoft Word文档对象”。使用这种格式粘贴数据后，将在Word文档中创建嵌入对象，双击嵌入对象，会在该对象所依附的源程序中打开并对其进行编辑。

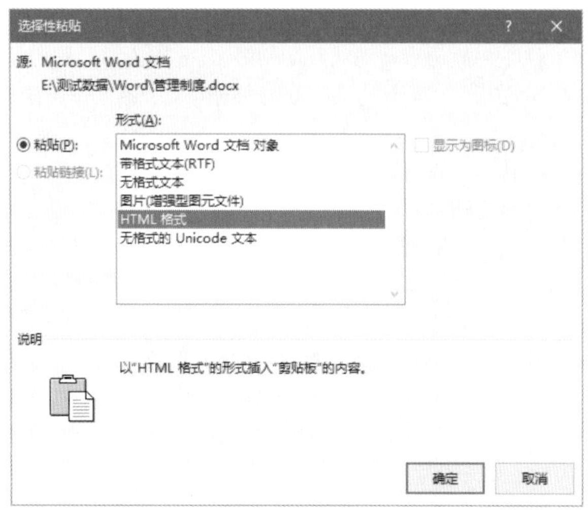

图 2-13 “选择性粘贴”对话框

拓 展

在“选择性粘贴”对话框中有一个名为“粘贴链接”的选项，这种方式的粘贴只会将源数据所在文件的路径等信息存储到 Word 文档中，而不会将数据本身写入文档，因此文档体积不会显著增加。使用“粘贴链接”选项需要满足两个条件：①源数据所在位置与目标位置不是同一个文档。②源数据所在的文件必须已经保存到计算机磁盘中，即该文件必须确实存在且有其路径和名称。

2.1.5 删除文本

如需删除插入点左侧的文本，可以按 BackSpace 键；如需删除插入点右侧的文本，可以按 Delete 键；如需删除大范围的文本，可以在选择文本后使用以下几种方法：

- 按 Delete 键。
- 按 BackSpace 键。
- 剪切选中的文本但不进行粘贴。

2.2 设置字符格式

字符格式用于控制文档中的各个字符的格式，例如字体、字号、字体颜色、下画线等。设置字符格式之前需要先选择要设置的文本，如果未选择任何文本，则设置的字符格式将对后续输入的文本有效。本节将介绍常用字符格式的设置方法，包括字体、字号、字体颜色、下画线、间距和宽度等，还将介绍安装字体和设置默认字体的方法。

2.2.1 安装字体

在功能区中的“开始”选项卡中打开“字体”下拉列表，其中显示了可以在 Word 中使用的所有字体，如图 2-14 所示，该列表分为以下 3 个部分。

- 主题字体：当前文档正在使用的主题中定义的中、英文字体。
- 最近使用的字体：最近曾经使用过的字体。
- 所有字体：在 Word 文档中可以使用的所有字体。

如果要使用的字体没有出现在字体列表中，则需要先在 Windows 操作系统中安装该字体。Windows 操作系统中的所有字体位于以下路径，此处假设 Windows 操作系统安装在 C 盘。

```
C:\Windows\Fonts
```

安装字体有以下两种方法：

- 右击字体文件，在弹出的菜单中选择“安装”命令。
- 将字体文件复制到 Fonts 文件夹。

图 2-14 字体列表

2.2.2 设置字体、字号和字符颜色

字体、字号和字符颜色是字符格式中最常用的 3 种格式。字体是指具有特定外形的字符样式，例如宋体、黑体、Times New Roman 等；字号是指字符的大小；字符颜色是指字符的颜色。

在功能区的“开始”选项卡的“字体”组中的选项用于设置文本的字符格式，“字体”和“字号”两个下拉列表用于设置字符的字体和大小，如图 2-15 所示。

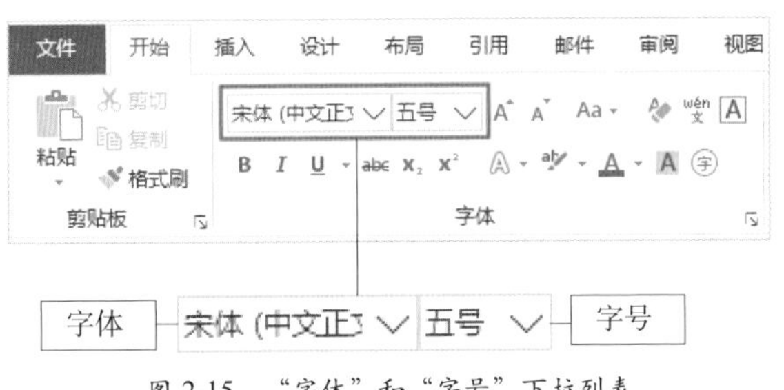

图 2-15 “字体”和“字号”下拉列表

提示

单击功能区中的“开始”|“字体”组右下角的对话框启动器，可以在打开的“字体”对话框中设置字体、字号、字符颜色等字符格式。

“字体”下拉列表可参见图 2-14。“字号”下拉列表中包含的字号分为中文和磅值两种形式，中文以汉字显示，磅值以阿拉伯数字显示，如图 2-16 所示。

设置字体和字号的方法类似，选择要设置的文本，然后在“字体”或“字号”下拉列表中选择合适的字体或字号。“字体”和“字号”两个下拉列表的上方各有一个文本框，可以直接在文本框中输入字体的名称和表示字号的数值，然后按 Enter 键即可。如图 2-17 所示是对文本设置三号楷体的效果。

图 2-16 “字号”下拉列表

文本编辑和格式设置

图 2-17 为文本设置字体和字号

提 示

虽然在“字号”下拉列表中提供的最大字号只有 72 磅，但是可以在“字号”下拉列表上方的文本框中输入不超过 1638 磅的字号。

字符颜色也是常用的字符格式，使用功能区的“开始”选项卡中的“字体颜色”按钮可以为选中的文本设置颜色，如图 2-18 所示。“字体颜色”按钮分为左、右两个部分，左侧部分的字母 A 下方显示的颜色表示当前的颜色设置。单击该按钮的左侧部分，将为文本设置字母 A 下方显示的颜色。如需设置其他颜色，可以单击“字体颜色”按钮上的下拉按钮，然后在打开的列表中选择所需的颜色，如图 2-19 所示。

图 2-18 “字体颜色”按钮

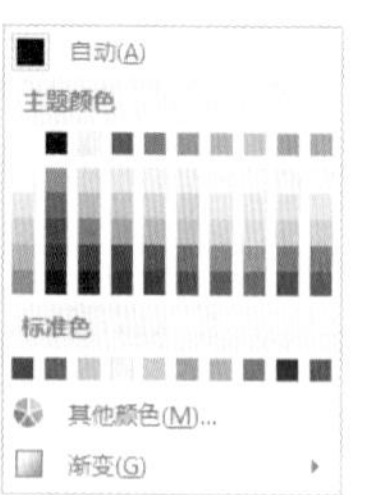

图 2-19 颜色列表

2.2.3 为文本添加下画线

下画线是添加在文本下方的横线，可以使用功能区的“开始”选项卡中的“下画线”按钮为选中的文本添加下画线。与“字体颜色”按钮类似，“下画线”按钮也分为左、右两个部分，单击按钮的左侧部分可以为选中的文本添加按钮上显示的下画线类型。如图 2-20 所示为添加下画线的效果。

如需更改下画线的线型或颜色，可以单击“下画线”按钮上的下拉按钮，然后在打开的下拉列表中进行选择，如图 2-21 所示。

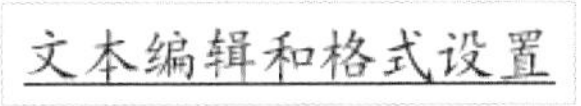

文本编辑和格式设置

图 2-20　为文本添加下画线

楷体_GB2312
二号
无
其他下划线(M)...
下划线颜色(U)

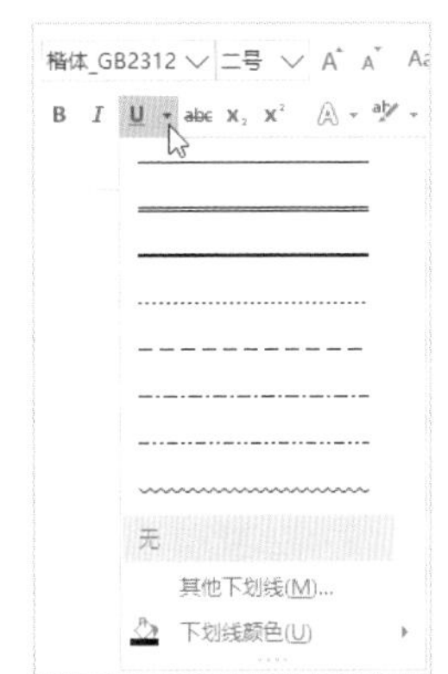

图 2-21　更改下画线的线型和颜色

> **提　示**
>
> 选择图 2-20 中的“其他下画线”命令，打开“字体”对话框，在“字体”选项卡的“下画线线型”下拉列表中可以选择更多的线型。

删除为文本设置的下画线有以下两种方法：

- 选择已添加下画线的文本，然后在功能区的“开始”选项卡中单击“下画线”按钮的左侧部分。
- 选择已添加下画线的文本，然后在功能区的“开始”选项卡中单击“下画线”按钮上的下拉按钮，在打开的下拉列表中选择“无”。

> **提　示**
>
> 使用第一种方法时，如果“下画线”按钮的左侧部分显示的线型不是当前选中的文本所设置的下画线，则在单击“下画线”按钮后，将会改变文本的下画线，而不是删除下画线。

动手实践　调整字符间距

通过设置字符间距可以改变文本中各个字符之间的疏密程度。如图 2-22 所示为调整一行文本的字符间距之前和之后的效果。

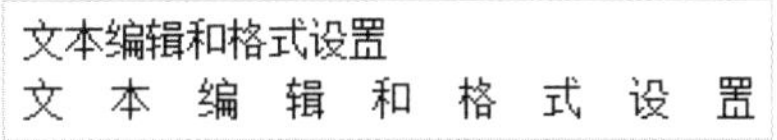

文本编辑和格式设置
文 本 编 辑 和 格 式 设 置

图 2-22　调整字符间距

调整字符间距的操作步骤如下：

（1）选择要调整字符间距的文本，然后右击选区，在弹出的菜单中选择“字体”命令，如图 2-23 所示。

（2）打开“字体”对话框，切换到“高级”选项卡，单击“间距”右侧的下拉按钮，在打开的列表中选择“加宽”或“紧缩”，然后在右侧的“磅值”文本框中输入所需的间距值，最后单击“确定”按钮，如图 2-24 所示。

图 2-23　选择“字体”命令

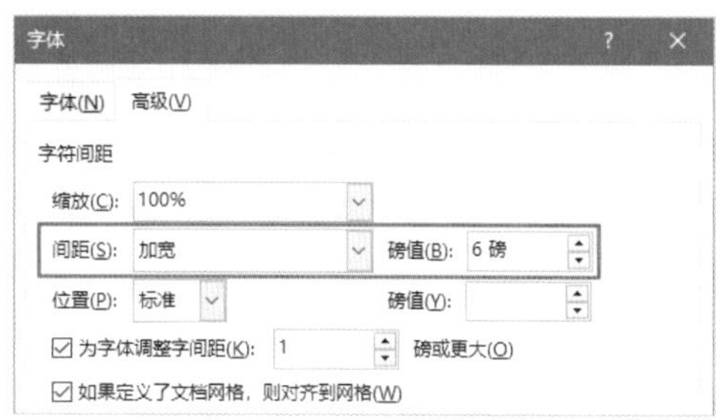

图 2-24　设置字符间距

2.2.4　为新建的文档指定默认的字符格式

默认字体是指新建文档时插入点所在位置的字体格式。新建空白文档时，文档中默认的中、英文字体取决于文档正在使用的主题。由于 Word 空白文档默认使用名为“Office”的主题，该主题使用的中、英文字体都是“等线”字体，因此，新建的空白文档的默认字体就是该字体。

用户可以将新建文档的默认字体设置为自己常用的字体。设置默认字体有两种方式，一种是将用户选择的特定字体作为文档的默认字体。另一种是将默认字体指定为随主题可变，当为文档选择不同主题时，文档的默认字体会自动更改为主题中的字体。

按 Ctrl+D 组合键，打开“字体”对话框，在“字体”选项卡中的“中文字体”和“西文字体”两项用于设置中、英文字体。为这两项选择好所需的字体，然后单击“设为默认值”按钮，打开如图 2-25 所示的对话框，选中“所有基于 Normal 模板的文档”单选钮，最后单击“确定”按钮。

注 意

退出 Word 程序时，可能会显示如图 2-26 所示的对话框，需要单击“保存”按钮保存对 Normal 模板的修改。

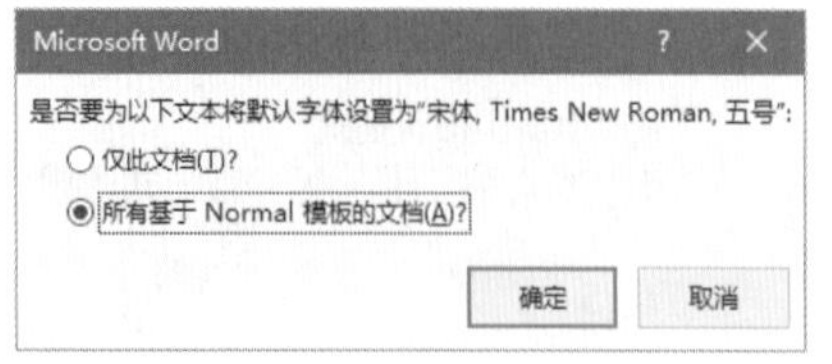

图 2-25　选中“所有基于 Normal 模板的文档”单选钮

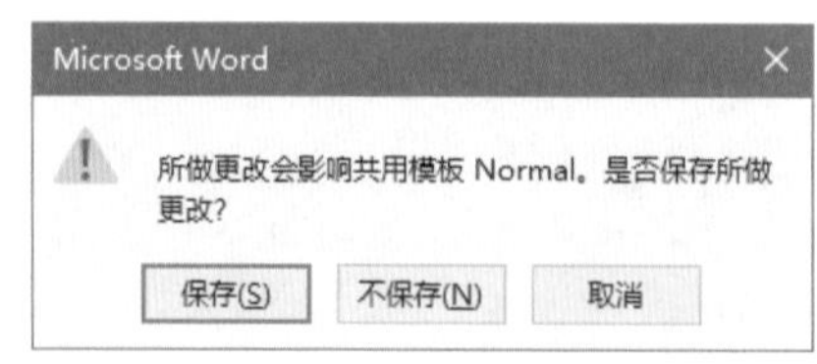

图 2-26　保存对 Normal 模板的修改

提示

如果将“中文字体”和“西文字体”设置为“+ 中文正文”和“+ 西文正文”，则说明中、英文字体会自动随着当前文档使用的主题中的字体而变。

2.3 设置段落格式

段落格式以“段”为单位，其设置结果作用于整个段落，而不只是选中的文本，这是与字符格式最大的区别。在为一个段落设置段落格式之前，不需要选择该段落，只需将插入点定位到段落内部即可。如果为多个段落设置段落格式，则需要先选择这些段落再进行设置。为段落设置边框和底纹时，即使只设置一个段落，也需要在设置前先选择该段落。本节将介绍常用段落格式的设置方法。

2.3.1 段落和段落标记

段落标记是按 Enter 键后在段落结尾自动插入的 ↵ 符号，该符号表示一个段落的结束，也预示着下一个段落即将开始。如图 2-27 所示有两个段落。

段落中的格式存储在段落结尾的段落标记中，按 Enter 键后，下一个段落的格式会与上一个段落的格式保持一致。

例如，如果为一个段落设置了首行缩进两个字符，按 Enter 键后，下一个段落也是首行缩进两个字符，此时将其他段落中的内容（不包含段落结尾的段落标记）复制到该段落中，无论粘贴前的段落具有什么格式，粘贴后都会具有首行缩进两个字符的格式。如果希望在移动或复制段落内容的同时保留段落格式，在选择段落内容时就必须同时选择段落结尾的段落标记。

提示

如果不想显示段落标记或其他格式标记，则可以在功能区的“开始”选项卡中单击“显示 / 隐藏编辑标记”按钮 ↵，使该按钮处于弹起状态即可，如图 2-28 所示。

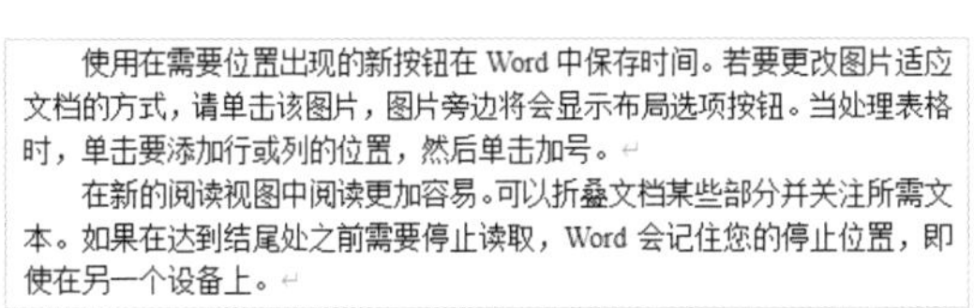

使用在需要位置出现的新按钮在 Word 中保存时间。若要更改图片适应文档的方式，请单击该图片，图片旁边将会显示布局选项按钮。当处理表格时，单击要添加行或列的位置，然后单击加号。↵

在新的阅读视图中阅读更加容易。可以折叠文档某些部分并关注所需文本。如果在达到结尾处之前需要停止读取，Word 会记住您的停止位置，即使在另一个设备上。↵

图 2-27　通过段落标记区分段落

图 2-28　“显示 / 隐藏编辑标记”按钮

2.3.2 设置段落的水平对齐方式

段落的水平对齐方式是指段落中的各行文本在页面水平方向上的位置。Word 提供了 5 种水平对齐方式，效果如图 2-29 所示，由上到下依次为左对齐、居中对齐、右对齐、两端对齐、分散对齐。

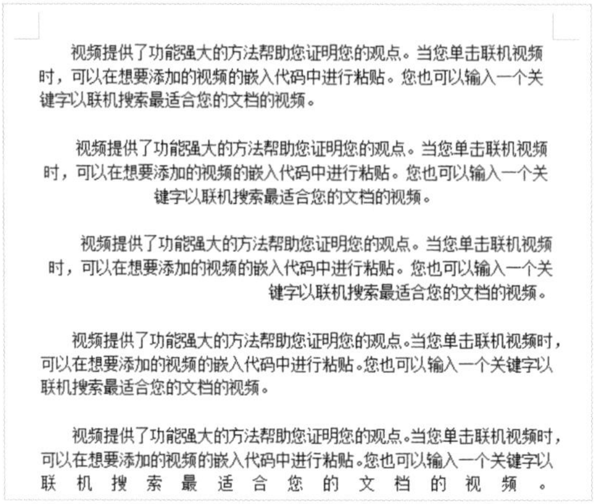

视频提供了功能强大的方法帮助您证明您的观点。当您单击联机视频时，可以在想要添加的视频的嵌入代码中进行粘贴。您也可以输入一个关键字以联机搜索最适合您的文档的视频。

视频提供了功能强大的方法帮助您证明您的观点。当您单击联机视频时，可以在想要添加的视频的嵌入代码中进行粘贴。您也可以输入一个关键字以联机搜索最适合您的文档的视频。

视频提供了功能强大的方法帮助您证明您的观点。当您单击联机视频时，可以在想要添加的视频的嵌入代码中进行粘贴。您也可以输入一个关键字以联机搜索最适合您的文档的视频。

视频提供了功能强大的方法帮助您证明您的观点。当您单击联机视频时，可以在想要添加的视频的嵌入代码中进行粘贴。您也可以输入一个关键字以联机搜索最适合您的文档的视频。

视频提供了功能强大的方法帮助您证明您的观点。当您单击联机视频时，可以在想要添加的视频的嵌入代码中进行粘贴。您也可以输入一个关键字以联机搜索最适合您的文档的视频。

图 2-29　段落的 5 种水平对齐方式

5 种对齐方式的作用如下：

- 左对齐：将段落中的各行文本基于页面左边距对齐。
- 居中对齐：将段落中的各行文本基于页面中间对齐。
- 右对齐：将段落中的各行文本基于页面右边距对齐。
- 两端对齐：将段落中的各行文本在页面中进行首尾对齐。当各行文本的字体大小不同时，Word 会自动调整文本的字符间距。
- 分散对齐：与两端对齐类似，区别在于对段落最后一行的处理方式不同：当段落的最后一行的结尾包含大量空白时，分散对齐会在最后一行文本之间添加空格，使最后一行与段落的其他行等宽。

新建文档的默认水平对齐方式为两端对齐，用户可以更改段落的水平对齐方式，有以下两种方法：

- 单击段落的内部，然后在功能区的“开始”选项卡的“段落”组中单击 5 个对齐方式的按钮之一，如图 2-30 所示。
- 右击段落的内部，在弹出的菜单中选择“段落”命令，打开“段落”对话框，在“缩进和间距”选项卡的“对齐方式”下拉列表中选择一种对齐方式，如图 2-31 所示。

图 2-30　单击对齐方式按钮

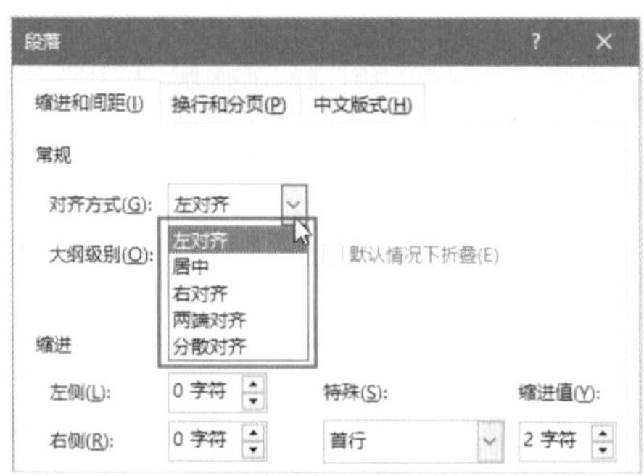

图 2-31　在“段落”对话框中设置对齐方式

2.3.3 设置段落的缩进方式

段落缩进是指段落的第一行、其他行或所有行向页面左侧或右侧偏移的距离。Word 提供了 4 种缩进方式：

（1）首行缩进：只有段落的第一行向页面的右侧偏移。

（2）悬挂缩进：段落中除第一行之外的其他行向页面的右侧偏移。

（3）左缩进：段落中的所有行向页面的右侧偏移。

（4）右缩进：段落中的所有行向页面的左侧偏移。

4 种缩进方式的效果如图 2-32 所示，由上到下依次为首行缩进、悬挂缩进、左缩进、右缩进。

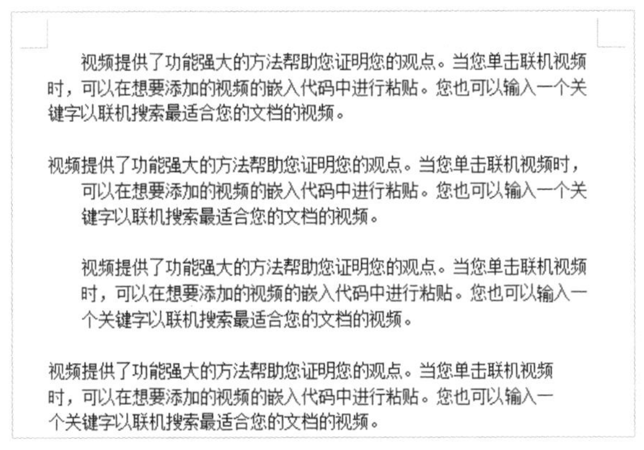

视频提供了功能强大的方法帮助您证明您的观点。当您单击联机视频时，可以在想要添加的视频的嵌入代码中进行粘贴。您也可以输入一个关键字以联机搜索最适合您的文档的视频。

视频提供了功能强大的方法帮助您证明您的观点。当您单击联机视频时，可以在想要添加的视频的嵌入代码中进行粘贴。您也可以输入一个关键字以联机搜索最适合您的文档的视频。

视频提供了功能强大的方法帮助您证明您的观点。当您单击联机视频时，可以在想要添加的视频的嵌入代码中进行粘贴。您也可以输入一个关键字以联机搜索最适合您的文档的视频。

视频提供了功能强大的方法帮助您证明您的观点。当您单击联机视频时，可以在想要添加的视频的嵌入代码中进行粘贴。您也可以输入一个关键字以联机搜索最适合您的文档的视频。

图 2-32　段落的 4 种缩进方式

可以使用以下 3 种方法设置段落的缩进方式。

1．使用功能区命令

在“开始”选项卡的“段落”组中提供了两个用于设置段落缩进的命令——“增加缩进量”和“减少缩进量”，如图 2-33 所示。“增加缩进量”命令用于为段落添加左缩进，“减少缩进量”命令用于删除已添加的左缩进。将插入点定位到段落的内部，然后单击“增加缩进量”按钮，即可为段落添加左缩进。

还可以在功能区的“布局”选项卡的“段落”组中设置段落的左缩进和右缩进，如图 2-34 所示。

图 2-33　使用功能区命令设置段落缩进

图 2-34　在“布局”选项卡中设置段落的左缩进和右缩进

2．使用标尺

在功能区的“视图”选项卡中勾选“标尺”复选框，将在功能区的下方显示标尺。标尺上的 4 个标记分别对应于段落的 4 种缩进方式，❶是首行缩进标记，❷是悬挂缩进标记，❸是左缩进标记，❹是右缩进标记，如图 2-35 所示。将鼠标指针指向这些标记会显示它们的名称。

图 2-35　使用标尺上的缩进标记设置段落缩进

将插入点定位到段落的内部，然后使用鼠标拖动标尺上的缩进标记，即可为段落设置相应的缩进格式。

3．使用“段落”对话框

右击段落的内部，在弹出的菜单中选择“段落”命令，打开“段落”对话框，在“缩进和间距”选项卡中可以设置段落的 4 种缩进方式，如图 2-36 所示。“左缩进”和“右缩进”两个选项用于设置段落的左缩进和右缩进，“特殊格式”下拉列表中的“首行”和“悬挂”两个选项用于设置段落的首行缩进和悬挂缩进。无论选择哪个选项，都需要在右侧的“缩进值”文本框中指定缩进量。

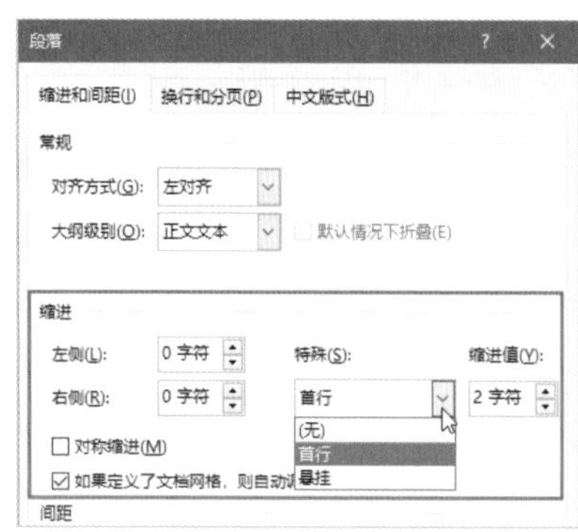

图 2-36　使用“段落”对话框设置段落缩进

2.3.4　设置行距和段间距

行距是一行的下边缘与其相邻的上一行或下一行的下边缘之间的垂直距离。行距由字符大小决定，改变字符大小时，行距也会随之发生变化。Word 中的字符大小以“磅”为单位，1 磅约等于 0.036 厘米。表 2-3 列出了常用的中文字号与磅值之间的对应关系。

表 2-3　中文字号与磅值之间的对应关系

中文字号	磅值	中文字号	磅值	中文字号	磅值
初号	42	二号	22	四号	14
小初	36	小二	18	小四	12
一号	26	三号	16	五号	10.5
小一	24	小三	15	小五	9

如需设置行距，可以在功能区的“开始”选项卡中单击“行和段落间距”按钮，然后在弹出的菜单中选择一个行距选项，这些选项表示的是每行字符大小的倍数，如图 2-37 所示。

例如，假设段落中的字符大小是五号（10.5 磅），如果将行距选项设置为 1.5 倍，则行与行之间的垂直距离就是字符大小的 1.5 倍，即 10.5×1.5=15.75 磅，效果如图 2-38 所示。

1.0
1.15
1.5
2.0
2.5
3.0
行距选项...
增加段落前的间距(B)
增加段落后的空格(A)

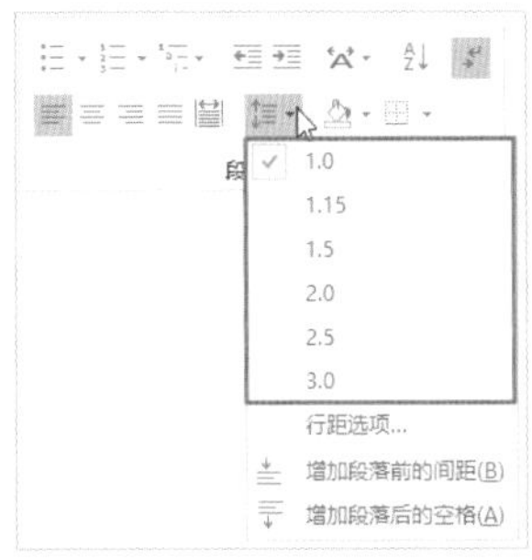

图 2-37　行距选项

视频提供了功能强大的方法帮助您证明您的观点。当您单击联机视频时，可以在想要添加的视频的嵌入代码中进行粘贴。您也可以键入一个关键字以联机搜索最适合您的文档的视频。

图 2-38　设置 1.5 倍的行距

如需为行距设置一个特定的值，而不是字符大小的倍数，可以打开“段落”对话框中的“缩进和间距”选项卡，在“行距”下拉列表中选择“最小值”或“固定值”选项，如图 2-39 所示。

- 最小值：选择该项后，在“设置值”文本框中输入一个值，如果段落中的最大字符的磅值大于该值，则会自动增加行高，否则会将行高设置为该值。换句话说，“最小值”选项确保段落的行距不会小于在该选项中设置的值。
- 固定值：选择该项后，在“设置值”文本框中输入一个值，即可将行距设置为该值，无论段落中的字符多大，行距始终被设置为该值。如果该值小于段落中的字符大小，则字符将无法完整显示。

段间距是指两个相邻段落之间的距离，分为段前间距和段后间距两种。段前间距位于段落的上方，段后间距位于段落的下方。为了避免内容过于密集而导致阅读困难，可以适当调整段落之间的距离。将每个段落的段后间距设置为 0.5 行的效果如图 2-40 所示。

如需设置段间距，可以打开“段落”对话框中的“缩进和间距”选项卡，在“段前”和“段后”两个文本框中分别设置段前间距和段后间距的值，参见图 2-39。

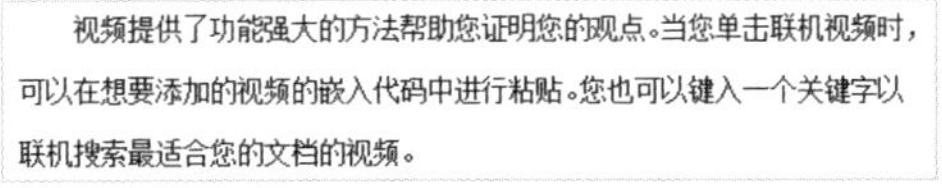

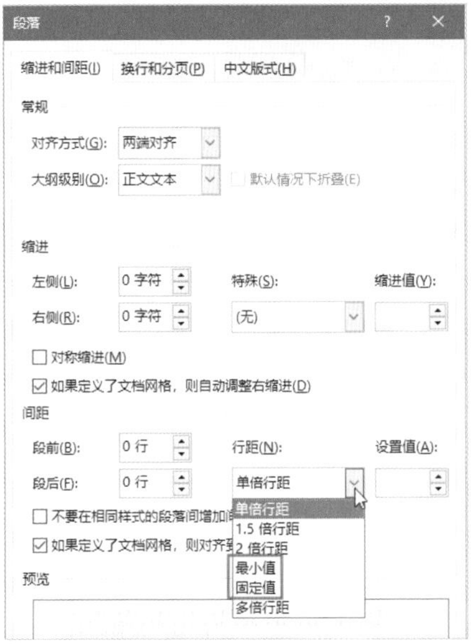

段落
缩进和间距(I)
换行和分页(P)
中文版式(H)
常规
对齐方式(G):
两端对齐
大纲级别(O):
正文文本
默认情况下折叠(E)
缩进
左侧(L):
0 字符
特殊(S):
缩进值(Y):
右侧(R):
0 字符
(无)
对称缩进(M)
如果定义了文档网格，则自动调整右缩进(D)
间距
段前(B):
0 行
行距(N):
设置值(A):
段后(F):
0 行
单倍行距
不要在相同样式的段落间增加间
如果定义了文档网格，则对齐到
单倍行距
1.5 倍行距
2 倍行距
最小值
固定值
多倍行距
预览

图 2-39　“最小值”和“固定值”选项

视频提供了功能强大的方法帮助您证明您的观点。当您单击联机视频时，可以在想要添加的视频的嵌入代码中进行粘贴。您也可以输入一个关键字以联机搜索最适合您的文档的视频。

为使您的文档具有专业外观，Word 提供了页眉、页脚、封面和文本框设计，这些设计可互为补充。例如，您可以添加匹配的封面、页眉和提要栏。单击“插入”，然后从不同库中选择所需元素。

主题和样式也有助于文档保持协调。当您单击设计并选择新的主题时，图片、图表或 SmartArt 图形将会更改以匹配新的主题。当应用样式时，您的标题会进行更改以匹配新的主题。

图 2-40　增加每个段落的段后间距

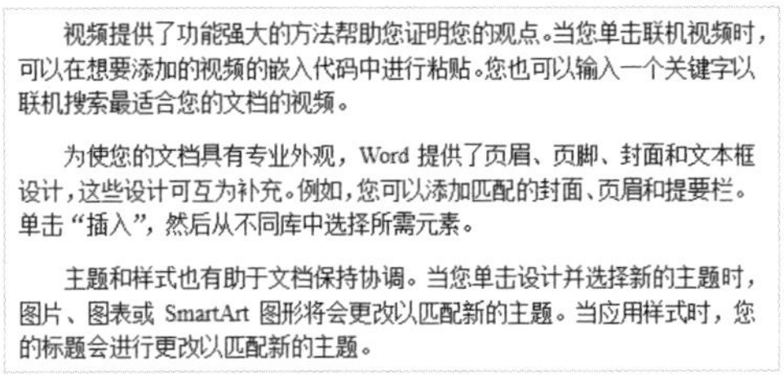

2.3.5 设置段落的边框和底纹

为了增强段落的视觉效果，可以在段落的四周添加边框，或者为整个段落添加底纹，即段落所在的矩形区域的背景色。

1. 添加边框

为段落添加边框之前，需要先选择一个或多个段落，并且需要同时选中段落结尾的段落标记。然后在功能区的“开始”选项卡中单击“边框”按钮上的下拉按钮，在弹出的菜单中选择 Word 预置的边框类型，如图 2-41 所示。

如图 2-42 所示是为上方的段落添加“下边框”的效果。

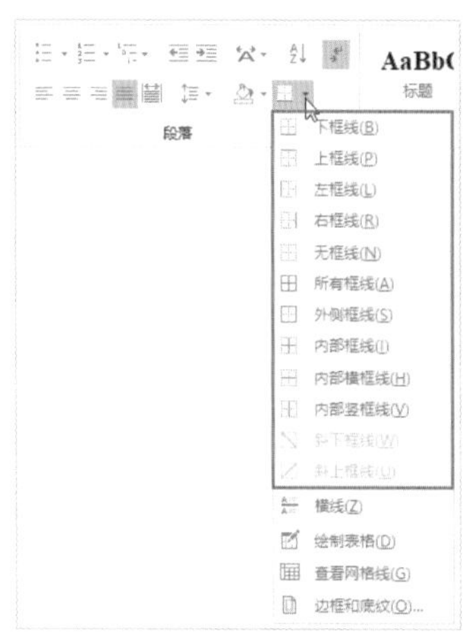

图 2-41　选择预置的边框类型

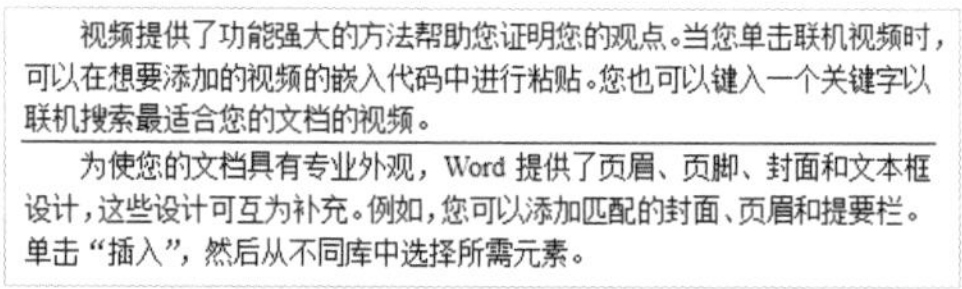

视频提供了功能强大的方法帮助您证明您的观点。当您单击联机视频时，可以在想要添加的视频的嵌入代码中进行粘贴。您也可以键入一个关键字以联机搜索最适合您的文档的视频。

为使您的文档具有专业外观，Word 提供了页眉、页脚、封面和文本框设计，这些设计可互为补充。例如，您可以添加匹配的封面、页眉和提要栏。单击“插入”，然后从不同库中选择所需元素。

图 2-42　为第一个段落添加“下边框”

如需对边框进行更多的设置，可以在图 2-41 所示的菜单中选择“边框和底纹”命令，打开“边框和底纹”对话框，在“边框”选项卡中进行以下几项设置，如图 2-43 所示。

图 2-43　在“边框”选项卡中设置边框的格式

- 边框的类型：在“设置”中选择边框的类型。
- 边框的线型：在“样式”列表框中选择边框的线型。
- 边框的颜色：在“颜色”下拉列表中选择边框的颜色。
- 边框的宽度：在“宽度”下拉列表中选择边框的宽度。
- 边框与文字之间的距离：单击“选项”按钮，在打开的对话框中可以设置边框与文字之间的距离。
- 预览效果：在右侧的“预览”中会显示边框的设置效果，可以通过单击“预览”中的4个按钮添加或删除边框。

注 意

如果在打开“边框和底纹”对话框之前选中了整个段落，则在“应用于”中将显示“段落”，否则在“应用于”中将显示“文字”。如需让边框作用于整个段落，则需将“应用于”设置为“段落”，否则只会为段落中的文字添加字符边框，而不是段落边框。

2. 添加底纹

如需为段落添加底纹，需要先选择包含段落标记在内的段落，然后打开“边框和底纹”对话框的“底纹”选项卡，在“填充”下拉列表中选择一种颜色，如图2-44所示。

提 示

还可以在“底纹”选项卡的“样式”下拉列表中选择一种图案，然后在“颜色”下拉列表中为图案选择一种颜色，将为段落的底纹设置图案。

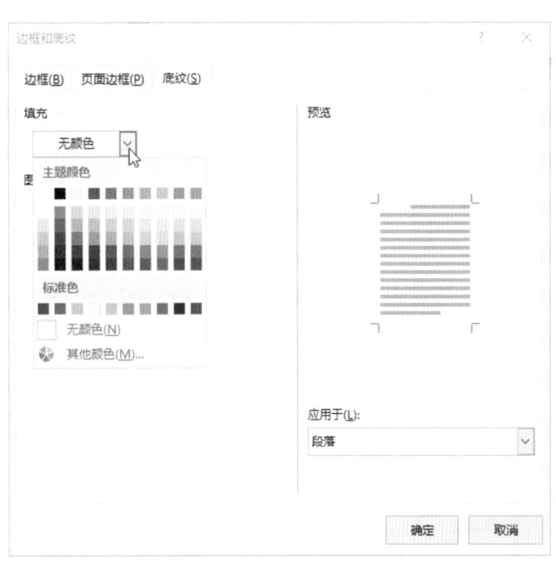

图2-44 选择底纹的颜色

如图2-45所示是为第一个段落的上方和下方添加1.5磅宽的红色双线边框，以及为第二个段落添加灰色底纹的效果。

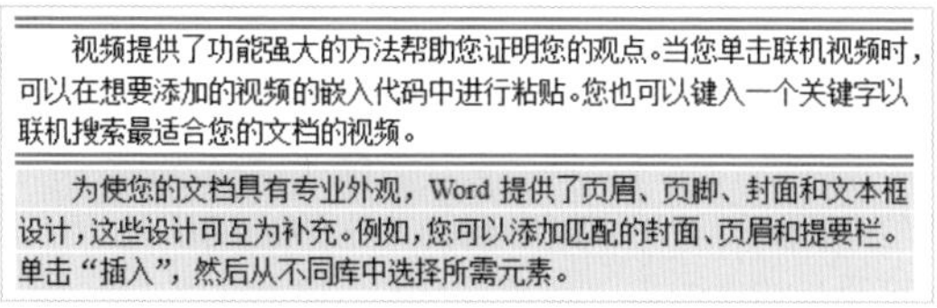

视频提供了功能强大的方法帮助您证明您的观点。当您单击联机视频时，可以在想要添加的视频的嵌入代码中进行粘贴。您也可以键入一个关键字以联机搜索最适合您的文档的视频。

为使您的文档具有专业外观，Word 提供了页眉、页脚、封面和文本框设计，这些设计可互为补充。例如，您可以添加匹配的封面、页眉和提要栏。单击“插入”，然后从不同库中选择所需元素。

图 2-45　自定义设置段落的边框和底纹

动手实践　使用制表位对齐文本

默认情况下，每按一次 Tab 键，插入点会从当前位置向右移动 2 个字符的距离，将插入点移动到的新位置称为“制表位”。设置制表位有以下两种方法：

- 在标尺上设置制表位。
- 在“制表位”对话框中设置制表位。

如需在标尺上设置制表位，需要先在 Word 窗口中显示标尺，然后在标尺上单击，将在标尺上添加一个黑色标记，如图 2-46 所示，将该标记称为“制表符”，它表示制表位的位置。

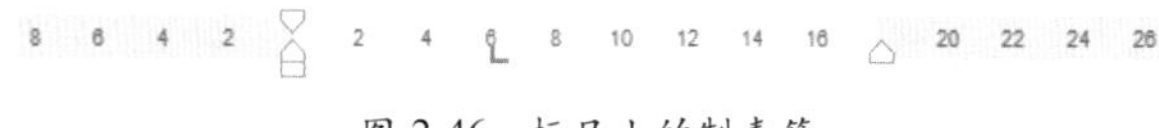

图 2-46　标尺上的制表符

Word 提供了 5 种制表符：┗（左对齐）、┻（居中对齐）、┛（右对齐）、┻:（小数点对齐）、ǀ（竖线对齐），它们用于控制文本在制表位上的对齐方式。在标尺上添加制表符之前，可以在水平标尺最左侧的标记上反复单击，以便设置制表符的类型。

如需一次性设置多个位置精确的制表位，可以使用“制表位”对话框。如图 2-47 所示，利用制表位将上下两行文字以 8 个字符的间距进行左对齐。

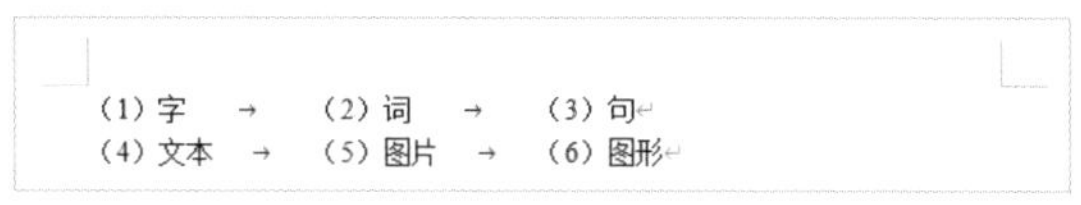
（1）字　→　（2）词　→　（3）句

（4）文本　→　（5）图片　→　（6）图形

图 2-47　利用制表位对齐文字

操作步骤如下：

（1）选择要设置的文本，然后右击选区，在弹出的菜单中选择“段落”命令。

（2）打开“段落”对话框，然后单击“制表位”按钮。

（3）打开“制表位”对话框，依次进行以下几项设置，如图 2-48 所示。

- 在“制表位位置”文本框中输入“8 字符”。
- 选中“左对齐”单选钮。
- 选中“无”单选钮。
- 单击“设置”按钮。

（4）创建的第一个制表位显示在“制表位位置”文本框下方的列表框中，如图 2-49 所示。继续创建第二个制表位，在“制表位位置”文本框中输入“16 字符”，其他设置与第（3）步相同。

（5）创建好两个制表位后，单击“确定”按钮，关闭“制表位”对话框。

（6）将插入点定位到要移动的文本左侧，然后按 Tab 键，即可将文本移动到指定的位置。

删除制表位有以下两种方法：

- 使用鼠标指针将标尺上的制表符拖动到标尺范围之外。
- 在“制表位”对话框中选择要删除的制表位，然后单击“清除”按钮。如需删除所有制表位，可以单击“全部清除”按钮。

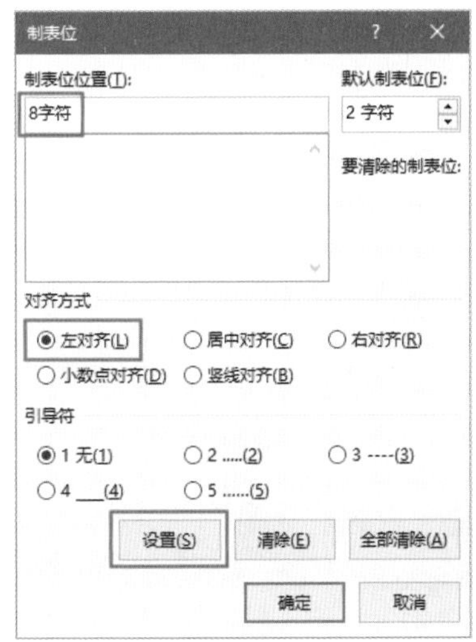

图 2-48 设置制表位选项

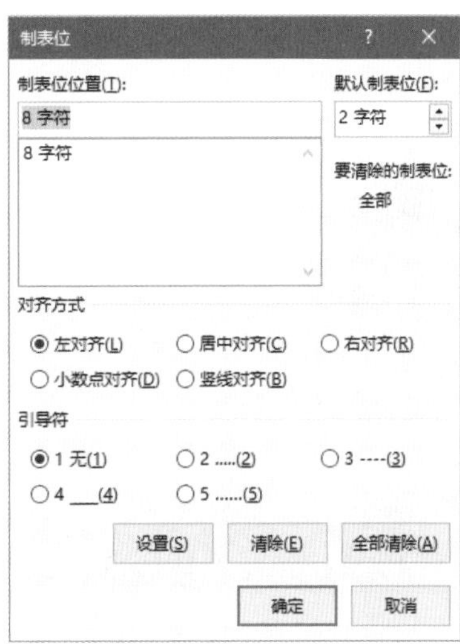

图 2-49 创建第一个制表位

2.3.6 使用格式刷快速复制格式

如需为不同位置上的内容设置相同的格式，可以使用“格式刷”功能。首先为任意一处文本设置好所需的字体格式和段落格式，然后将插入点定位到该文本的范围内，再在功能区的“开始”选项卡中双击“格式刷”按钮，如图 2-50 所示。

图 2-50 单击“格式刷”按钮

进入格式复制模式，鼠标指针的形状变为刷子形状，然后使用以下几种方法复制格式：

- 只设置字体格式：无论设置的内容是否是完整的段落，都需要拖动鼠标指针选择要设置的内容。
- 只设置段落格式：由于设置段落格式不需要选择要设置的段落，因此，只需单击要设置的段落范围内即可设置格式。
- 同时设置字体格式和段落格式：无论设置的内容是否是完整的段落，都需要拖动鼠标指针选择要设置的内容。

使用上述方法依次单击或选择每一处要设置相同格式的内容。完成所有设置后，按 Esc 键退出格式复制模式。

2.3.7 为新建的文档指定默认的段落格式

与设置默认的字符格式类似，用户也可以为新建的文档设置默认的段落格式。在“段落”

对话框中设置好所需的段落格式，然后单击该对话框中的“设为默认值”按钮，打开如图 2-51 所示的对话框，选中“所有基于 Normal 模板的文档”单选钮，最后单击“确定”按钮。

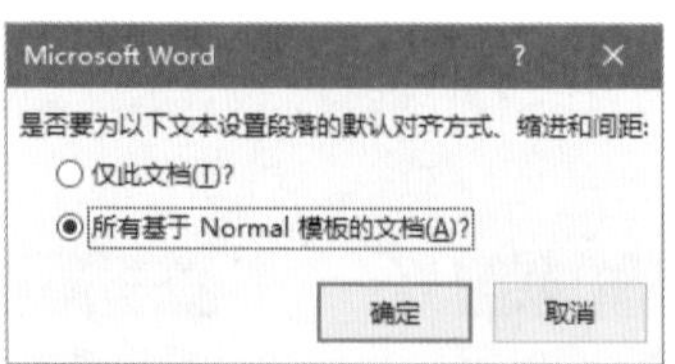

图 2-51 选中“所有基于 Normal 模板的文档”单选钮

提 示

默认的新文档是基于 Normal 模板创建的。如果文档是基于用户模板创建的，则在图 2-51 所示的对话框中会使用用户创建的模板名称代替“Normal”。

2.4 案例实战：制作会议通知

如图 2-52 所示，本节通过制作会议通知，介绍如何使用 Word 中的文本编辑和格式设置功能制作简单的文档。

制作会议通知的操作步骤如下：

（1）启动 Word 程序，新建一个空白文档，然后输入会议通知的内容，如图 2-53 所示。

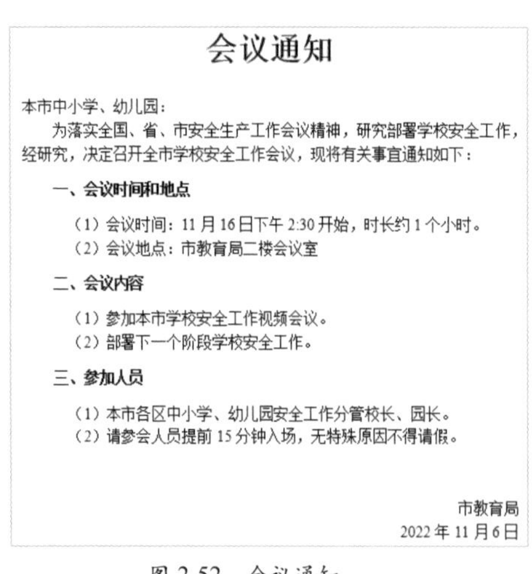

会议通知

本市中小学、幼儿园：

为落实全国、省、市安全生产工作会议精神，研究部署学校安全工作，经研究，决定召开全市学校安全工作会议，现将有关事宜通知如下：

一、会议时间和地点

（1）会议时间：11 月 16 日下午 2:30 开始，时长约 1 个小时。
（2）会议地点：市教育局二楼会议室

二、会议内容

（1）参加本市学校安全工作视频会议。
（2）部署下一个阶段学校安全工作。

三、参加人员

（1）本市各区中小学、幼儿园安全工作分管校长、园长。
（2）请参会人员提前 15 分钟入场，无特殊原因不得请假。

市教育局
2022 年 11 月 6 日

图 2-52 会议通知

会议通知
本市中小学、幼儿园：
为落实全国、省、市安全生产工作会议精神，研究部署学校安全工作，经研究，决定召开全市学校安全工作会议，现将有关事宜通知如下：
一、会议时间和地点
（1）会议时间：11 月 16 日下午 2:30 开始，时长约 1 个小时。
（2）会议地点：市教育局二楼会议室
二、会议内容
（1）参加本市学校安全工作视频会议。
（2）部署下一个阶段学校安全工作。
三、参加人员
（1）本市各区中小学、幼儿园安全工作分管校长、园长。
（2）请参会人员提前 15 分钟入场，无特殊原因不得请假。
市教育局
2022 年 11 月 6 日

图 2-53 输入会议通知的内容

（2）选择第一行标题文字“会议通知”，然后进行以下几项设置，如图 2-54 所示。

- 在“开始”选项卡的“字号”下拉列表中选择“二号”。
- 在“开始”选项卡的“字体”组中单击“加粗”按钮。

- 在“开始”选项卡的“段落”组中单击“居中”按钮。
- 在“布局”选项卡中将“段后”设置为“1 行”。

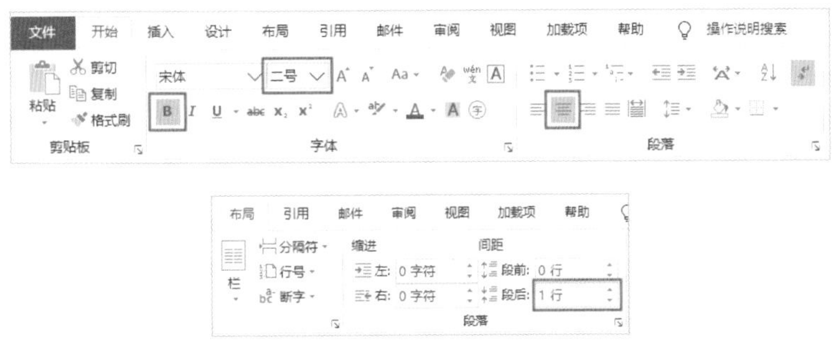

图 2-54　设置标题格式

（3）设置后的标题如图 2-55 所示，然后选择图 2-55 中的内容。

（4）右击选区并选择“段落”命令，打开“段落”对话框，在“缩进和间距”选项卡的“特殊”下拉列表中选择“首行”，并将右侧的“缩进值”设置为“2 字符”，然后单击“确定”按钮，如图 2-56 所示，效果如图 2-57 所示。

（5）选择开头带有括号的内容，然后在“布局”选项卡中将“左缩进”设置为“1 字符”，如图 2-58 所示。

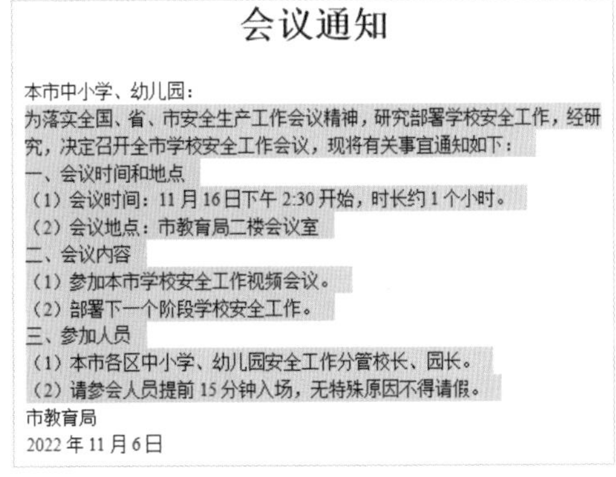

会议通知

本市中小学、幼儿园：
为落实全国、省、市安全生产工作会议精神，研究部署学校安全工作，经研究，决定召开全市学校安全工作会议，现将有关事宜通知如下：
一、会议时间和地点
（1）会议时间：11 月 16 日下午 2:30 开始，时长约 1 个小时。
（2）会议地点：市教育局二楼会议室
二、会议内容
（1）参加本市学校安全工作视频会议。
（2）部署下一个阶段学校安全工作。
三、参加人员
（1）本市各区中小学、幼儿园安全工作分管校长、园长。
（2）请参会人员提前 15 分钟入场，无特殊原因不得请假。
市教育局
2022 年 11 月 6 日

图 2-55　设置标题格式后选择所需的内容

图 2-56　设置首行缩进

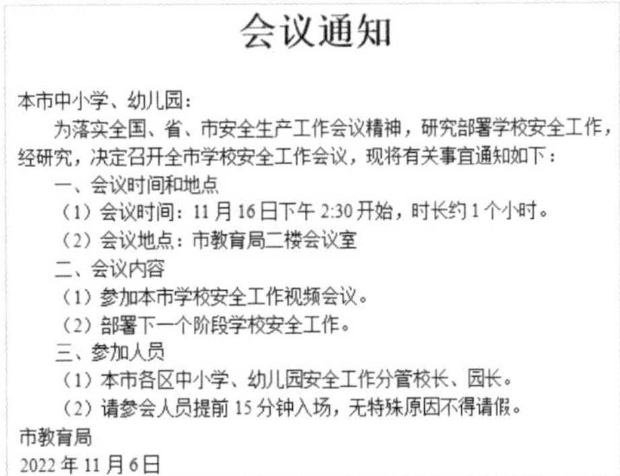

会议通知

本市中小学、幼儿园：
　　为落实全国、省、市安全生产工作会议精神，研究部署学校安全工作，经研究，决定召开全市学校安全工作会议，现将有关事宜通知如下：
　　一、会议时间和地点
　　（1）会议时间：11 月 16 日下午 2:30 开始，时长约 1 个小时。
　　（2）会议地点：市教育局二楼会议室
　　二、会议内容
　　（1）参加本市学校安全工作视频会议。
　　（2）部署下一个阶段学校安全工作。
　　三、参加人员
　　（1）本市各区中小学、幼儿园安全工作分管校长、园长。
　　（2）请参会人员提前 15 分钟入场，无特殊原因不得请假。
市教育局
2022 年 11 月 6 日

图 2-57　首行缩进的设置效果

（6）选择以“一”“二”和“三”开头的 3 行文字，然后进行以下两项设置，设置后的效果如图 2-59 所示。

- 在“开始”选项卡的“字体”组中单击“加粗”按钮。
- 在“布局”选项卡中将“段前”和“段后”都设置为“0.5 行”。

（7）选择会议通知的最后两行，然后在“开始”选项卡的“段落”组中单击“右对齐”按钮，将两行文字与页面的右边缘对齐。

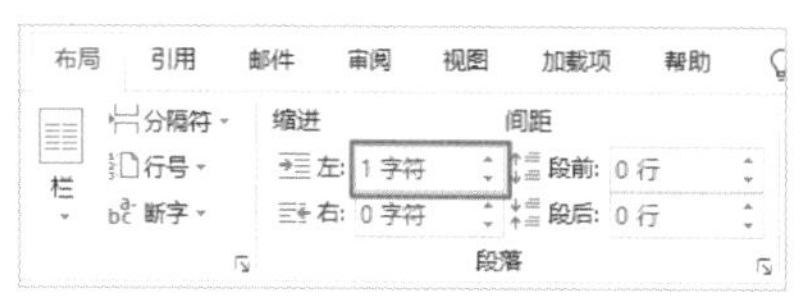

图 2-58　设置左缩进

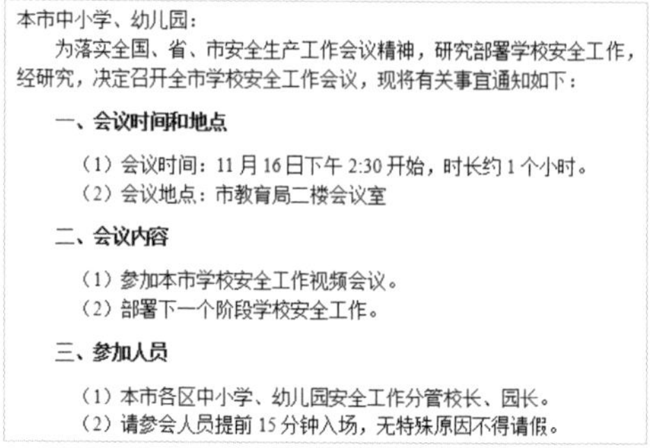

本市中小学、幼儿园：
为落实全国、省、市安全生产工作会议精神，研究部署学校安全工作，经研究，决定召开全市学校安全工作会议，现将有关事宜通知如下：
一、会议时间和地点
（1）会议时间：11 月 16 日下午 2:30 开始，时长约 1 个小时。
（2）会议地点：市教育局二楼会议室
二、会议内容
（1）参加本市学校安全工作视频会议。
（2）部署下一个阶段学校安全工作。
三、参加人员
（1）本市各区中小学、幼儿园安全工作分管校长、园长。
（2）请参会人员提前 15 分钟入场，无特殊原因不得请假。

图 2-59　设置加粗和段间距

（8）将倒数第二行的段前间距设置为“1 行”，即可完成本案例的制作。

2.5　疑难解答

2.5.1　为何输入文字时会自动删除插入点右侧的文字

图 2-60　选择“改写”选项

有时在输入文字的同时会自动删除插入点右侧的文字，出现这种情况是因为当前处于“改写”模式，可以使用下面的方法转换为“插入”模式：

- 单击状态栏中的“改写”。
- 按 Insert 键。

如果在状态栏中未显示“插入”或“改写”，则可以右击状态栏，在弹出的菜单中选择“改写”选项，如图 2-60 所示。

2.5.2　如何去除文字下方的波浪线

文档编辑与排版标准教程（Word+InDesign）

图 2-61　某些内容下方自动带有波浪线

在文档中输入一些英文单词时，可能会自动在其下方显示如图 2-61 所示的波浪线，这是由于 Word 的拼写和语法两项检查所致。

如需去除波浪线，可以右击带有波浪线的文本，在弹出的菜单中选择“全部忽略”命令，如图 2-62 所示，以后在文档中的其他位置再次出现相同拼写的内容时也不会再显示波浪线。

如需彻底关闭拼写与语法检查功能，从而避免为任何可能的文本添加波浪线，可以单击“文件”|“选项”命令，打开“Word 选项”对话框，在“校对”选项卡中取消对“键入时检查拼写”

和“键入时标记语法错误”两个复选框的勾选，然后单击“确定”按钮，如图 2-63 所示。

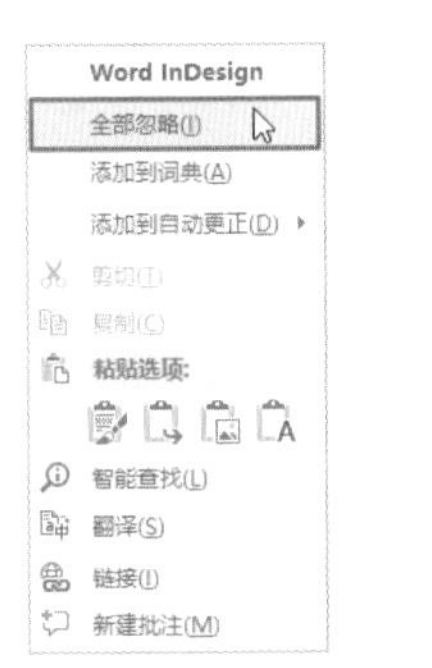

图 2-62　选择“全部忽略”命令

图 2-63　禁用拼写和语法检查功能

2.5.3 为何字体在其他计算机中无法正常显示

在其他计算机中打开制作好的文档时，其中的一些字体无法正常显示。出现这种问题通常是由于文档中使用的一些字体在其他计算机中并没有安装。如需解决该问题，可以单击“文件”|“选项”命令，打开“Word 选项”对话框，在“保存”选项卡中勾选“将字体嵌入文件”复选框，然后单击“确定”按钮，如图 2-64 所示。

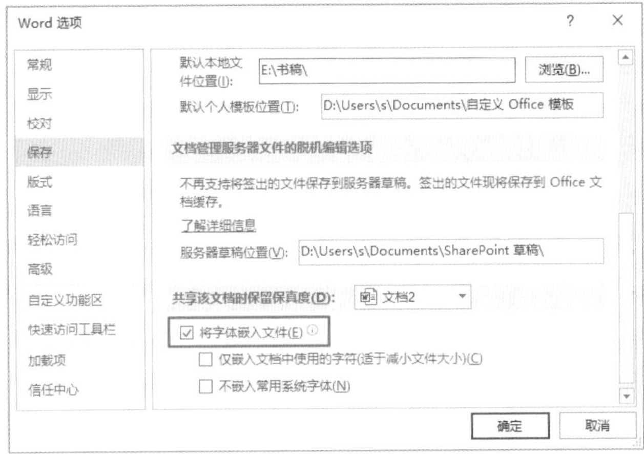

图 2-64　勾选“将字体嵌入文件”复选框

第 3 章 Word 表格和图片

虽然表格和图片不如文本的出现率高，但是在很多实际应用中，表格和图片都是文档中不可缺少甚至是非常重要的元素。表格可以将复杂的内容以更易读的形式呈现出来，图片可以使文档内容生动有趣，更吸引人。本章将介绍在 Word 中创建和设置表格与图片的方法，以及对图、文、表 3 种对象进行混合排版的方法。

3.1 创建和设置表格

表格因其特有的网格结构，非常适合将繁杂的内容组织得整齐有序，本节将介绍创建和设置表格的方法。

3.1.1 创建表格

在 Word 中可以使用多种方法创建表格，在功能区的“插入”选项卡中单击“表格”按钮，然后在打开的列表中选择如何创建表格，如图 3-1 所示。表 3-1 列出了创建表格的几种方法。

图 3-1 创建表格的几种方法

表 3-1 创建表格的几种方法

命　　令	说　　明
拖动方格	使用鼠标指针拖动方格，只能创建最大 8 行 10 列的表格
插入表格	在对话框中指定表格的行、列数，并可设置表格的自动调整功能
绘制表格	通过绘制表格的边框线创建结构灵活的表格
文本转换成表格	将由特定分隔符分隔的文本转换为表格
Excel 电子表格	插入 Excel 工作表，并可使用 Excel 中的数据计算和分析功能
快速表格	使用预置的表格样式创建具有一定格式的表格

下面以第二种方法为例介绍创建表格的过程。首先将插入点定位到要放置表格的位置，然后在图 3-1 所示的列表中选择“插入表格”命令，打开“插入表格”对话框，如图 3-2 所示。在“列数”和“行数”文本框中分别输入表格的列数和行数，然后单击“确定”按钮，即可创建一个表格。

在“插入表格”对话框中单击“确定”按钮之前，可以使用以下几个选项设置表格的自动调整功能。

- 固定列宽：创建的表格的大小不会随页面版心的宽度或表格内容的多少自动调整。
- 根据内容调整表格：创建的表格的大小会随表格中的内容多少自动调整，如图 3-3 所示。

图 3-2 “插入表格”对话框

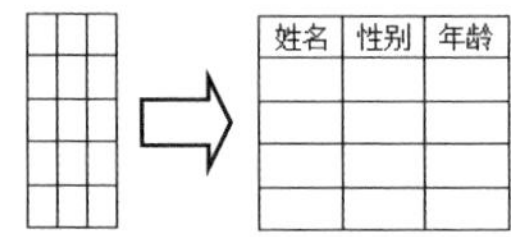

图 3-3 根据内容调整表格

- 根据窗口调整表格：创建的表格的大小会随页面版心的宽度自动调整，即表格的总宽度始终与页面版心相同。

提 示

如需在每次打开“插入表格”对话框时，在“列数”和“行数”两个文本框中都能显示所希望的值，则可以在“列数”和“行数”文本框中输入所希望的值，然后勾选“为新表格记忆此尺寸”复选框，再单击“确定”按钮。

动手实践 创建错行表格

错行表格是指在一个两列的表格中，左右两列的行数不同，但高度相同。如图 3-4 所示是一个错行表格，表格的第 1 列有 5 行，第 2 列有 6 行，两列的高度相同。

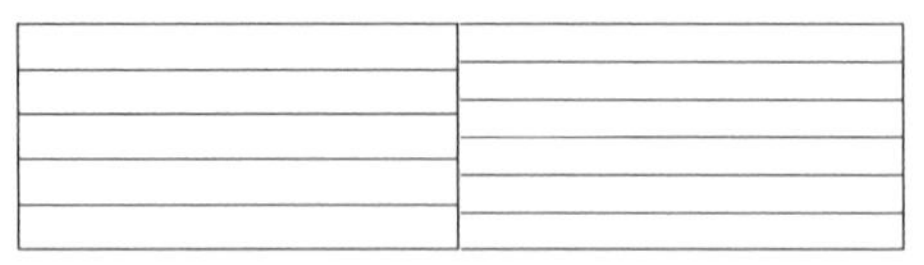

图 3-4 错行表格

创建该错行表格的操作步骤如下：

（1）使用 3.1.1 节中的“插入表格”命令，打开“插入表格”对话框，将“列数”设置为“1”，将“行数”设置为“11”，然后单击“确定”按钮，如图 3-5 所示。

（2）在文档中创建一个 11 行 1 列的表格，选择表格的前 5 行，然后右击选区并在弹出的菜单中选择“表格属性”命令，如图 3-6 所示。

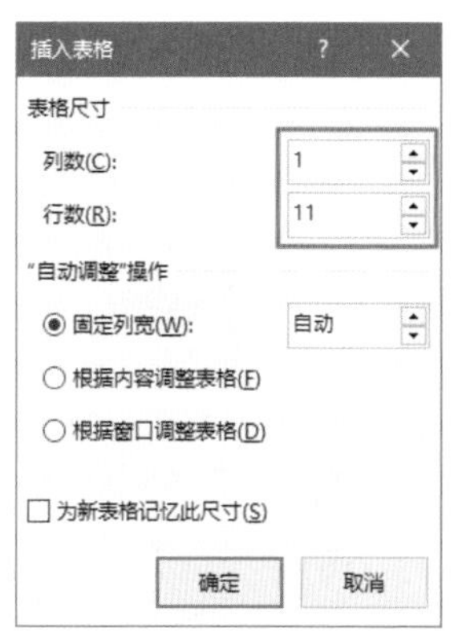

图 3-5　设置表格的行、列数

图 3-6　选择“表格属性”命令

（3）打开“表格属性”对话框，在“行”选项卡中勾选“指定高度”复选框，然后在其右侧的文本框中输入“0.6 厘米”，再将“行高值是”设置为“固定值”，最后单击“确定”按钮，如图 3-7 所示。

（4）选择表格的后 6 行，然后打开“表格属性”对话框，与第（3）步的操作类似，唯一区别是将“指定高度”右侧的文本框中的值设置为“0.5 厘米”，如图 3-8 所示。设置完成后单击“确定”按钮。

图 3-7　设置表格前 5 行的行高

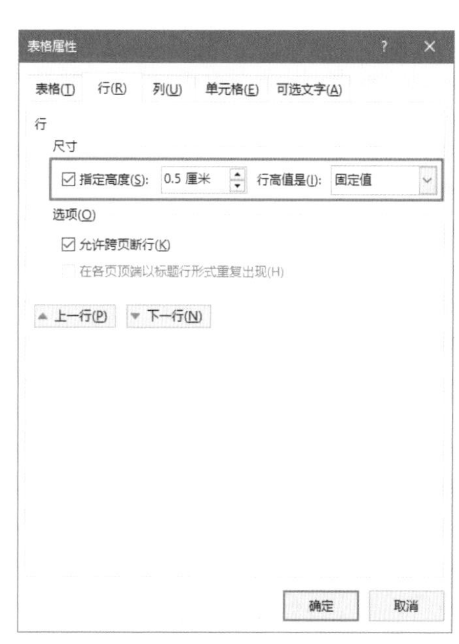

图 3-8　设置表格后 6 行的行高

提　示

由于将前 5 行的行高设置为 0.6 厘米，因此，前 5 行的总高度就是 0.6×5=3 厘米。为了使两列的高度相同，需要将后 6 行的行高设置为 3÷6=0.5 厘米。

（5）选择整个表格，然后在功能区的“布局”选项卡中单击“栏”按钮，在弹出的菜单中选择“更多栏”命令，如图 3-9 所示。

（6）打开“栏”对话框，选择“预设”中的“两栏”，然后将“间距”设置为“0 字符”，如图 3-10 所示。

图 3-9　选择“更多栏”命令

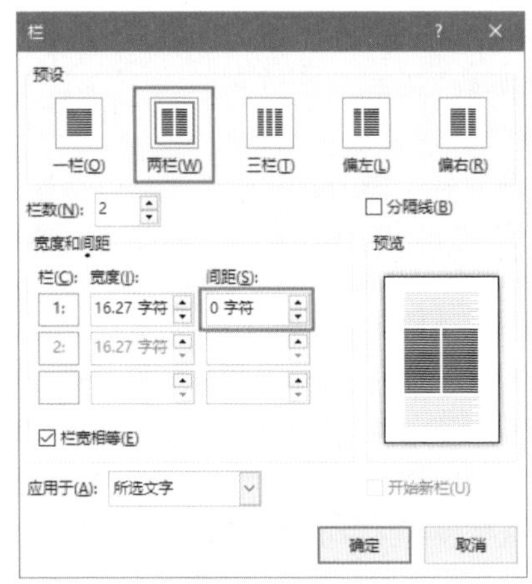

图 3-10　设置分栏选项

（7）单击“确定”按钮，即可将原来 1 列 11 行的表格转换为左列 5 行、右列 6 行的错行表格。

3.1.2　选择表格元素

表格元素是指表格中的行、列、单元格。在操作特定的表格元素之前，通常需要先选择它们。

1．选择单元格

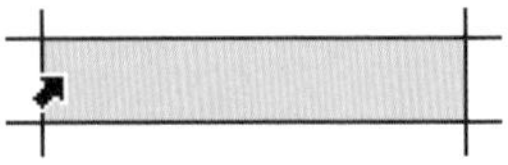

图 3-11　选择一个单元格

如需选择一个单元格，可以将鼠标指针移动到单元格的左边缘，当鼠标指针变为⬈时单击，即可选中该单元格，如图 3-11 所示。

如需选择多个单元格，可以先单击一个单元格，然后按住鼠标左键，将鼠标指针拖动到另一个单元格即可。还可以使用 Shift 键选择大范围的单元格，以减少拖动鼠标指针所耗费的时间。如果使用 Ctrl 键则可以选择不相邻的多个单元格。这些操作与选择文本时使用 Shift 键和 Ctrl 键的操作及作用相同。

2．选择行

如需选择一行，可以将鼠标指针移动到页面左边距的范围内，当鼠标指针变为↗时单击，即可选中鼠标指针右侧的行。

如需选择多行，可以先选择一行，然后向上或向下拖动鼠标指针。结合使用 Shift 键或 Ctrl 键，可以快速选择大范围的行或选择不相邻的行。

3．选择列

如需选择一列，则可以将鼠标指针移动列的上方，当鼠标指针变为⬇时单击，即可选中鼠标指针下方的列。

如需选择多列，可以先选择一列，然后向左或向右拖动鼠标指针。按 Shift 键或 Ctrl 键，可以快速选择大范围的列或选择不相邻的列。

4. 选择表格

如需选择整个表格，可以将鼠标指针移动到表格范围内，然后单击出现在表格左上角的⊞标记，如图 3-12 所示。

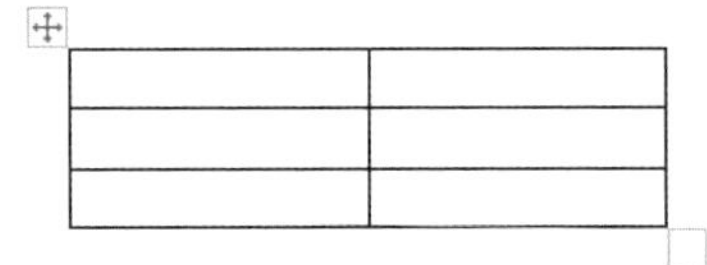

图 3-12　表格的全选标记

3.1.3　调整表格尺寸

用户可能需要在表格中输入内容之后，根据表格的结构或排版要求，对表格的行高、列宽或整个表格的尺寸进行调整，以达到最佳显示效果。用户可以手动调整表格的尺寸，也可以利用“自动调整”功能根据版心的宽度或内容的多少自动调整表格的尺寸。

1. 手动调整表格尺寸

用户可以拖动表格的边框线调整表格的尺寸，也可以为表格的尺寸设置精确值。将鼠标指针移动到行与行或列与列之间的边框线上，当鼠标指针变为双箭头时，按住鼠标左键并拖动，即可改变行的高度或列的宽度，如图 3-13 所示。

如需为表格的尺寸设置精确值，可以选择要设置的表格元素，然后在功能区的“表格工具 | 布局”选项卡中设置“高度”和“宽度”的值，如图 3-14 所示。

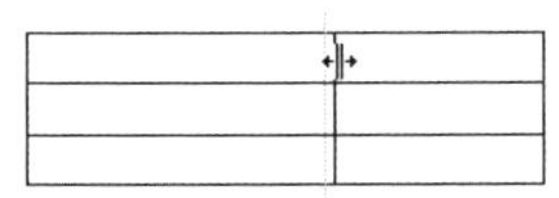

图 3-13　拖动表格的边框线设置表格的尺寸

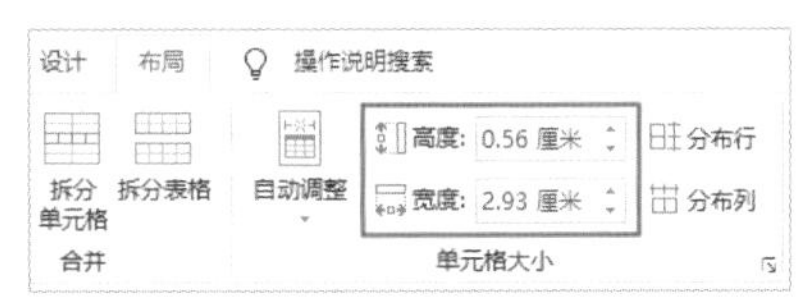

图 3-14　为表格元素的尺寸设置精确值

提示

每次设置列宽时，会改变整个列中每一个单元格的宽度。如果只想改变某个单元格的宽度，则可以选中该单元格，然后拖动该单元格左、右两侧的边框线。

2. 自动调整表格尺寸

创建表格时，可以在“插入表格”对话框中设置自动调整选项，参见 3.1.1 小节。如果已经创建好了表格，则可以选中表格，右击选区并在弹出的菜单中选择“自动调整”命令，然后在其子菜单中选择除了“固定列宽”之外的其他两个命令，如图 3-15 所示。实际上这 3 个命令正对应于“插入表格”对话框中自动调整功能的 3 个选项。

图 3-15　在创建表格后使用自动调整功能

如需使表格中的多行或多列具有相同的尺寸，可以选择这些行或这些列，然后右击选区并在弹出的菜单中选择“平均分布各行”或“平均分布各列”命令，参见图 3-15。

“平均分布各行”和“平均分布各列”命令只对相邻的多行和多列有效。

3．设置单元格的换行

如果在一个单元格中输入的内容较多，无法完全显示在一行中时，会将多出的部分显示到该单元格中的下一行，如图 3-16 所示。

文档编辑与排版标准 教程	

图 3-16　内容较多时会分多行显示

如需将内容显示在同一行，除了手动调整单元格的宽度之外，还可以使用下面的方法：

右击单元格并在弹出的菜单中选择“表格属性”命令，打开“表格属性”对话框，在“单元格”选项卡中单击“选项”按钮，如图 3-17 所示。

打开“单元格选项”对话框，取消对“自动换行”复选框的勾选，然后单击两次“确定”按钮，如图 3-18 所示。

图 3-17　单击“选项”按钮

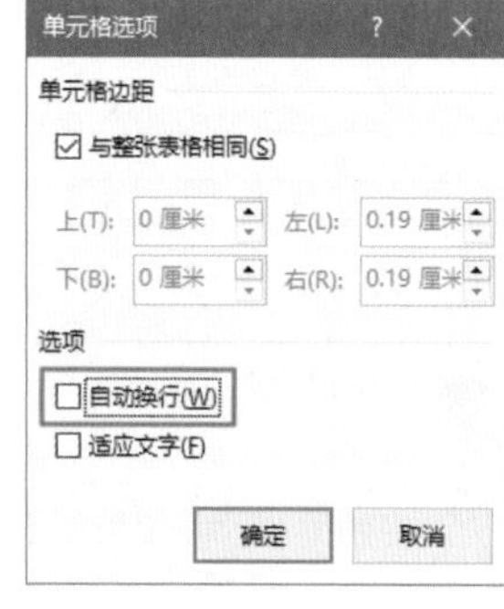

图 3-18　取消对“自动换行”复选框的勾选

设置后的单元格宽度会自动增加，使内容显示在一行，如图 3-19 所示。

注 意

如果表格的自动调整选项被设置为“固定列宽”，则无法实现上述效果。

如需在不改变单元格宽度的情况下使内容显示在同一行，可以打开“单元格选项”对话框，然后勾选“适应文字”复选框。设置后的单元格中的文字会自动缩小，以使所有文字显示在同一行。单击单元格中的文字时，文字下方会显示浅蓝色的线条，如图 3-20 所示。

文档编辑与排版标准教程	

图 3-19　单元格宽度自动增加以使内容显示在一行

文档编辑与排版标准教程	

图 3-20　缩小文字以使其显示在同一行

3.1.4 合并和拆分单元格

创建表格时，各行各列包含数量均等的单元格。但是在实际应用中，可能需要创建特殊结构的表格，此时可以通过合并单元格和拆分单元格实现。

如需将几个单元格合并到一起，可以选择这些单元格，然后右击选区并在弹出的菜单中选择“合并单元格”命令，如图 3-21 所示。

如需将一个单元格拆分为多个单元格，可以右击该单元格，在弹出的菜单中选择“拆分单元格”命令，然后在打开的对话框中设置拆分后的单元格数量，该数量由用户指定的列数和行数决定，最后单击“确定”按钮，如图 3-22 所示。

图 3-21 选择“合并单元格”命令

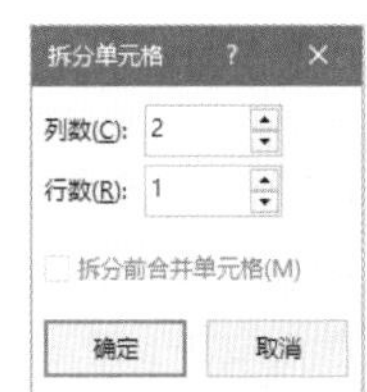

图 3-22 设置拆分选项

提 示

也可以在功能区的“表格工具 | 布局”选项卡中找到“合并单元格”和“拆分单元格”两个命令。

如图 3-23 所示为合并单元格之前和之后的效果，反过来就是拆分单元格的效果。

图 3-23 合并单元格

3.1.5 在表格中输入内容

在表格中输入内容之前，需要先将插入点定位到要输入内容的单元格，然后输入所需的内容。在表格中移动插入点有以下几种方法：

- 在目标单元格中单击鼠标左键。
- 按 Tab 键。
- 按 Shift+Tab 组合键。

当表格中的行或列不够用时，可以随时添加新的行或列。添加行有以下几种方法：

- 将鼠标指针移动到两行之间的分隔线的左侧，当显示如图 3-24 所示的⊕标记时单击，将在该标记的下方添加一行。
- 单击一个单元格，然后在功能区的“表格工具 | 布局”选项卡中单击“在上方插入”或“在

下方插入”按钮，如图 3-25 所示。

- 右击一个单元格，在弹出的菜单中选择“插入”命令，然后在其子菜单中选择“在上方插入行”或“在下方插入行”命令，如图 3-26 所示。

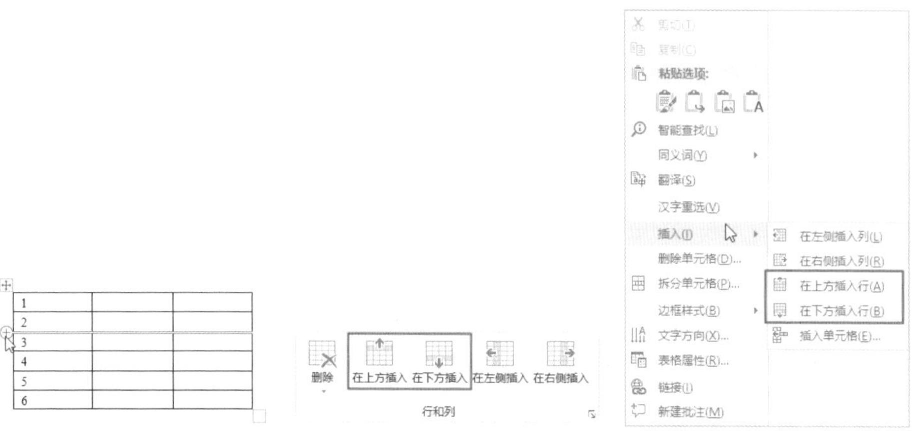

图 3-24　单击加号标记添加新行　　图 3-25　使用功能区中的命令　　图 3-26　使用鼠标快捷菜单中的命令

- 如需在表格最下方添加新行，可以单击表格中的最后一个单元格（右下角的单元格），然后按 Tab 键。

添加列的方法与添加行类似，可以将鼠标指针移动到两列之间的分隔线的上方，当显示⊕标记时单击，将在该标记的右侧添加一列。还可以使用功能区或鼠标快捷菜单中的“在左侧插入（列）”和“在右侧插入（列）”命令，参见图 3-25 和图 3-26。

3.1.6　自动为跨页表格添加标题行

标题行是表格的第一行，由描述各列数据含义的文字组成。当一个表格占据多个页面时，默认只有第一页中的表格显示标题行。如需让该表格在其他页面中也显示标题行，可以单击该表格在第一页中的标题行中的任意一个单元格，然后在功能区的“表格工具 | 布局”选项卡中单击“重复标题行”按钮，如图 3-27 所示。

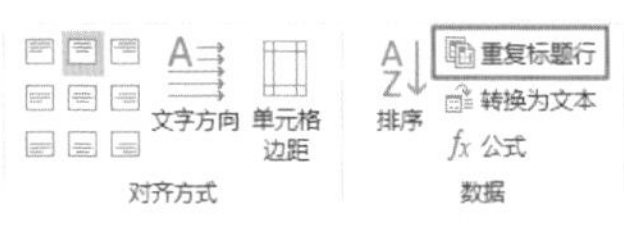

图 3-27　单击“重复标题行”按钮

如果设置了重复标题行的表格以后占据更多的页面，则表格在新增页面中的部分也会自动显示标题行。

3.1.7　设置表格的边框和底纹

与段落的边框和底纹类似，也可以为整个表格或其中的单元格设置边框和底纹，两者使用的选项基本相同。为表格设置边框和底纹所使用的“边框和底纹”对话框中的选项，与为段落设置边框和底纹时打开的同名对话框中的选项是相同的，设置方法也一样，所以此处不再赘述。

然而，为表格设置边框时需要投入更多的考虑，这是因为表格本身就是由线条组成的，选择单元格、行、列等不同的表格元素会影响表格边框的设置效果。

对于如图 3-28 所示的表格，当选择第一行的最后两个单元格、第一列的所有单元格、表格右下角的 4 个单元格，以及整个表格这 4 种不同范围时，在“边框和底纹”对话框的“边框”

选项卡的“预览”中显示的选区外观有所不同。

选择表格右下角的 4 个单元格与选择整个表格的显示效果相同，而与其他两种选择范围的显示效果不同。“边框和底纹”对话框中的预览效果完全对应于选中的表格区域的结构。

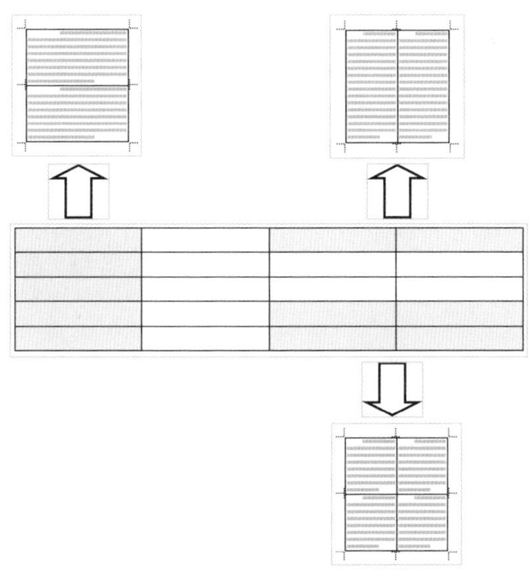

图 3-28 “边框和底纹”对话框中的预览效果对应于选择的表格范围

提 示

如需打开“边框和底纹”对话框，可以选择整个表格或其中的某个部分，然后右击选区，在弹出的菜单中选择“表格属性”命令，打开“表格属性”对话框，在“表格”选项卡中单击“边框和底纹”按钮。

3.1.8 删除表格

删除表格有以下几种方法：

- 选择表格，然后按 BackSpace 键。
- 选择表格，然后按 Shift+Delete 组合键。
- 选择表格，然后按 Ctrl+X 组合键，将表格剪切到剪贴板，但不进行粘贴。

如需删除表格中的行或列，可以选择要删除的行或列，然后右击选区，在弹出的菜单中选择“删除行”或“删除列”命令。

3.2 插入和设置图片

为了制作图文并茂的文档，需要先在文档中插入图片，然后对图片进行一些必要的调整和设置，使其符合排版要求。本节将介绍在文档中插入和设置图片的方法。

3.2.1 插入图片

如果平时有在计算机中收集图片素材的习惯，则可以将这些图片插入到 Word 文档中，操作步骤如下：

图 3-29 单击“图片”按钮

（1）将插入点定位到要放置图片的位置，然后在功能区的“插入”选项卡中单击“图片”按钮，如图 3-29 所示。

（2）打开“插入图片”对话框，双击要插入的图片，即可将该图片插入到文档中。

用户还可以在文档中插入 Internet 中的图片，只需单击图 3-29 中的“联机图片”按钮，在打开的对话框中输入用于描述图片含义的关键字，然后按 Enter 键，即可找到所需的图片，如图 3-30 所示。

图 3-30 通过输入关键字搜索图片

拓 展

可以在 Word 文档中插入表 3-2 列出的图片类型。

表 3-2 可在 Word 文档中插入的图片类型

图 片 类 型	文件扩展名
Windows 位图	.bmp、.dib、.rle
Windows 图元文件	.wmf
Windows 增强型图元文件	.emf
压缩的 Windows 图元文件	.wmz
压缩的 Windows 增强型图元文件	.emz
JPEG 文件交换格式	.jpg、.jpeg、.jfif、.jpe
可移植网络图形	.png
图形交换格式	.gif
Tag 图像文件格式	.tif、.tiff
封装的 PostScript	.eps
WordPerfect 图形	.wpg
CorelDraw	.cdr
计算机图形元文件	.cgm
Macintosh PICT	.pct、.pict

3.2.2 调整图片尺寸

在文档中插入图片后，通常需要调整图片的尺寸。单击图片将其选中，在图片的四周将出现 8 个圆圈（某些 Word 版本为方块），如图 3-31 所示，将这些圆圈称为“控制点”。将鼠标指针移动到任意一个控制点上，当鼠标指针变为双向箭头时，拖动控制点即可调整图片的尺寸。

图 3-31 图片四周的 8 个控制点

提 示

如果按住鼠标右键拖动控制点，则会显示图片尺寸变化的轨迹，这样有利于对比图片尺寸前、后的变化。

如需为图片设置精确的尺寸，可以使用以下两种方法：

- 选择图片，在功能区的“图片工具 | 格式”选项卡中设置图片的高度和宽度，如图 3-32 所示。
- 右击图片，在弹出的菜单中选择“大小和位置”命令，打开“布局”对话框，在“大小”选项卡的“高度” | “绝对值”和“宽度” | “绝对值”两个文本框中分别设置图片的高度和宽度，如图 3-33 所示。

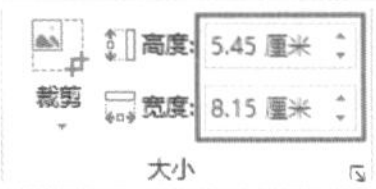

图 3-32 在功能区中设置图片尺寸

图 3-33 在对话框中设置图片尺寸

提 示

如果在调整图片尺寸时不想让图片变形，则可以在图 3-33 中勾选“锁定纵横比”复选框，然后设置图片的高度和宽度。

单击“重置”按钮将使图片恢复到原始尺寸，原始尺寸显示在“布局”对话框中的“大小”

选项卡的下方，如图 3-34 所示。

图 3-34　图片的原始尺寸

3.2.3　改变图片方向

如果插入文档中的图片的显示方向不合适，则可以任意角度旋转图片，有以下几种方法：

- 选择图片，然后拖动图片上方的弯箭头，如图 3-35 所示。
- 选择图片，然后在功能区的“图片工具 | 格式”选项卡中单击“旋转”按钮，在弹出的菜单中选择“向右旋转 90°”或“向左旋转 90°”命令，如图 3-36 所示。
- 打开“布局”对话框，在“大小”选项卡的“旋转”文本框中输入角度值，参见图 3-32。

如需获得图片的镜像效果，可以选择图片，然后在功能区的“图片工具 | 格式”选项卡中单击“旋转”按钮，在弹出的菜单中选择“垂直翻转”或“水平翻转”命令，参见图 3-36。

图 3-37 是将左侧图片进行水平翻转之后的效果。

图 3-35　拖动弯箭头可以旋转图片

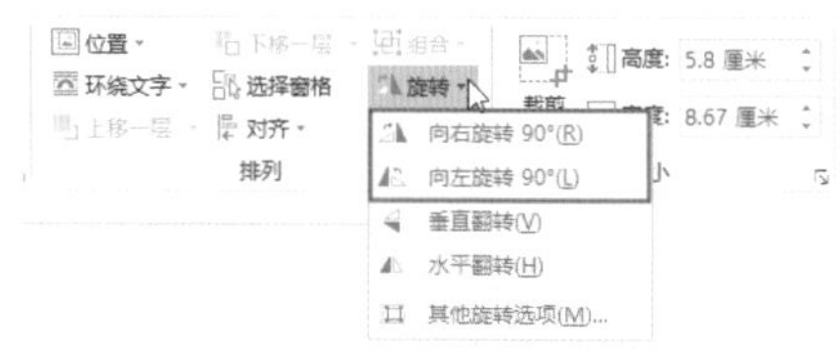

图 3-36　选择要调整的角度

图 3-37　翻转图片

动手实践　去除图片中的多余部分

选择图片时会显示图片四周的边界，此时可能会发现图片内部包含一些无用的空白区域，它们额外占用页面空间，如图 3-38 所示。

使用“裁剪”功能可以删除图片内部的空白区域，操作步骤如下：

（1）选择图片，然后在功能区的“图片工具 | 格式”选项卡中单击“裁剪”按钮，如图 3-39 所示。

（2）图片四周将显示黑色线条，将鼠标指针指向这些线条时，鼠标指针的形状会发生变化，此时拖动这些线条，拖动过程中显示的灰色区域是要删除的部分，如图 3-40 所示。

图 3-38　图片内部包含无用的空白区域

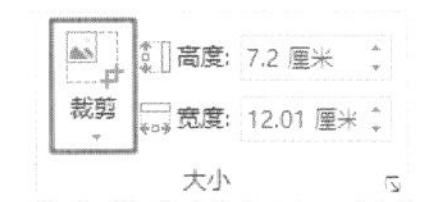

图 3-39　单击“裁剪”按钮

（3）当灰色区域完全覆盖要删除的部分时，单击图片以外的区域，即可将灰色区域从图片中删除。图 3-41 是去除空白区域之后的图片。

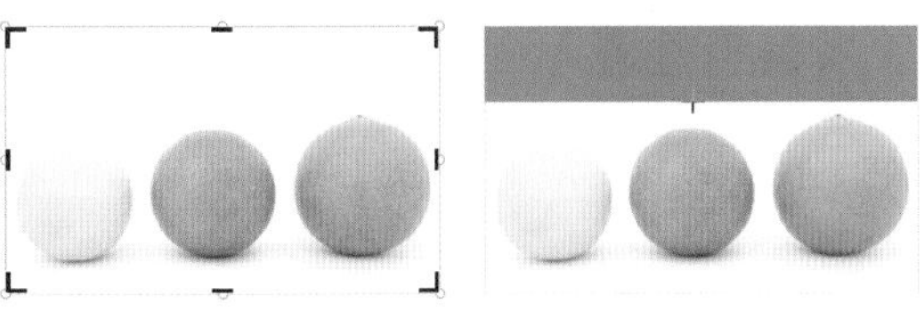

图 3-40　拖动黑色线条时显示的灰色区域是要删除的部分

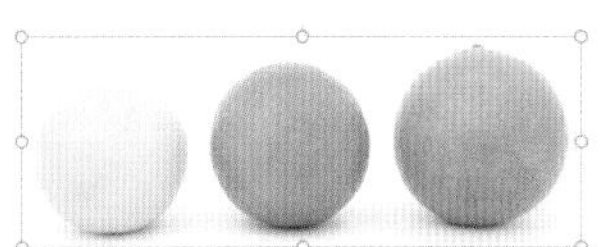

图 3-41　去除图片中的空白区域

3.2.4　改善图片的显示效果

插入文档中的图片可能亮度不够或者颜色不正，使用 Word 提供的工具可以调整图片的显示效果。

如需调整图片的亮度和对比度，可以选择图片，然后在功能区的“图片工具 | 格式”选项卡中单击“校正”按钮，在打开的列表中选择所需的选项，如图 3-42 所示。

上面的方法会同时调整亮度和对比度，如只想调整其中之一，或者自定义设置亮度和对比度的值，可以在图 3-42 中选择“图片校正选项”命令，然后在打开的“设置图片格式”窗格中进行设置，如图 3-43 所示。

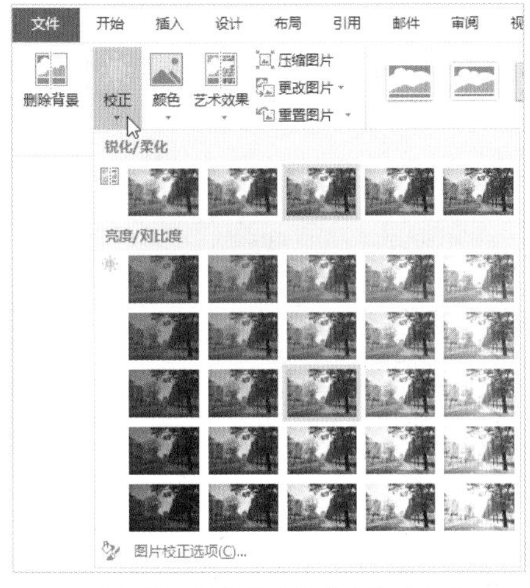

图 3-42　调整图片的亮度和对比度

图 3-43　自定义设置图片的亮度和对比度

如需调整图片的色调、饱和度等，可以在功能区的“图片工具 | 格式”选项卡中单击“颜色”按钮，然后在打开的列表中进行选择，如图 3-44 所示。如果在列表中选择“图片颜色选项”

命令，则可以在打开的窗格中自定义设置，如图 3-45 所示。

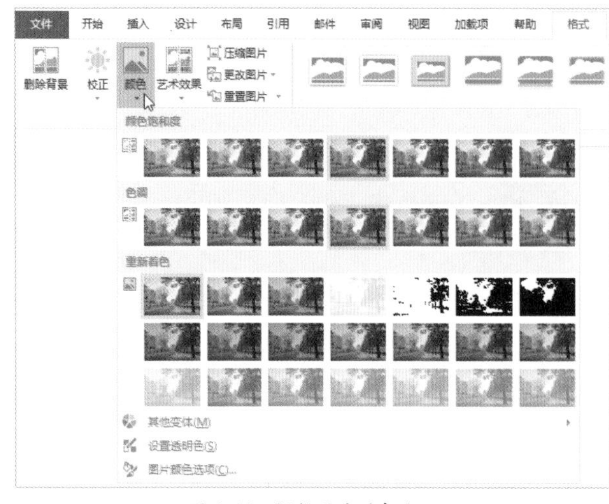

图 3-44　调整图片的颜色

图 3-45　自定义设置图片的颜色

3.3 图文表混排

由于很多文档都会同时包含图片、文本和表格，因此，对这 3 类对象进行混合排版变得非常普遍。

3.3.1 设置图片与文字的位置

在文档中插入图片的默认版式为“嵌入型”，该版式的图片的排版方式与文本类似，可以为图片设置对齐方式、行距等段落格式。如果将嵌入型图片放到一个段落中，则会显示为如图 3-46 所示的效果，可以发现，图片与文字格格不入。

视频提供了功能强大的方法帮助您证明您的观点。当您单击联机视频时，可以在想要添加的视频的嵌入代码中进行粘贴。您也可以键入一个关键字以联机搜索最适合您的文档的视频。为使您的文档具有专业外观，Word 提供了页眉、页脚、封面和文本框设计，这些设计可互为补充。例如，您可以添加匹配的封面、页眉和提要栏。单击“插入”，然后从不同库中选择所需元素。主题和样式也有助于文档保持协调。当您单击设计并选择新的主题时，图片、图表或 SmartArt 图形将会更改以匹配新的主题。当应用样式时，您的标题会进行更改以匹配新的主题。使用在需要位置出现的新按钮在 Word 中保存时间。若要更改图片适应文档的方式，请单击该图片，图片旁边将会显示布局选项按钮。当处理表格时，单击要添加行或列的位置，然后单击加号。

图 3-46　将嵌入型图片放到段落中

如需让图片与文字更好地融合在一起，可以将图片的版式更改为“四周型”，如图 3-47 所示。

图 3-47　四周型图片可以更好地融入段落

更改图片的版式有以下几种方法：

- 选择图片，然后单击图片右上角的“布局选项”按钮，在弹出的菜单中选择所需的版式，如图 3-48 所示。
- 右击图片，在弹出的菜单中选择“环绕文字”命令，然后在其子菜单中选择所需的版式，如图 3-49 所示。

图 3-48　使用“布局选项”按钮设置版式

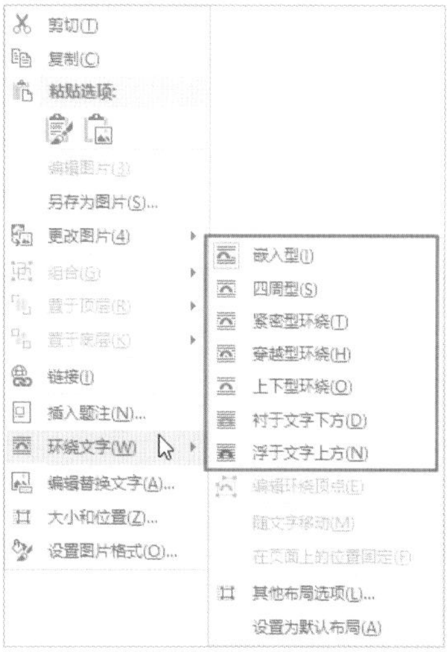

图 3-49　使用“环绕文字”命令设置版式

- 右击图片，在弹出的菜单中选择“大小和位置”命令，打开“布局”对话框，在“文字环绕”选项卡中选择所需的版式，如图 3-50 所示。

注 意

Word 2010 及更低版本的 Word 不支持第一种方法，后两种方法在不同的 Word 版本中的命令名称可能有所不同。

图 3-50　使用“布局”对话框设置图片版式

提　示

将图片插入文档时的默认版式为嵌入型，用户可以将常用的版式设置为图片的默认版式，以节省更改版式的时间。如需更改图片的默认版式，可以单击“文件”|“选项”命令，打开“Word 选项”对话框，在“高级”选项卡的“将图片插入 / 粘贴为”下拉列表中选择所需的版式，然后单击“确定”按钮，如图 3-51 所示。

图 3-51　设置图片的默认版式

3.3.2 设置文本在表格中的位置

文本在表格中的位置有水平和垂直两个方向，水平位置分为左对齐、居中对齐、右对齐3种，垂直位置分为顶部对齐、中部对齐、底部对齐3种，两个方向组成9种对齐位置，如图3-52所示。

如需设置文本在表格中的位置，可以选择整个表格或特定的单元格，然后在功能区的“表格工具 | 布局”选项卡中选择所需的对齐位置，如图3-53所示。

顶部左对齐	顶部居中对齐	顶部右对齐
中部左对齐	中部居中对齐	中部右对齐
底部左对齐	底部居中对齐	底部右对齐

图3-52　文本在表格中的9种对齐位置

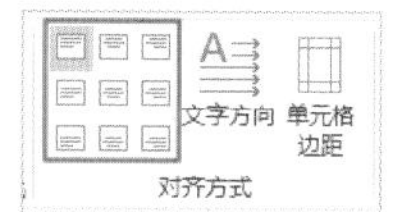

图3-53　设置文本在表格中的位置

3.3.3 设置图片在表格中的位置

在表格中插入图片与在表格外插入图片的方法没有区别，只需先将插入点定位到要放置图片的单元格，然后插入图片。与文本类似，图片在表格中的位置也有9种。由于图片的尺寸通常较大，为了避免破坏表格的原有结构，需要将图片的大小限制在单元格内，可以进行以下设置：

（1）右击表格中的任意一个单元格，在弹出的菜单中选择“表格属性”命令。

（2）打开“表格属性”对话框，在“表格”选项卡中单击“选项”按钮，如图3-54所示。

（3）打开“表格选项”对话框，取消对“自动重调尺寸以适应内容”复选框的勾选，然后单击两次“确定”按钮，如图3-55所示。

图3-54　单击“选项”按钮

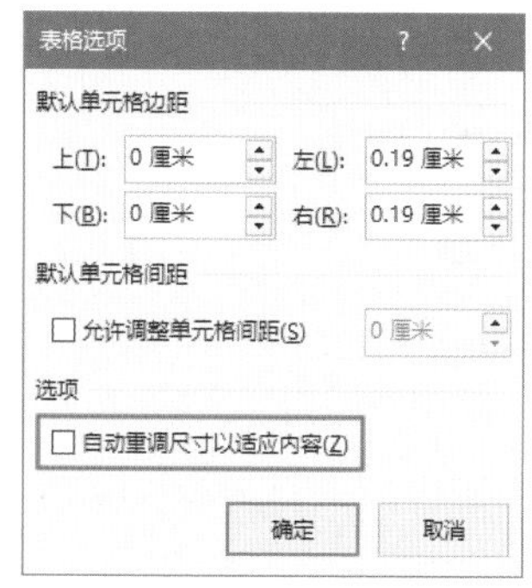

图3-55　取消对“自动重调尺寸以适应内容”复选框的勾选

经过以上操作后，在单元格中插入的图片的尺寸会按照单元格的大小自动调整，如图3-56所示。

图 3-56　图片的尺寸会按照单元格的大小自动调整

注　意

如果在取消自动重调尺寸功能之前已经在表格中插入了图片，则最好先将图片删除使表格恢复到最初状态，否则在取消自动重调尺寸功能之后，之前插入的图片占据的单元格空间可能不会自动恢复到最初状态。

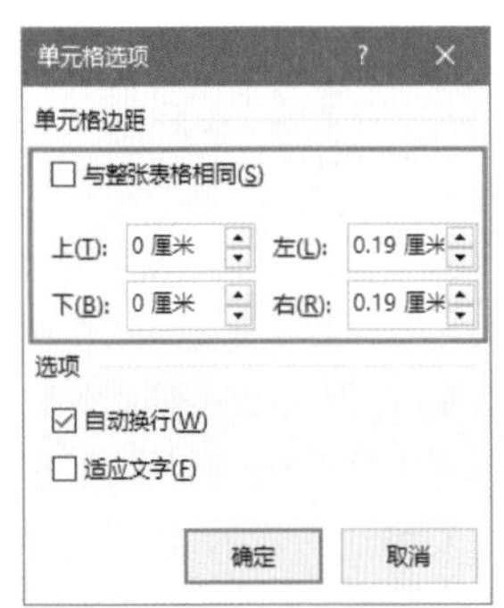

图 3-57　设置特定单元格的边距

如需调整图片与单元格之间的间隔，可以在“表格选项”对话框中设置“上”“下”“左”和“右”4个边距的值。还可以只调整特定单元格的边距，只需在“表格属性”对话框的“单元格”选项卡中单击“选项”按钮，然后在打开的对话框中取消对“与整张表格相同”复选框的勾选，再修改4个边距的值，如图3-57所示。

3.3.4　设置表格在文档中的位置

与段落的水平对齐方式类似，表格在文档中的水平对齐方式也有左对齐、居中对齐、右对齐3种。如需设置表格在文档中的水平位置，可以选择整个表格，然后使用以下两种方法：

- 在功能区的“开始”选项卡中单击“段落”组中的对齐按钮。
- 在“表格属性”对话框的“表格”选项卡中选择对齐方式，如图3-58所示。

图 3-58　在“表格属性”对话框中设置表格的对齐方式

注　意

如果将插入点定位到某个单元格中，则使用第一种方法设置的是文本在单元格中的位置，而不是表格在文档中的位置。

如果表格的宽度小于版心的宽度，就能看到表格在文档中的对齐效果，如图3-59所示。

用户也可以为表格设置类似于图片版式的格式，即表格与文字之间的位置关系，有以下两种方法：

- 拖动表格左上角的全选标记⊕，将表格拖动到包含文本的段落中。
- 在“表格属性”对话框的“表格”选项卡中选择“环绕”选项，参见图 3-58。如果单击右侧的“定位”按钮，可以在打开的对话框中设置表格基于某一参照标准在水平和垂直方向上的位置，以及与正文的间距，如图 3-60 所示。

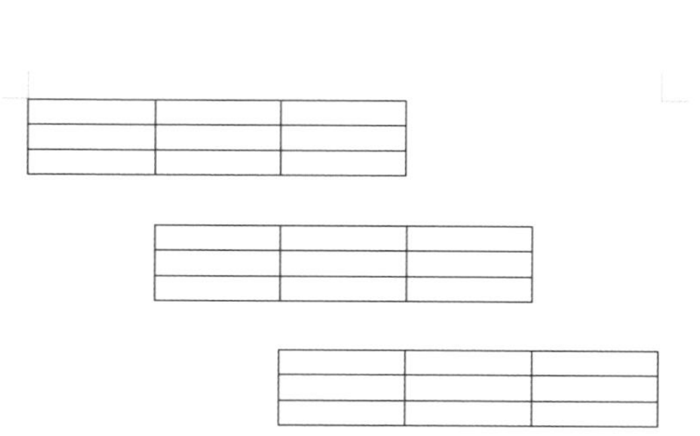

图 3-59 表格在文档中的 3 种对齐方式

图 3-60 精确设置表格的位置

3.4 案例实战：制作个人简历

如图 3-61 所示，个人简历通常是表格形式，本节将介绍如何使用 Word 中的表格功能制作个人简历。

个人简历

姓　名			性　别		出生日期		照片	
身份证号			户　口		政治面貌			
手机号码			电子邮箱					
家庭住址								
通信地址								
电脑水平								
外语水平	语　种		等　级		掌握程度		口语能力	
教育背景								
工作经历								
自我评价								

图 3-61 个人简历

制作个人简历的操作步骤如下：

（1）新建一个文档，将页面的 4 个页边距都设置为 2 厘米，然后在第一行输入“个人简历”。

（2）按 Enter 键，将插入点移动到下一个段落。然后在功能区的“插入”选项卡中单击“表格”按钮，在打开的列表中选择“插入表格”命令，再在打开的对话框中将“列数”和“行数”分别设置为“9”和“20”，如图 3-62 所示。

（3）单击“确定”按钮，在文档中创建一个 20 行 9 列的表格。将表格上方标题的字体设置为“黑体”，字号设置为“二号”，居中对齐，段后间距为“1 行”，如图 3-63 所示。

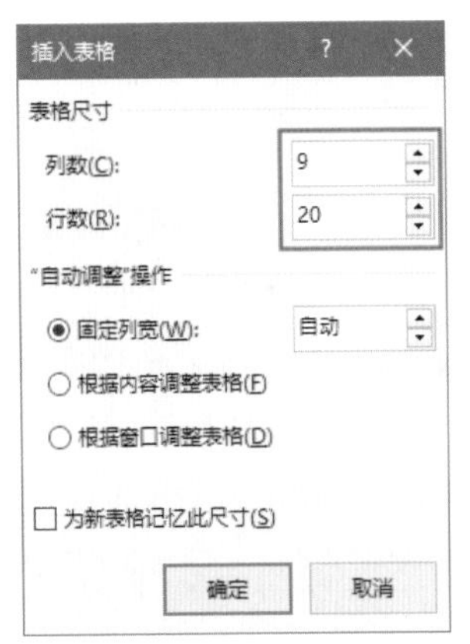

图 3-62　设置表格的行列数

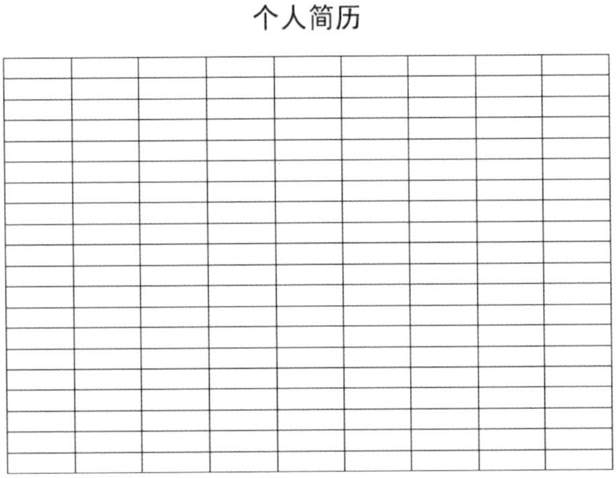

个人简历

图 3-63　创建表格并设置标题的格式

（4）选择第 1 行中的第 2 ～ 3 个的单元格，然后右击选区，在弹出的菜单中选择“合并单元格”命令，如图 3-64 所示。

（5）按照相同的方法，将第 2 行和第 3 行中的第 2 ～ 3 个单元格合并到一起，如图 3-65 所示。

图 3-64　选择“合并单元格”命令

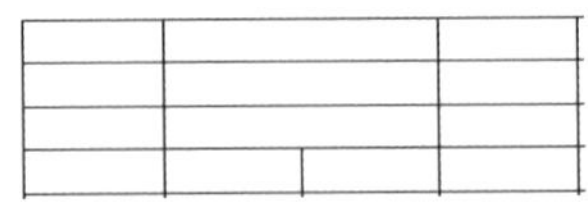

图 3-65　合并第 2 行和第 3 行中的第 2 ～ 3 个单元格

（6）将第 3 行中的第 5 ～ 7 个单元格合并到一起，然后分别将第 4 行和第 5 行中的第 2 ～ 7 个单元格合并到一起，再将前 5 行最后两列中的单元格合并到一起，该单元格用于插入照片，如图 3-66 所示。

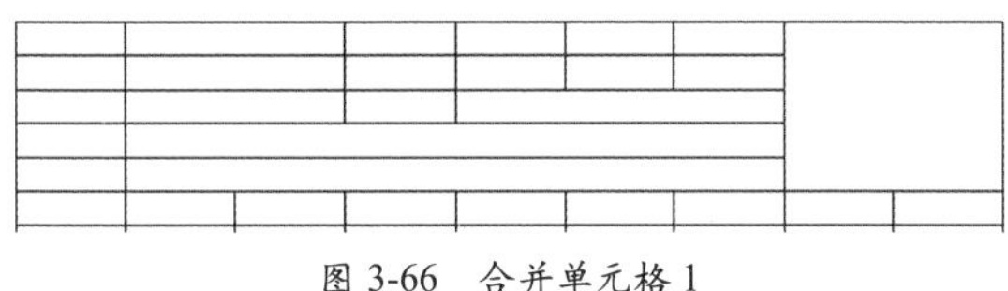

图 3-66　合并单元格 1

（7）将第 6 ～ 8 行中的第 1 个单元格合并到一起，然后将第 18 ～ 20 行中的第 1 个单元格合并到一起，如图 3-67 所示。

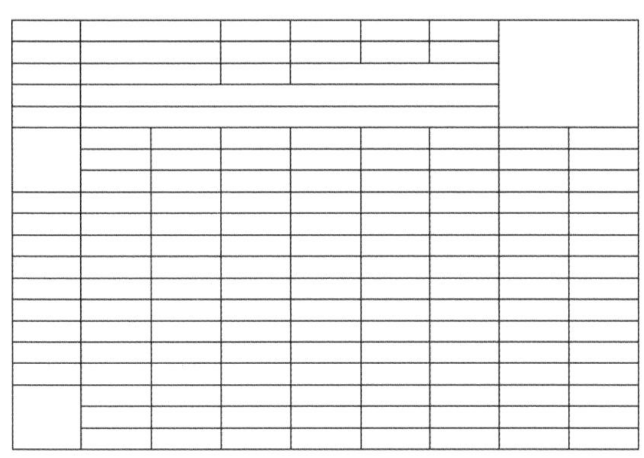

图 3-67　合并单元格 2

（8）分别将第 6 ～ 8 行和第 18 ～ 20 行中的第 2 ～ 9 个单元格合并到一起，然后分别将第 10 行和第 14 行中的所有单元格合并到一起，再分别将第 11 ～ 13 和第 15 ～ 17 行中的所有单元格合并到一起，如图 3-68 所示。

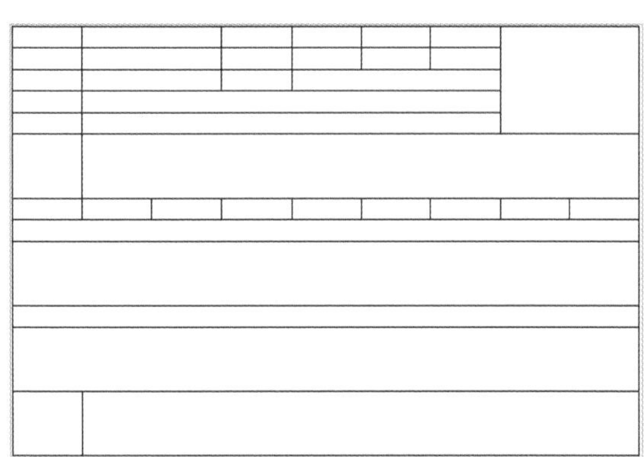

图 3-68　合并单元格 3

（9）在表格中输入各个标题，然后选择整个表格，在功能区的“表格工具 | 布局”选项卡中单击“水平居中”按钮，再在功能区的“开始”选项卡中单击“分散对齐”按钮，将每个单元格中的文字设置为居中和两端对齐，如图 3-69 所示。

（10）“照片”“教育背景”和“工作经历”3 个单元格中的文字不需要分散对齐，因此选择其中一个单元格，然后按住 Ctrl 键并选择其他两个单元格，再在功能区的“开始”选项卡中单击“居中”按钮，将这 3 个单元格中的文字重新设置为居中对齐，如图 3-70 所示。

姓　名		性　别		出生日期		照　　片		
身份证号		户　口		政治面貌				
手机号码		电子邮箱						
家庭住址								
通信地址								
电脑水平								
外语水平	语　种		等　级		掌握程度		口语能力	
教　育　背　景								
工　作　经　历								
自我评价								

图 3-69　设置居中和分散对齐

（11）选择所有包含文字的单元格，然后在功能区的“表格工具 | 设计”选项卡中单击“底纹”按钮上的下拉按钮，在打开的列表中选择一种颜色，如图 3-71 所示，将为所有包含文字的单元格设置底纹，即可完成本例的制作。

姓　名		性　别		出生日期		照片		
身份证号		户　口		政治面貌				
手机号码		电子邮箱						
家庭住址								
通信地址								
电脑水平								
外语水平	语　种		等　级		掌握程度		口语能力	
教育背景								
工作经历								
自我评价								

图 3-70　将 3 个单元格设置为居中对齐

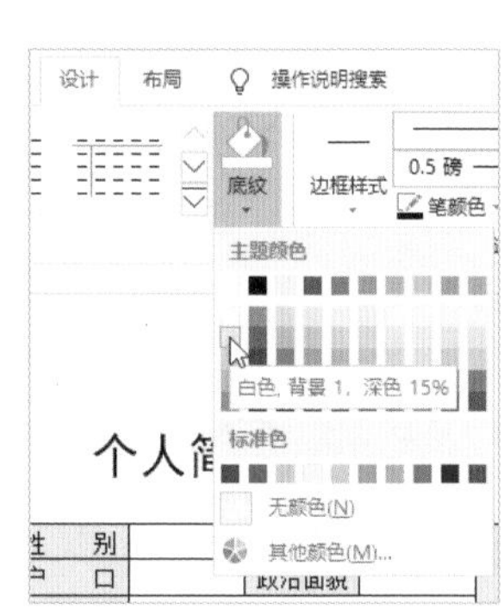

图 3-71　设置底纹

3.5　疑难解答

3.5.1　如何在表格上方输入标题

在空白文档的顶部创建表格之后，如需在表格上方输入标题，可以将插入点定位到表格中的第一个单元格内。如果该单元格包含文本，则要将插入点定位到文本的开头，然后按 Enter 键，即可在表格上方插入一个空白段落，再在该段落中输入所需的内容。

3.5.2 如何避免表格跨页断行

由于表格中的一些单元格可能包含较多内容，当这样的单元格正好位于页面底部时，单元格中的内容可能会跨越两个页面显示。通过以下设置可以解决该问题，操作步骤如下：

右击页面底部包含跨页内容的单元格，在弹出的菜单中选择“表格属性”命令。

打开“表格属性”对话框，在“行”选项卡中取消对“指定高度”和“允许跨页断行”两个复选框的勾选，然后单击“确定”按钮，如图 3-72 所示。

图 3-72 取消对“指定高度”和“允许跨页断行”两个复选框的勾选

3.5.3 为何插入图片后文档体积显著增大

如果文档中包含很多高分辨率的图片，则文档的体积会随着图片的数量显著增大，从而导致打开和编辑文档的速度变慢。即使对很多图片执行裁剪操作，文档的体积却依旧没有减小。

如需解决该问题，可以选择文档中的任意一张图片，然后在功能区的“图片工具|格式”选项卡中单击“压缩图片”按钮，打开“压缩图片”对话框，勾选“删除图片的剪裁区域”复选框，并取消对“仅应用于此图片”复选框的勾选，最后单击“确定”按钮，如图 3-73 所示。

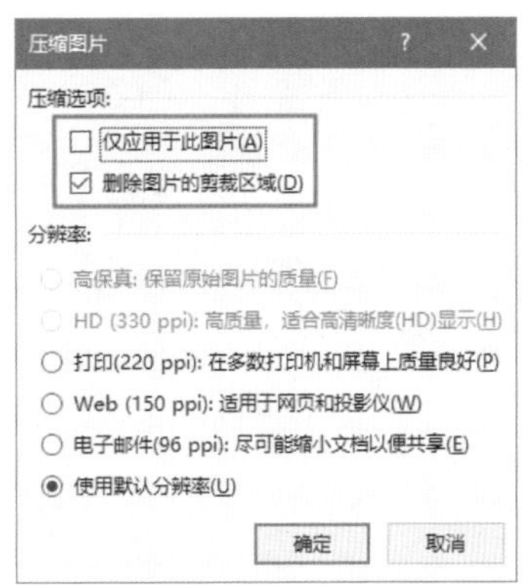

图 3-73 删除图片的剪裁区域

第 4 章 Word 样式和模板

样式和模板是提高 Word 排版效率的两个重要工具，使用样式可以实现多种格式的快速设置、修改和删除，不但使排版效率有质的飞跃，还能减少出错概率。使用模板可以快速创建一系列具有相同或相似格式的文档，为制作统一规范的多个文档提供方便。本章将介绍样式和模板的创建与使用方法。

4.1 创建和使用样式

样式是在Word中进行规范和高效排版的重要工具，它相当于一个包含多种格式的集合体，使用样式可以简化格式的设置过程，提高效率的同时减少误操作。本节将介绍创建和使用样式的方法。

4.1.1 样式简介

如需为文档中的多个段落设置相同的多种格式，例如，要设置的格式包括字体、字号、对齐方式、缩进格式和段间距。按照第2章介绍的方法，需要在功能区或对话框中逐一设置这些格式，并为每一个段落重复进行相同的设置。

当要设置的段落数量较多，或者以后还会在文档中新增段落时，这种格式的设置工作量比较大，尤其是以后需要修改这些段落的格式时，更是一件烦琐且易出错的工作。

使用样式可使上述操作变得简单高效，只需将需要的格式添加到一个样式中，然后就可以将样式中的所有格式一次性设置给字符和段落。

根据样式的功能和类型，可以将Word中的样式分为5种："字符"样式、"段落"样式、"链接段落和字符"样式、"表格"样式、"列表"样式。前两种样式分别专门用于设置字符和段落的格式，"链接段落和字符"样式兼具前两种样式的功能，后两种样式分别用于表格和带有自动编号的段落。本章主要以第3种样式为例，介绍创建和使用样式的方法。

在Word中创建和使用样式最常用的工具是"样式"窗格。单击功能区中的"开始"|"样式"组右下角的对话框启动器，将打开"样式"窗格，其中显示Word内置的样式和用户创建的样式，如图4-1所示。每个样式名右侧的符号表示样式的类型：小写字母a表示"字符"样式，段落标记表示"段落"样式，段落标记和小写字母a的组合表示"链接段落和字符"样式。

图4-1 "样式"窗格

提示

勾选"样式"窗格底部的"显示预览"复选框，可以在每个样式的名称上显示样式的一些格式特征，以便从外观上体现样式具有的部分格式。使用鼠标拖动"样式"窗格的顶部，可以将其移动并放置在Word窗口的左侧或右侧。

4.1.2 创建和修改样式

每个基于Normal模板创建的空白文档都包含一个名为"正文"的默认段落样式，以及一个名为"默认段落字体"的默认字符样式，还包含很多Word内置的样式，例如标题1、标题2、页眉、页脚、页码等。用户也可以创建新的样式，有以下两种方法：

- 基于现有格式创建新的样式：如果文档中的某处文本具有的格式符合使用要求，则可以基于该文本具有的格式创建样式，创建后的样式包含与该文本相同的格式。

- 基于现有样式创建新的样式：可以将现有的某个样式作为新样式的起点，创建后的样式与该现有样式包含相同的格式。

如需使用第一种方法创建样式，可以选择包含目标格式的文本，然后在功能区的“开始”选项卡中打开样式库，从中选择“创建样式”命令，如图 4-2 所示，在打开的对话框的“名称”文本框中输入样式的名称，最后单击“确定”按钮，如图 4-3 所示。新建的样式同时显示在样式库和“样式”窗格中。

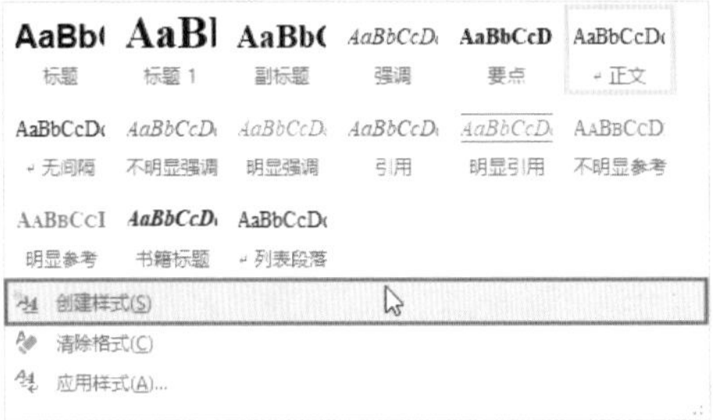

图 4-2　选择“创建样式”命令

图 4-3　基于现有格式创建新的样式

如需基于现有样式创建新的样式，可以在上一种方法打开的如图 4-3 所示的对话框中单击“修改”按钮，或者单击“样式”窗格底部的“新建样式”按钮，然后在打开的对话框中为新建的样式设置格式选项，对话框中当前的选项被自动设置为打开该对话框之前插入点所在位置具有的格式，如图 4-4 所示。

图 4-4　在对话框中设置新样式的格式选项

位于对话框上方的“属性”部分中的4个选项用于设置样式的基本信息，各个选项的含义如下：

- 名称：设置样式的名称。
- 样式类型：设置样式的类型。
- 样式基准：选择以哪个样式为起点创建新的样式。选择一个样式后，对话框中的选项会被自动设置为该样式包含的格式，这样可以简化为新样式设置格式的操作过程。
- 后续段落样式：设置在应用了新样式的段落结尾按Enter键之后，自动为下一个段落设置哪个样式。利用该选项，可以使样式的设置在每次按Enter键之后自动完成。

对话框中的“格式”部分包含常用的格式选项，例如字体、字号、字体颜色、对齐方式等。如需为样式设置更多的格式，可以单击对话框底部“格式”按钮，在弹出的菜单中选择所需设置的格式，然后在打开的对话框中进行设置，如图4-5所示。

在完成设置之前，需要选择样式的保存位置。选择“仅限此文档”选项，创建的样式只保存在当前文档中；选择“基于该模板的新文档”选项，创建的样式将保存到当前文档所基于的模板中。完成所有设置后，单击“确定”按钮，即可创建新的样式。

修改样式的方法与创建样式类似，在样式库或“样式”窗格中右击要修改的样式，然后在弹出的菜单中选择“修改”命令，在打开的对话框中进行修改，如图4-6所示。

图4-5 通过“格式”按钮设置更多的格式

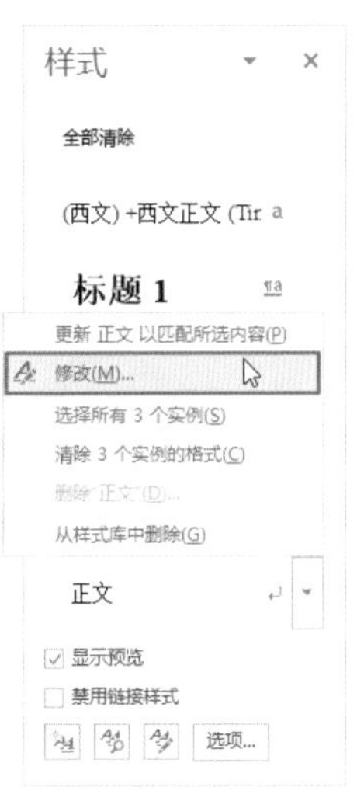

图4-6 选择“修改”命令

注 意

如果在“样式基准”下拉列表中选择了某个样式，则在以后修改该样式的格式时，基于该样式创建的新样式的格式也会随之更改。

假设要创建名为“步骤”的样式，该样式的字体为楷体，字号为五号，首行缩进2个字符，段后间距为0.5行，每次在设置“步骤”样式的段落结尾按Enter键之后，下一个段落被自动设置为“步骤”样式。创建“步骤”样式的操作步骤如下：

（1）单击“样式”窗格底部的“新建样式”按钮，打开“根据格式化创建新样式”对话框，设置以下几项，如图 4-7 所示。

- 在“名称”文本框中输入“步骤”。
- 在“样式类型”下拉列表中选择“段落”。
- 在“样式基准”下拉列表中选择“正文”。
- 在“后续段落样式”下拉列表中选择“步骤”。
- 在“字体”下拉列表中选择“楷体”。
- 在“字号”下拉列表中选择“五号”。

（2）单击对话框底部的“格式”按钮，在弹出的菜单中选择“段落”命令，打开“段落”对话框，设置以下两项，如图 4-8 所示。

- 在“特殊”下拉列表中选择“首行”，然后在右侧的文本框中输入“2 字符”。
- 在“段后”文本框中输入“0.5 行”。

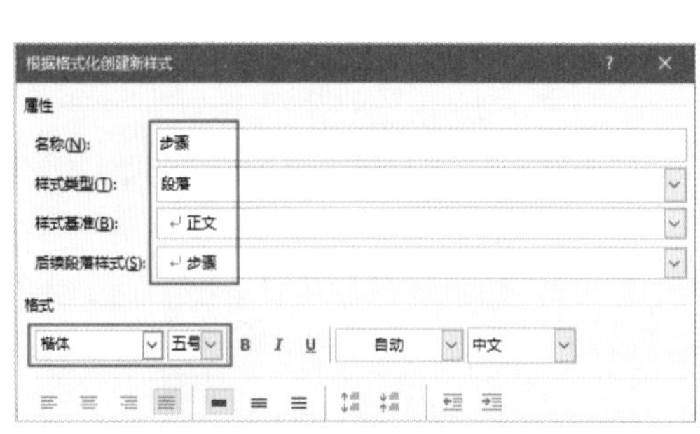

图 4-7　设置“步骤”样式的格式

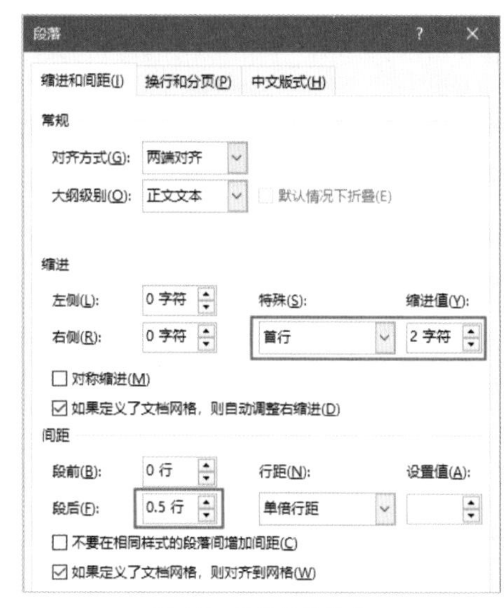

图 4-8　设置段落格式

（3）单击两次“确定”按钮，即可创建“步骤”样式，在功能区中的样式库和“样式”窗格中都会显示该样式，如图 4-9 所示。

图 4-9　创建完成的“步骤”样式

4.1.3 使用样式

如果在文档中创建了样式，就可以使用样式为文档中的内容设置格式。如需为段落中的部分内容设置格式，需要先选择这些内容，然后在"样式"窗格中选择"字符"或"链接段落和字符"类型的样式。

如需为一个段落设置格式，只需将插入点定位到段落内，然后在"样式"窗格中选择"段落"或"链接段落和字符"类型的样式。如需为多个段落设置格式，需要先选择这些段落，然后在"样式"窗格中选择所需的样式。

如需为嵌入型图片设置对齐方式、段间距等格式，可以将插入点定位到图片的左侧或右侧，然后在"样式"窗格中选择"段落"或"链接段落和字符"类型的样式。

提 示

如果为不同位置上的文本设置了同一个样式，可以在"样式"窗格中右击该样式，然后在弹出的菜单中选择"选择所有 n 个实例"命令（n 是一个数字），将快速选中所有设置了该样式的内容，参见图 4-6。

动手实践 为样式设置快捷键

为了提高样式的使用效率，用户可以为常用的样式设置快捷键，以后就可以通过快捷键代替在"样式"窗格中单击来使用样式。下面为 4.1.2 节创建的"步骤"样式设置 Alt+Z 快捷键，操作步骤如下：

（1）在"样式"窗格中右击"步骤"样式，在弹出的菜单中选择"修改"命令，如图 4-10 所示。

（2）打开"修改样式"对话框，单击对话框底部的"格式"按钮，在弹出的菜单中选择"快捷键"命令，如图 4-11 所示。

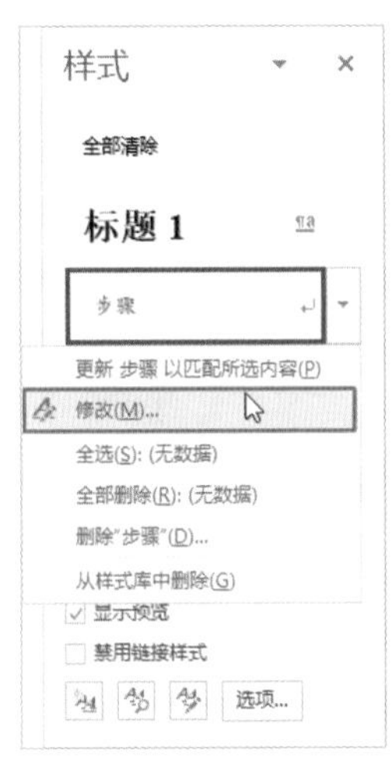

图 4-10 选择"修改"命令

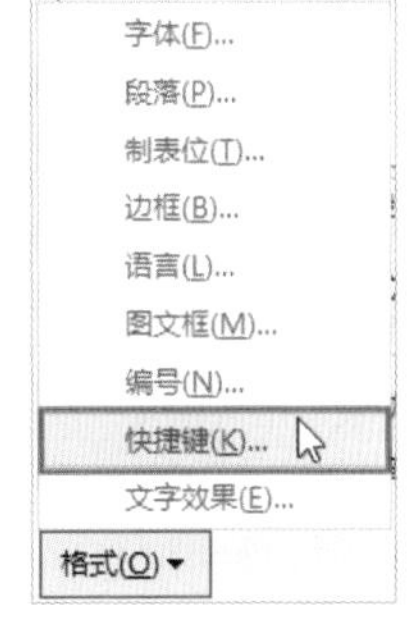

图 4-11 选择"快捷键"命令

（3）打开"自定义键盘"对话框，在"将更改保存在"下拉列表中选择当前文档的名称，然后单击“请按新快捷键”文本框的内部，按 Alt+Z 组合键，该按键的字符形式会显示在该文本框中，最后单击“指定”按钮，将该按键添加到“当前快捷键”列表框中，如图 4-12 所示。

图 4-12　设置样式的快捷键

（4）依次单击“关闭”按钮和“确定”按钮，完成快捷键的设置。

提　示

如果样式位于 Normal 模板或用户创建的模板中，则可以将为样式创建的快捷键保存到模板中，即在“将更改保存在”下拉列表中选择特定的模板，以后可以在基于该模板创建的文档中使用样式的快捷键。

如需删除样式的快捷键，可以在“自定义键盘”对话框的“将更改保存在”下拉列表中选择快捷键的存储位置，然后在“当前快捷键”列表框中选择要删除的快捷键，再单击“删除”按钮。

4.1.4　更新样式

如果修改了模板中的样式，为了使基于模板创建的文档中的同名样式可以同步更新，需要执行以下操作：

（1）打开文档，将“开发工具”选项卡显示到功能区中，然后单击该选项卡中的“文档模板”按钮，如图 4-13 所示。

（2）打开“模板和加载项”对话框，在“模板”选项卡中勾选“自动更新文档样式”复选框，然后单击“确定”按钮，如图 4-14 所示。

图 4-13 单击“文档模板”按钮

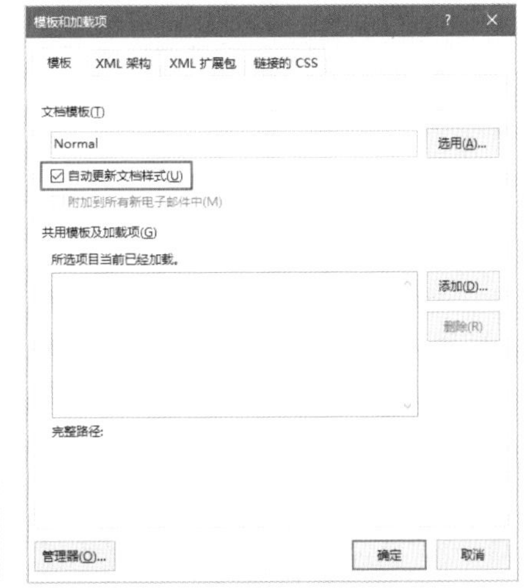

图 4-14 勾选“自动更新文档样式”复选框

提 示

如需将其他模板中的样式添加到当前文档中，可以在“模板”选项卡中单击“选用”按钮，然后选择所需的模板，同时确保勾选“自动更新文档样式”复选框。

4.1.5 复制样式

用户不仅可以使用 4.1.4 节中的方法将模板中的所有样式更新到文档中，还可以在文档与文档、模板与模板或文档与模板之间有选择性地复制特定的样式，而非全部样式。

如需复制样式，需要在图 4-14 所示的对话框中单击“管理器”按钮，打开“管理器”对话框，在“样式”选项卡中有左、右两个列表框，使用每个列表框下方的按钮可以打开或关闭特定的文档或模板，打开的文档或模板中的样式将显示在对应的列表框中，如图 4-15 所示。

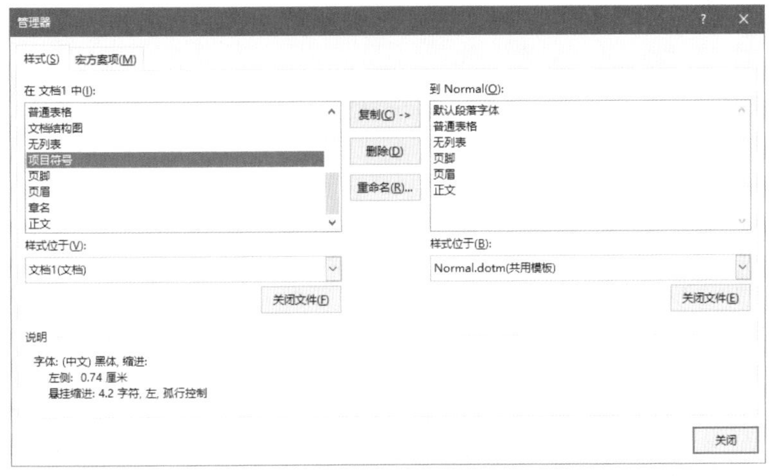

图 4-15 在左、右两个列表框中显示的是打开的文档或模板中的样式

图 4-16　复制同名样式时显示的信息

在一个列表框中选择要复制的样式，使用 Ctrl 键或 Shift 键可以选择多个样式，然后单击“复制”按钮，即可将选中的样式复制到另一个列表框中。如果在复制样式时遇到同名样式，则会显示如图 4-16 所示的信息，单击“是”或“全是”按钮，即可替换同名样式。

4.1.6　删除样式

如需删除文档或模板中的样式，可以打开特定的文档或模板，然后在“样式”窗格中右击要删除的样式，在弹出的菜单中选择“删除 <样式名>”命令，<样式名> 表示要删除的样式的名称。

如需快速删除多个样式，可以打开特定的文档或模板，然后打开“管理器”对话框，按住 Ctrl 键，在“样式”选项卡的左侧列表框中选择要删除的多个样式，再单击“删除”按钮，在显示的确认对话框中单击“全是”按钮，即可一次性删除所有选中的样式。

只能删除用户创建的样式，无法删除 Word 内置的样式。

4.2　创建和使用模板

模板是所有文档的起点，使用模板可以快速创建具有统一格式的多个文档。如果模板中包含文本、图片等内容，则在使用该模板创建的每一个文档中也包含完全相同的内容。本节将介绍创建和使用模板的方法。

4.2.1　模板简介

模板和普通文档本质上都是 Word 文件，但是模板相当于是一种文档规范，可以为文档制定出统一的格式和内容。基于同一个模板创建的所有文档默认具有与模板相同的格式和内容。

模板的文件格式与普通文档不同，可以通过扩展名中是否包含字母 t，判断一个文档是普通文档还是模板：

- Word 2003 模板的文件扩展名为 .dot。
- Word 2007 及更高版本的 Word 模板的文件扩展名为 .dotx 和 .dotm，只有 .dotm 格式的模板才能包含 VBA 代码。

在 Word 中使用“新建”命令或按 Ctrl+N 组合键创建的空白文档是基于 Normal.dotm 模板创建的，该模板是所有 Word 文档的默认模板，位于以下路径（假设 Windows 操作系统安装在 C 盘）：

```
C:\Users\<用户名>\AppData\Roaming\Microsoft\Templates
```

如果在该路径中未显示 Normal 模板，则可能是因为该模板具有隐藏属性。只需在 Windows 文件夹选项中将隐藏文件设置为显示，即可显示 Normal.dotm 文件。另一个可能的原因是从未更改过 Normal 模板中的默认设置，因此该模板不会出现。

4.2.2 创建和修改模板

创建模板与创建普通文档的主要区别在于保存文档时选择的文件格式。在模板中设置好页面格式、创建好所需的样式、输入需要重复出现在每个文档中的内容，然后按 F12 键，打开“另存为”对话框，在“保存类型”下拉列表中选择一种模板文件格式，如图 4-17 所示。

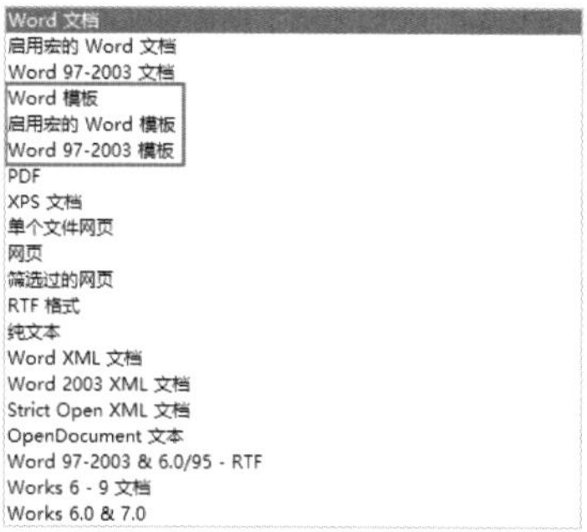

图 4-17　选择模板文件格式

选择模板文件格式后，“另存为”对话框中的保存位置会自动切换到以下路径，如果从未创建过“自定义 Office 模板”文件夹，Word 会自动创建该文件夹。

```
C:\Users\<用户名>\Documents\自定义 Office 模板
```

在“另存为”对话框中为模板设置一个名称，然后单击“保存”按钮，即可在上面的路径中创建模板。

以后可以随时修改模板中的格式和内容，但是需要先在 Word 中打开模板，就像打开普通文档一样，有以下两种方法：

- 右击要修改的模板文件，在弹出的菜单中选择“打开”命令。
- 在 Word 中执行“打开”命令，然后在“打开”对话框中双击要打开的模板文件。

提 示

如需将其他文件夹作为存储用户创建模板的文件夹，则可以打开“Word 选项”对话框，在“保存”选项卡的“默认个人模板位置”文本框中输入文件夹的完整路径，如图 4-18 所示。

图 4-18　设置用户模板的存储位置

4.2.3 使用用户创建的模板新建文档

用户可以使用自己创建的模板新建文档，在 Word 的新建界面中选择“个人”类别，然后选择一个模板，即可基于该模板创建新文档，如图 4-19 所示。

当用户创建并收集了大量模板之后，为了在新建文档时快速找到所需的模板，用户可以将模板分类存储，并在 Word 新建界面的“个人”类别中显示模板的类别，如图 4-20 所示。

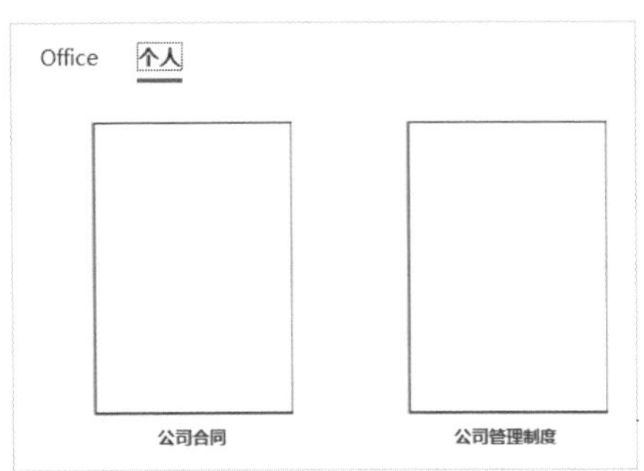

图 4-19 用户创建的模板显示在“个人”类别中

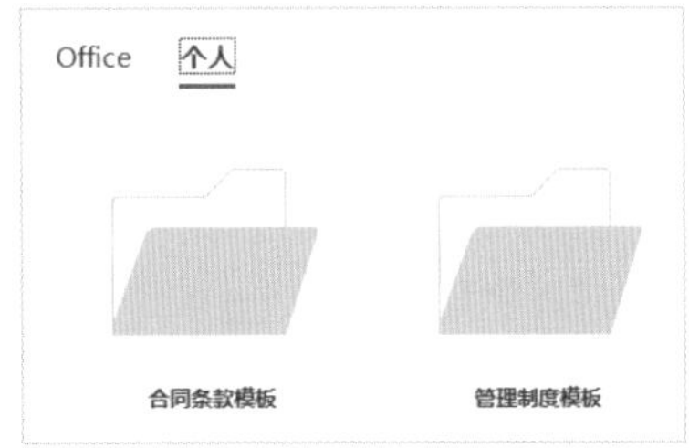

图 4-20 显示模板的类别

为了实现这种效果，需要在存储用户模板的文件夹中创建与模板类别相同数量的子文件夹并为它们命名，这些子文件夹的名称将显示在“个人”类别中，然后将模板放入相应类别的子文件夹中。如果子文件夹中没有模板，则该子文件夹的名称不会显示在“个人”类别中。

4.3 案例实战：制作招聘启事模板

本节通过制作招聘启事模板，介绍如何使用 Word 中的样式和模板功能制作文档模板。本例中的招聘启事模板的页面大小为 16 开，页面的 4 个页边距都为 1 厘米，在模板中有以下 4 个样式。

- 招聘启事标题：设置招聘启事第一行标题的格式，格式具体为：黑体、一号、居中对齐、段前间距和段后间距都为 1 行。
- 职位标题：设置招聘启事中的每个职位名称的格式，格式具体为：黑体、小二号、段前间距和段后间距都为 0.5 行。
- 项目标题：设置每个招聘职位包含的每个项目的格式，格式具体为：宋体、四号、首行空两个字符、段前间距和段后间距都为 0.5 行。
- 项目说明：设置每个项目包含的说明文字的格式，格式具体为：宋体、五号、首行空 2 个字符。

制作招聘启事模板的操作步骤如下：

（1）在 Word 中新建一个文档，然后以“招聘启事”或其他名称将该文档保存为模板文件格式。

（2）在功能区的“布局”选项卡中单击“纸张大小”按钮，然后在打开的列表中选择“16 开”，将页面大小调整为 16 开。

（3）单击功能区的“布局”|“页面设置”组中的对话框启动器，打开“页面设置”对话框，在“页边距”选项卡中将上、下、左、右4个页边距都设置为“1厘米”，然后单击“确定”按钮，如图4-21所示。

（4）创建“项目说明”样式。打开“样式”窗格，单击“新建样式”按钮，打开“根据格式化创建新样式”对话框，设置以下几项，如图4-22所示。

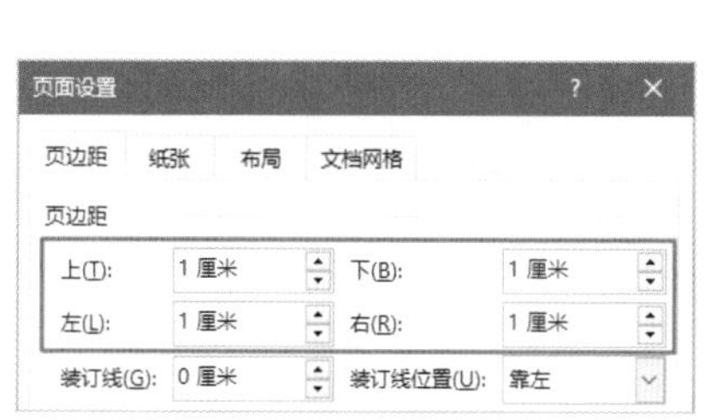

图4-21 设置页边距

图4-22 设置“项目说明”样式

- 在“名称”文本框中输入“项目说明”。
- 在“样式类型”下拉列表中选择“段落”。
- 在“样式基准”下拉列表中选择“（无样式）”。
- 在“后续段落样式”下拉列表中选择“项目说明”。
- 在“字体”下拉列表中选择“宋体”。
- 在“字号”下拉列表中选择“五号”。

（5）单击“格式”按钮，在弹出的菜单中选择“段落”命令，打开“段落”对话框，在“缩进和间距”选项卡中将首行缩进设置为2个字符，如图4-23所示。

（6）单击两次“确定”按钮，即可创建“项目说明”样式。

（7）创建“项目标题”样式。打开“根据格式化创建新样式”对话框，设置以下几项，如图4-24所示。

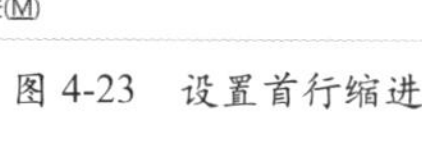

图4-23 设置首行缩进

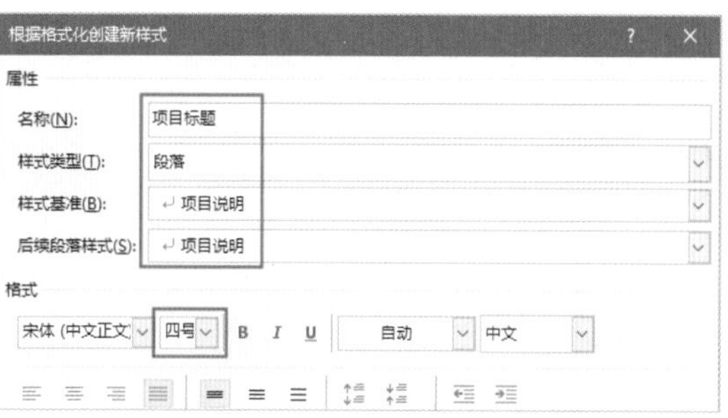

图4-24 设置“项目标题”样式

- 在“名称”文本框中输入“项目标题”。
- 在“样式类型”下拉列表中选择“段落”。
- 在“样式基准”下拉列表中选择“项目说明”。

- 在“后续段落样式”下拉列表中选择“项目说明”。
- 在“字号”下拉列表中选择“四号”。

（8）单击“格式”按钮后选择“段落”命令，打开“段落”对话框，将“段前”和“段后”都设置为“0.5 行”，如图 4-25 所示。

（9）单击两次“确定”按钮，即可创建“项目标题”样式。

其他两个样式的创建方法与前两个样式类似，除了按照本例最开始给出的格式要求进行设置之外，还需要注意以下两个设置：

- 设置“职位标题”样式时，将“样式基准”设置为“（无样式）”，将“后续段落样式”设置为“项目标题”样式。
- 设置“招聘启事标题”样式时，将“样式基准”设置为“（无样式）”，将“后续段落样式”设置为“职位标题”样式。

提 示

由于选择“项目说明”样式作为“项目标题”样式的基准，而“项目说明”样式的字体已经设置为“宋体”，首行缩进也已经设置为2个字符，所以“项目标题”样式的字体和缩进无须再进行设置。

创建好 4 个样式后，在“样式”窗格中会显示它们，如图 4-26 所示，最后保存模板文件。以后使用招聘启事模板创建的每个文档的页面大小都是 16 开，页面的 4 个页边距都是 1 厘米，每个文档都包含招聘启事标题、职位标题、项目标题和项目说明 4 个样式，只需在文档中输入内容并使用这 4 个样式设置格式，即可使所有招聘启事具有统一的格式。

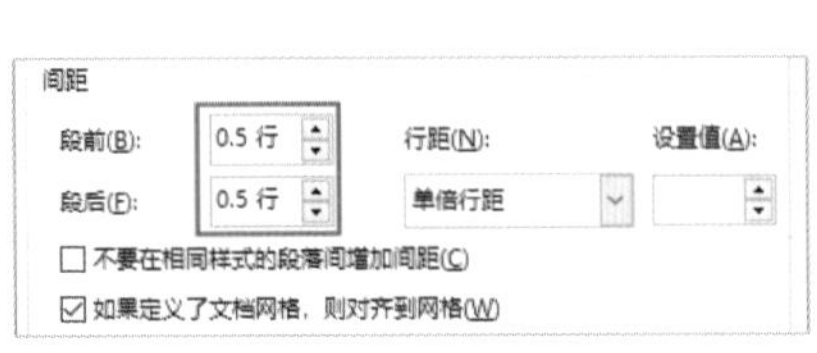

图 4-25　设置段间距

图 4-26　创建好的 4 个样式显示在“样式”窗格中

4.4 疑难解答

4.4.1 如何隐藏内置样式的默认名称

如果修改了 Word 内置样式的名称，则默认会同时显示内置样式的默认名称和用户修改后的名称。如果只想显示用户修改后的名称，而隐藏默认名称，则可以单击“样式”窗格底部的“选项”按钮，在打开的对话框中勾选“存在替换名称时隐藏内置名称”复选框，然后单击“确定”按钮，如图 4-27 所示。

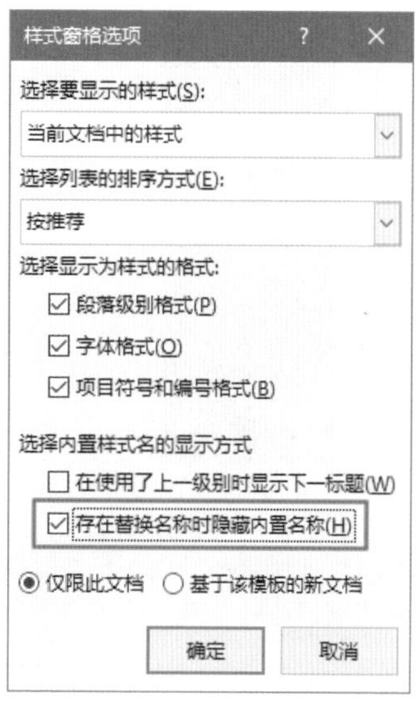

图 4-27 勾选“存在替换名称时隐藏内置名称”复选框

4.4.2 为何样式中的格式会自动改变

在文档中手动修改设置了某个样式的内容的格式之后，其他设置了该样式的内容的格式也会同步改变，并且该样式的格式也自动改变了。如需解决该问题，可以在“样式”窗格中右击格式自动改变的样式，然后在弹出的菜单中选择“修改”命令，在打开的对话框中取消对“自动更新”复选框的勾选，最后单击“确定”按钮，如图 4-28 所示。

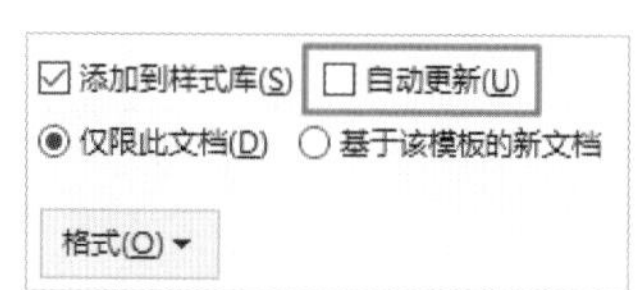

图 4-28 取消对“自动更新”复选框的勾选

4.4.3 为何新建文档时无法预览模板中的内容

在新建文档的界面中选择模板时，模板的缩略图显示为一个白色的页面，看不到模板第一页的内容，这样就无法为选择合适的模板提供视觉线索。

如需在模板缩略图中显示第一页的内容预览，可以在 Word 中打开模板文件，然后单击“文件”|“信息”命令，再单击右侧的“属性”命令，并在弹出的菜单中选择“高级属性”命令，如图 4-29 所示。

图 4-29 选择“高级属性”命令

打开模板文件的属性对话框，在“摘要”选项卡中勾选“保存所有 Word 文档的缩略图”复选框，然后单击“确定”按钮，如图 4-30 所示。

图 4-30 勾选“保存所有 Word 文档的缩略图”复选框

第 5 章 Word 长文档和多文档排版

本章介绍的 Word 功能主要都是针对篇幅较长的文档或者彼此之间有关联的多个文档，使用这些功能可以使长文档或多文档的排版更加高效和便捷，减少人为错误。

5.1 自动编号和动态引用

编号是很多文档都包含的一类元素，人工输入和编排编号不但费时费力，以后修改和调整编号时也很容易出错。Word 提供了一些与编号有关的功能，使用这些功能可以使编号的创建和维护工作变得智能和高效。

5.1.1 为标题添加单级或多级编号

本小节介绍的编号是一种段落格式，只能添加到段落的开头，不能为段落中选中的部分文本添加编号。调整带有编号的段落位置时，Word 会根据段落的前后顺序自动将编号调整为正确的值。

如需为段落添加编号，可以将插入点定位到段落内部，为多个段落添加编号需要先选择这些段落，然后在功能区的“开始”选项卡中单击“编号”按钮上的下拉按钮，在打开的列表中选择一种编号格式，如图 5-1 所示。

起始编号默认从 1 或 A 等数字或字母序列的第一个值开始。如需使序列中的任意值成为起始编号，可以右击已添加编号的段落，在弹出的菜单中选择“设置编号值”命令，然后在打开的对话框中选中“开始新列表”单选钮，再在下方的文本框中输入起始编号的值，如图 5-2 所示。

图 5-1　选择编号格式

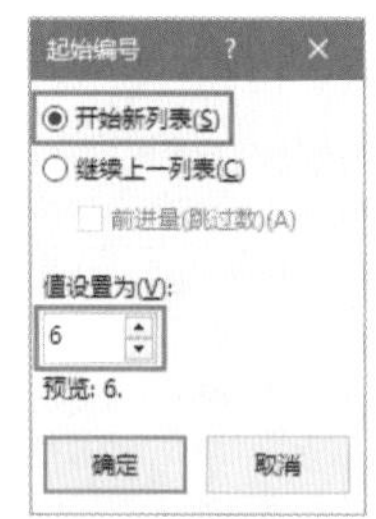

图 5-2　设置起始编号的值

提示

除了在图 5-1 中列出的编号格式之外，用户还可以使用“定义新编号格式”命令来自定义设置编号的格式。

如果要添加编号的内容具有层次关系，例如书籍目录中的各个标题的编号，则可以使用“多级列表”功能为这些内容添加不同级别的编号。Word 预置了一些多级编号，用户也可以根据需要的编号格式创建新的多级编号，Word 支持的最大编号级别是 9 级。

设置多级编号时，需要先选择要设置的所有内容，无论这些内容处于哪种编号级别。然后在功能区的“开始”选项卡中单击“多级列表”按钮，在打开的列表中选择一种多级编号，如图 5-3 所示。

现在所有内容具有相同级别的编号，为了体现编号的不同级别，将插入点定位到需要降低编号级别的段落开头，然后按 Tab 键，为该段落添加缩进的同时也改变了它的编号级别。每按一次 Tab 键，编号降低一级，按 Shift+Tab 组合键可以提升编号的级别。图 5-4 是设置多级编号之前和之后的效果。

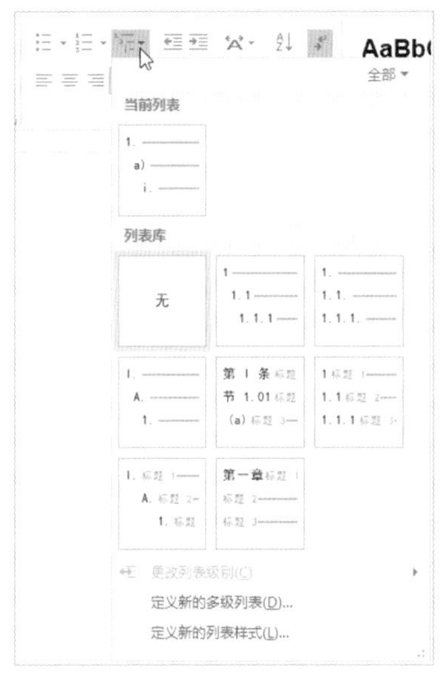

图 5-3 选择多级编号

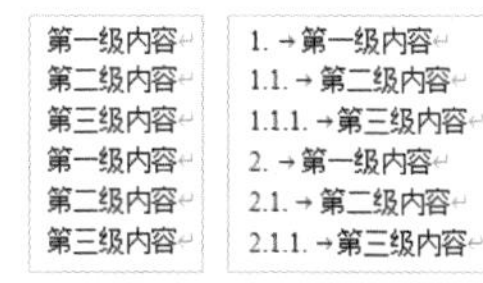

图 5-4 为内容设置多级编号

如果在图 5-3 中选择“定义新的多级列表”命令，则可以在打开的“定义新多级列表”对话框中创建新的多级编号。如需创建书籍目录标题的编号格式，形如“第 1 章、1.1、1.1.1；第 2 章、2.1、2.1.1”，并使 3 个级别的编号在页面中左对齐，操作步骤如下：

（1）打开“定义新多级列表”对话框，单击“更多”按钮，展开对话框中未显示的选项。首先设置一级编号，格式类似于“第 1 章”。在“单击要修改的级别”列表框中选择“1”，然后设置以下两项，如图 5-5 所示。

- 在“此级别的编号样式”下拉列表中选择“1,2,3,…”。
- 将“输入编号的格式”文本框中除了“1”之外的内容删除，然后在“1”的两侧输入“第”和“章”。

注 意

必须保留“输入编号的格式”文本框中带有灰色背景的数字，它是由 Word 控制的编号。

（2）设置二级编号，格式类似于“1.1”。在“单击要修改的级别”列表框中选择“2”，如果在“输入编号的格式”文本框中已经呈灰色背景显示“1.1”，则无须再进行设置，否则删除该文本框中的所有内容，然后设置以下两项。

图 5-5　设置一级编号

- 在“包含的级别编号来自”下拉列表中选择“级别 1”，添加表示一级编号的数字，如图 5-6 所示。

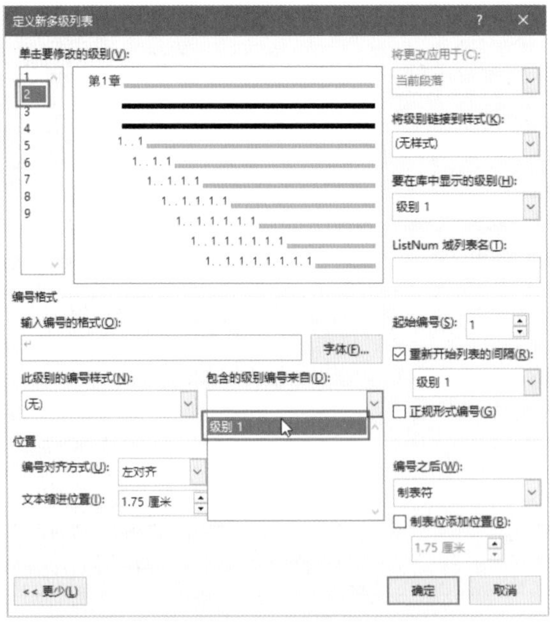

图 5-6　添加表示一级编号的数字

- 在一级编号的数字右侧输入一个英文句点，然后在“此级别的编号样式”下拉列表中选择“1,2,3,···”，添加表示二级编号的数字，如图 5-7 所示。

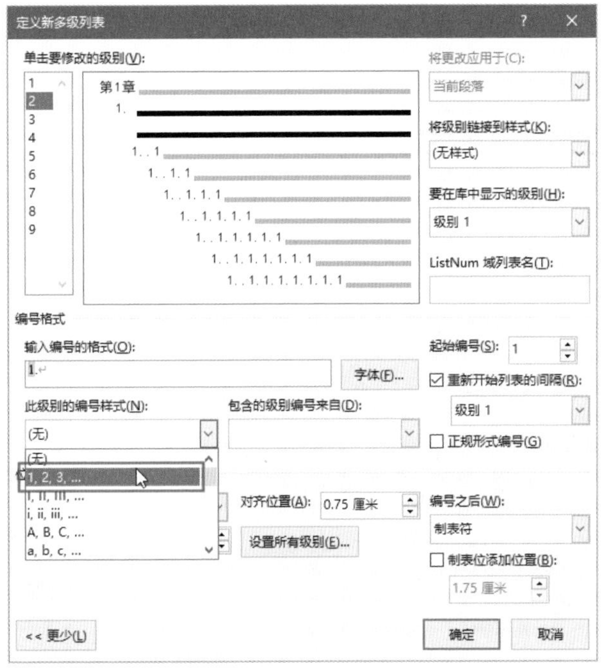

图 5-7　添加表示二级编号的数字

注　意

必须勾选“重新开始列表的间隔”复选框，并在其下方的下拉列表中选择“级别 1”。

（3）设置三级编号，格式类似于“1.1.1”。在“单击要修改的级别”列表框中选择“3”，如果在“输入编号的格式”文本框中已经呈灰色背景显示“1.1.1”，则无须再进行设置，否则删除该文本框中的所有内容，然后设置以下几项。

- 在“包含的级别编号来自”下拉列表中选择“级别 1”，添加表示一级编号的数字。
- 在数字的右侧输入一个英文句点，然后在“包含的级别编号来自”下拉列表中选择“级别 2”，添加表示二级编号的数字。
- 在数字的右侧输入一个英文句点，然后在“此级别的编号样式”下拉列表中选择“1,2,3,…”，添加表示三级编号的数字，如图 5-8 所示。

注　意

必须勾选“重新开始列表的间隔”复选框，并在其下方的下拉列表中选择“级别 2”。

（4）单击“设置所有级别”按钮，在打开的对话框中将除了“第一级的文字位置”之外的其他两项设置为“0 厘米”，然后单击“确定”按钮，如图 5-9 所示。

（5）单击“确定”按钮，关闭“定义新多级列表”对话框。选择要设置多级编号的所有内容，然后在多级列表中选择刚创建的多级编号，再使用 Tab 键为不同级别的内容设置不同级别的编号。

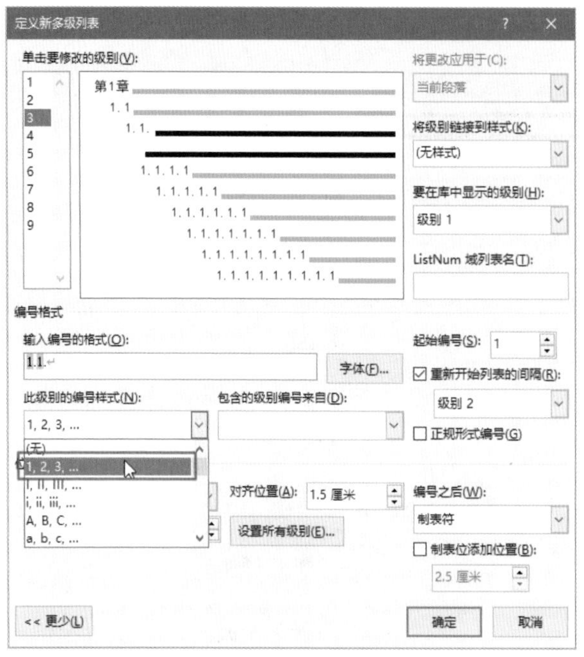

图 5-8　添加表示三级编号的数字

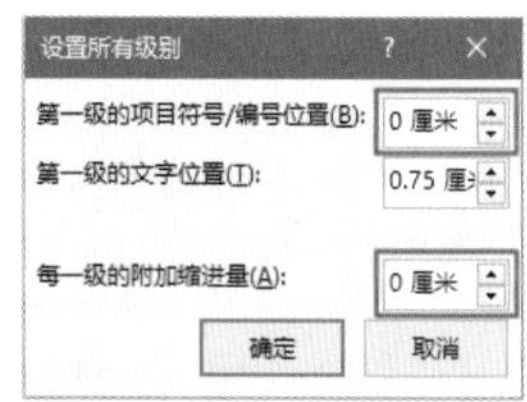

图 5-9　设置编号的对齐位置

提　示

如需在其他文档中使用用户创建的多级编号，可以在多级列表中右击多级编号，然后在弹出的菜单中选择“保存到列表库”命令，如图 5-10 所示。

拓　展

用户可以将不同级别的编号关联到特定的样式，以便在为内容设置样式时可以自动添加多级编号中的某一级编号。在“定义新多级列表”对话框中单击“更多”按钮，然后在“单击要修改的级别”列表框中选择要与样式关联的编号级别，再在“将级别链接到样式”下拉列表中选择要关联的样式，如图 5-11 所示。

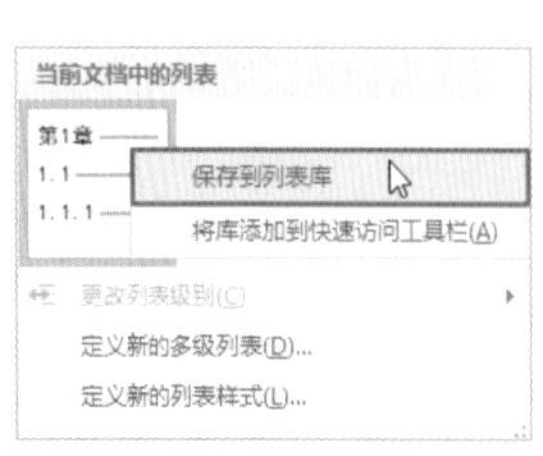

图 5-10　选择“保存到列表库”命令

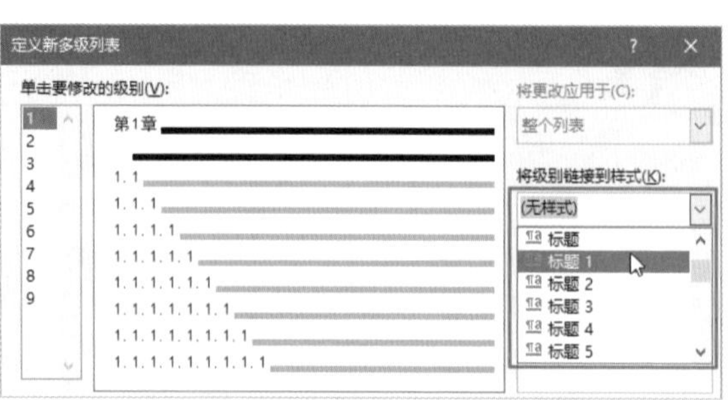

图 5-11　将多级编号与样式关联

5.1.2 为图片和表格添加题注

使用“题注”功能可以自动为图片和表格添加编号和说明性文字，当图片和表格的位置或数量发生变化时，Word 会自动调整编号的值以保证其顺序排列。为图片和表格添加题注的方法基本相同，下面以图片为例，介绍为其添加题注的方法，操作步骤如下：

（1）右击要添加题注的图片，在弹出的菜单中选择“插入题注”命令，如图 5-12 所示。

（2）打开“题注”对话框，在“标签”下拉列表中选择所需的题注标签。如果都不符合要求，则可以单击“新建标签”按钮，如图 5-13 所示。

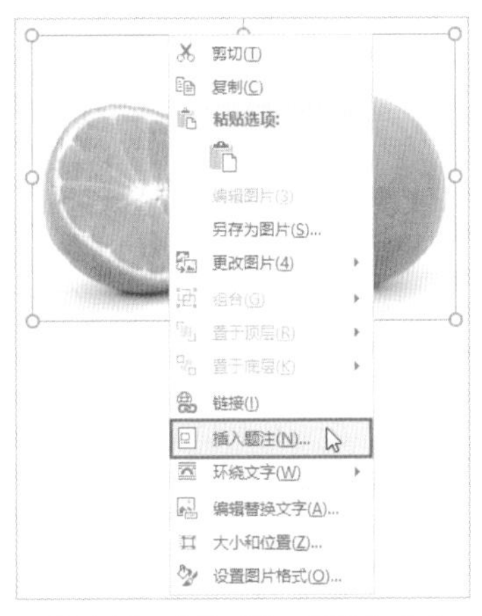

图 5-12 选择“插入题注”命令

图 5-13 “题注”对话框

拓 展

题注标签是用于说明题注类型的文字，例如“图 1–1”中的“图”字就是题注标签。

（3）打开“新建标签”对话框，在“标签”文本框中输入所需的文字，例如输入“图”，然后单击“确定”按钮，如图 5-14 所示。

（4）第（3）步输入的文字将自动成为当前题注使用的标签。在“题注”文本框中输入题注中的说明性文字，例如输入“橙子”，如图 5-15 所示。

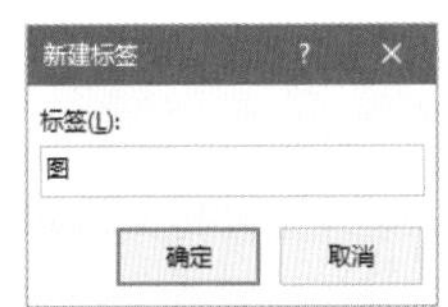

图 5-14 创建新的题注标签

图 5-15 设置题注中的说明性文字

图 5-16　为图片添加题注

单击“确定”按钮，默认将在图片的下方插入题注，如图 5-16 所示。可以在“题注”对话框的“位置”下拉列表中选择题注的位置。

提　示

如果创建了错误的题注标签，则可以在“题注”对话框的“标签”下拉列表中选择该标签，然后单击“删除标签”按钮将其删除。

5.1.3　添加脚注和尾注

脚注位于页面底部，用于辅助说明当前页面中的特定内容。尾注位于文档结尾，列出了正文中标记的引文出处等内容。使用“脚注”和“尾注”功能，用户可以在文档中添加由 Word 自动编号的脚注和尾注，并灵活控制它们的编号方式。

图 5-17 为一个脚注的示例，由脚注引用标记、脚注分隔线、脚注引用编号和脚注内容 4 个部分组成。

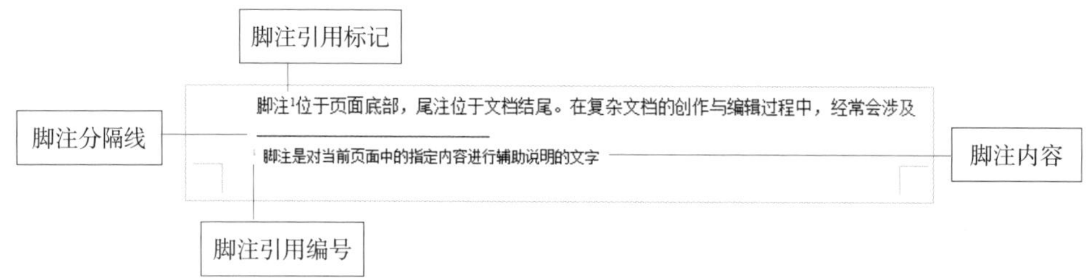

图 5-17　脚注的组成

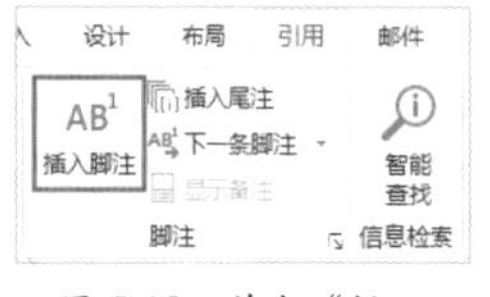

图 5-18　单击“插入脚注”按钮

可以在一个页面中添加多个脚注，Word 会自动为这些脚注编号。添加脚注前需要先选中内容，或将插入点定位到内容的右侧，然后在功能区的“引用”选项卡中单击“插入脚注”按钮，如图 5-18 所示。插入点将自动定位到当前页面的底部，此时只需输入脚注内容，脚注的其他 3 个部分由 Word 自动创建。

尾注和脚注除了在文档中的位置不同之外，涉及的操作基本相同，只需在功能区的“引用”选项卡中单击“插入尾注”按钮，即可创建尾注。

如需删除文档中的脚注和尾注，只需将正文中的脚注和尾注的引用标记删除即可，与其对应的脚注内容和尾注内容会被自动删除。

用户可以更改脚注和尾注的位置和编号格式。单击功能区的“引用”|“脚注”组中的对话框启动器，打开“脚注和尾注”对话框，选中“脚注”或“尾注”单选钮，然后在其右侧的下拉列表中选择脚注或尾注的位置，如图 5-19 所示。

在“格式”部分可以为脚注和尾注的引用标记设置编号格式。在“编号格式”下拉列表中选择一种编号格式，然后在“起始编号”文本框中为脚注和尾注设置起始编号的值，如图 5-20 所示。

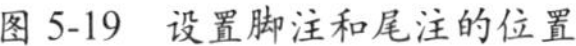
图 5-19　设置脚注和尾注的位置

图 5-20　设置脚注和尾注的编号格式

默认情况下，脚注在文档中连续编号。但是在实际应用中，可能需要让各个页面中的脚注单独编号，即每页中的脚注编号都从 1 开始。如需改变脚注的编号方式，可以在“脚注和尾注”对话框的“编号”下拉列表中选择以下 3 个选项之一：

- 连续：文档中的所有脚注从 1 开始连续编号。
- 每页重新编号：对每页中的脚注单独编号。
- 每节重新编号：对每节中的脚注单独编号。

动手实践　添加页码

页码通常显示在页面的底部或顶部，用于标识每个页面在文档中的位置。使用 Word 中的“页码”功能为页面添加页码之后，当调整页面的位置或数量时，Word 会自动调整每个页面的页码，以保持所有页码连续排列。

为文档添加页码的操作步骤如下：

（1）打开文档，在功能区的“插入”选项卡中单击“页码”按钮，然后在弹出的菜单中选择“设置页码格式”命令，如图 5-21 所示。

（2）打开“页码格式”对话框，在“编号格式”下拉列表中选择页码的格式，然后单击“确定”按钮，如图 5-22 所示。

提　示

如果在文档中设置了分节，则可以选中“续前节”单选钮以继续前一节连续编排页码，或选中“起始页码”单选钮并输入一个数字，以重新指定一个页码。由于本例中的文档没有分节，所以选择哪项都可以。

（3）设置好页码格式后，再次在“插入”选项卡中单击“页码”按钮，然后在弹出的菜单中选择想要放置页码的位置，例如选择“页面底端”，在打开的列表中选择一种页码样式，如图 5-23 所示。

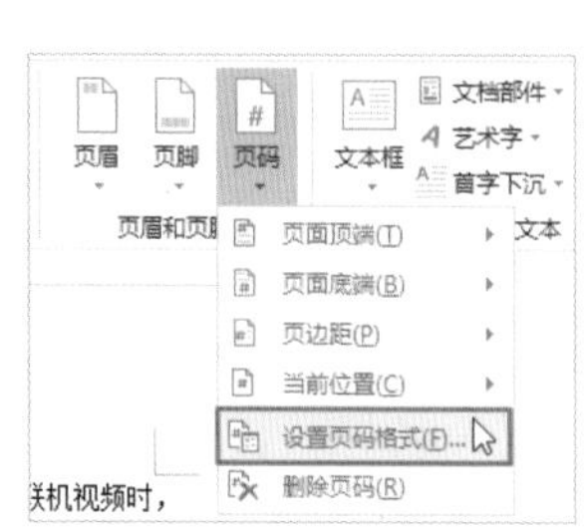

图 5-21　选择“设置页码格式”命令

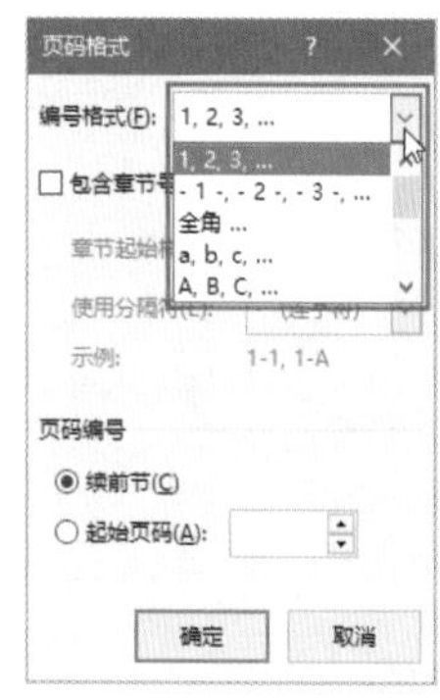

图 5-22　设置页码的格式

（4）将在页面底部插入页码，并自动进入页脚编辑状态，如果不需要做任何修改，则可以按 Esc 键退出编辑状态，即可在每个页面的底部添加页码，如图 5-24 所示。

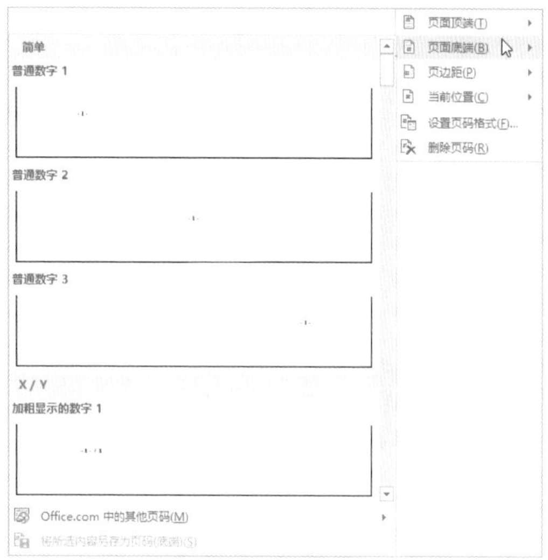

图 5-23　选择页码样式

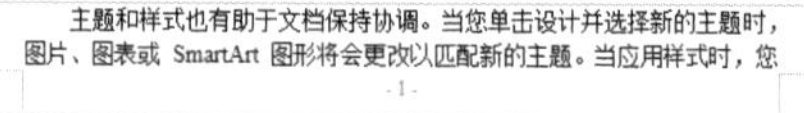

图 5-24　在页面底部插入页码

5.1.4　交叉引用

在文档中可能需要输入类似“请参考第 6 章”的文字，如果其中的数字 6 是由用户手动输入的，则当章编号发生改变时。用户就需要将该文字中的 6 修改为正确的值。如果文档中包含很多类似的内容，则后期修改的工作量可想而知，而且很容易出现疏漏。使用“交叉引用”功能可以在编号发生改变时自动同步更新，而无须逐一手动修改。

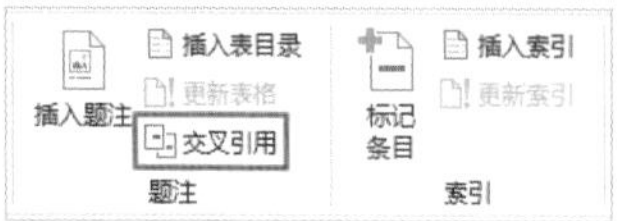

图 5-25　单击“交叉引用”按钮

创建交叉引用的操作步骤如下：

（1）将插入点定位到要放置交叉引用内容的位置，然后在功能区的“引用”选项卡中单击“交叉引用”按钮，如图 5-25 所示。

（2）打开“交叉引用”对话框，在“引用类型”和“引用内容”两个下拉列表中选择所需的选项。例如，将“引用类型”设置为“图”，将“引用内容”设置为“仅标签和编号”，如图 5-26 所示。

图 5-26　设置引用类型和引用内容

（3）完成第（2）步操作后，将在下方的列表框中显示文档中的所有题注，选择要引用的题注，如图 5-27 所示。

（4）依次单击“插入”按钮和“关闭”按钮，将在插入点位置插入题注的标签和编号，例如“图 1”，单击它会显示灰色底纹，如图 5-28 所示。

图 5-27　选择要引用的内容

图 5-28　插入引用的内容

以后如果题注原位置上的编号发生改变，为了使引用位置上的题注编号同步改变，可以右击引用位置上带有灰色底纹的内容，在弹出的菜单中选择“更新域”命令。或者可以按 Ctrl+A 组合键，然后按 F9 键，将对文档中的所有交叉引用进行更新。

5.2 页眉和页脚

页眉和页脚是独立于正文内容的特定区域，可以在页眉和页脚中放置与文档相关的信息，例如文件名、书名、页码等，并为它们设置格式。在文档中任意一页设置的页眉和页脚内容，默认会自动出现在其他页。

如需设置页眉和页脚，可以双击页眉区域或页脚区域，进入页眉和页脚的编辑状态，此时正文内容的颜色会变浅，并在功能区中显示“页眉和页脚工具 | 设计”选项卡，其中包含设置页眉和页脚的选项，也可以找到插入页码的选项，如图 5-29 所示。

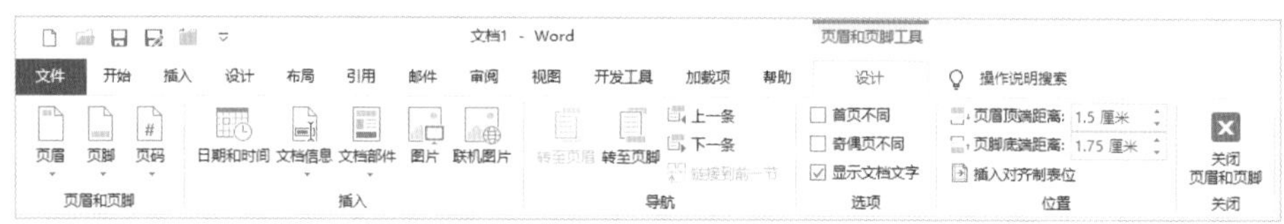

图 5-29 “页眉和页脚工具 | 设计”选项卡

提 示

如需使第一页的页眉和页脚与其他页不同，可以先在任意一页添加页眉和页脚，然后进入页眉和页脚编辑状态，在“页眉和页脚工具 | 设计”选项卡中勾选“首页不同”复选框，再在第一页的页眉和页脚中输入所需的内容。如需使奇数页和偶数页拥有不同的页眉和页脚，可以在“页眉和页脚工具 | 设计”选项卡中勾选“奇偶页不同”复选框，具体操作方法与设置“首页不同”类似。

在页眉和页脚中添加好所需的内容之后，可以使用以下几种方法退出页眉和页脚的编辑状态：

- 按 Esc 键。
- 双击页眉和页脚之外的区域。
- 在功能区的“页眉和页脚工具 | 设计”选项卡中单击“关闭页眉和页脚”按钮。

5.3 分节

使用“分节”功能可以将一个文档划分为多个部分，每个部分称为“节”，每一节可以拥有独立的页面格式，不受其他节的影响。为文档分节就是在特定的位置插入分节符，可以在功能区的“布局”选项卡中单击“分隔符”按钮，然后在弹出的菜单中选择“分节符”类别中的分节符，如图 5-30 所示。

选择一种分节符后，将在插入点位置插入该分节符，如果格式编辑标记处于开启状态，将会在文档中显示分节符及其类型，如图 5-31 所示。

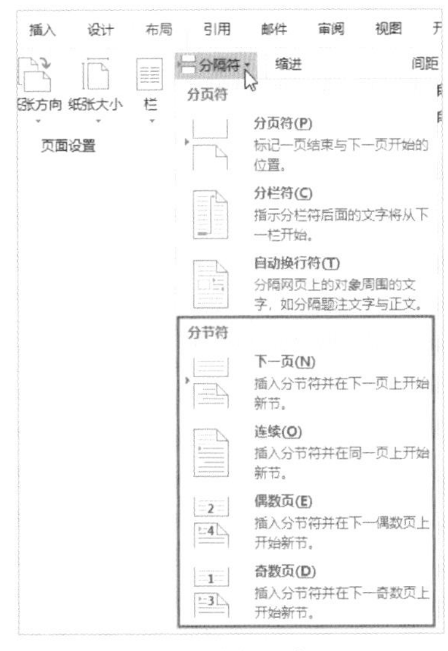

图 5-30 选择分节符

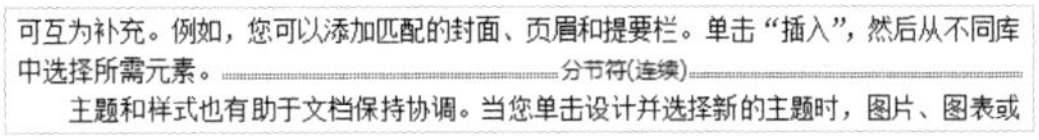

可互为补充。例如，您可以添加匹配的封面、页眉和提要栏。单击“插入”，然后从不同库中选择所需元素。……分节符(连续)……
主题和样式也有助于文档保持协调。当您单击设计并选择新的主题时，图片、图表或

图 5-31 在文档中插入分节符

插入分节符后，可以更改其类型，只需将插入点定位到位于分节符后面的段落中，然后单击功能区“布局”|“页面设置”组右下角的对话框启动器，打开“页面设置”对话框，在“布局”选项卡的“节的起始位置”下拉列表中选择所需的分节符类型，最后单击“确定”按钮，如图 5-32 所示。

如需删除分节符，可以将插入点定位到分节符的左侧，然后按 Delete 键。

利用“分节”功能可以使文档中的页码实现灵活的编排方式。例如，如需使文档的前两页不显示页码，从第 3 页开始显示页码并从 1 起编，创建这种页码的操作步骤如下：

（1）将插入点定位到第 3 页的起始位置，然后在功能区的“布局”选项卡中单击“分隔符”按钮，在弹出的菜单中选择“下一页”类型的分节符，将在第 2 页的结尾插入一个分节符，如图 5-33 所示。

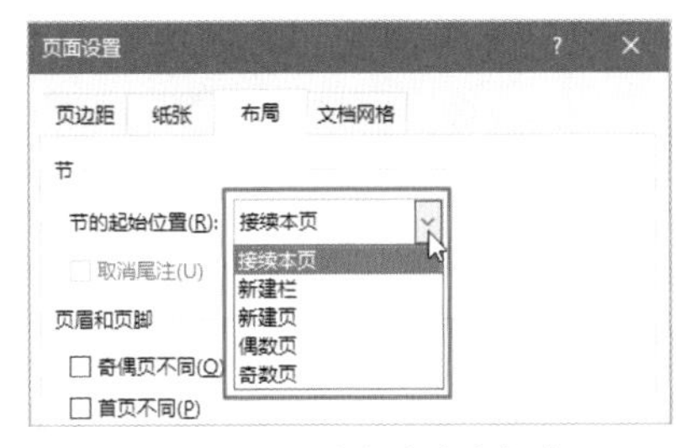

图 5-32 更改分节符的类型

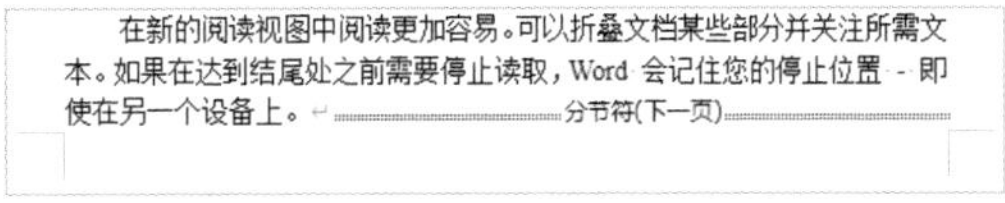

在新的阅读视图中阅读更加容易。可以折叠文档某些部分并关注所需文本。如果在达到结尾处之前需要停止读取，Word 会记住您的停止位置 - 即使在另一个设备上。……分节符(下一页)……

图 5-33 在第 2 页的结尾插入“下一页”分节符

（2）双击第 3 页的页脚区域，进入页脚编辑状态，此时会在右侧显示“与上一节相同”的字样，如图 5-34 所示。

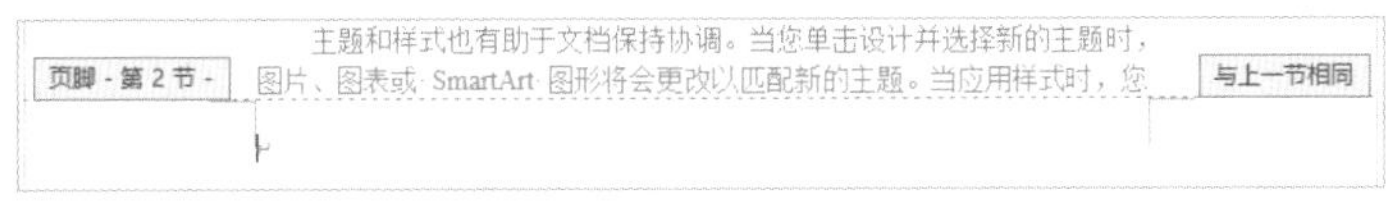

图 5-34 与上一节关联

（3）在功能区的“页眉和页脚工具 | 设计”选项卡中单击“链接到前一节”按钮，使该按钮弹起，页脚区域右侧的“与上一节相同”字样消失，表示已断开与上一节的关联，如图 5-35 所示。

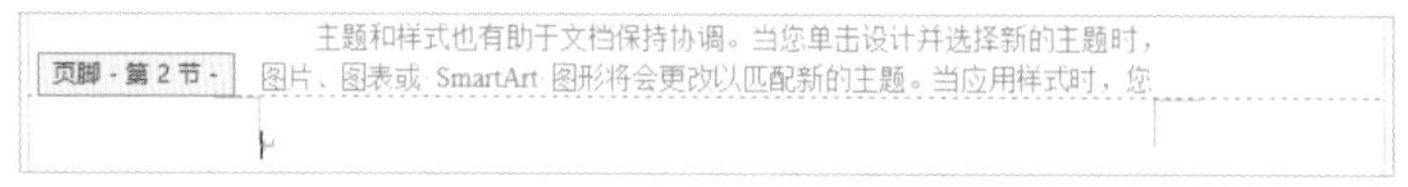

图 5-35　断开与上一节的关联

（4）在功能区的“页眉和页脚工具 | 设计”选项卡中单击“页码”按钮，然后在弹出的菜单中选择“设置页码格式”命令，打开“页码格式”对话框，在“起始页码”文本框中输入“1”，输入后会自动选中“起始页码”单选钮，最后单击“确定”按钮，如图 5-36 所示。

（5）在功能区的“页眉和页脚工具 | 设计”选项卡中单击“页码”按钮，然后在弹出的菜单中选择要插入页码的位置，并选择一种页码样式，即可在第 3 页及其后续页面中插入页码，第 3 页的页码为 1，前两页不显示页码，如图 5-37 所示。最后按 Esc 键退出页脚编辑状态。

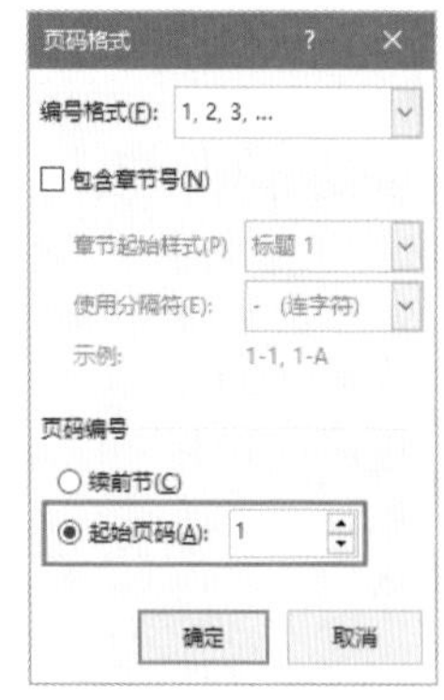

图 5-36　设置起始页码

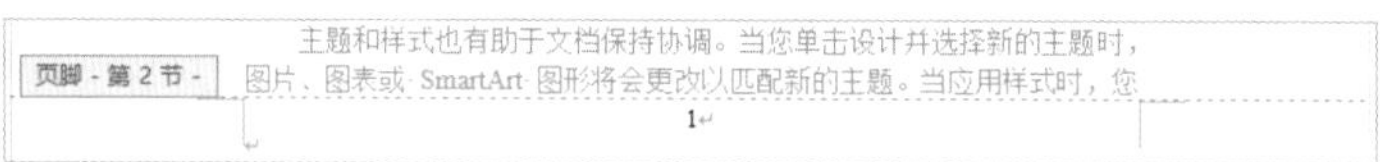

图 5-37　在第 3 页插入页码

5.4　目录

在页数较多的文档中通常需要有一个目录，通过目录可以快速了解文档的整体结构，以及用于概括各部分内容的标题在文档中的位置，并可快速定位到特定内容所在的页面。本节将介绍创建和更新目录的方法。

5.4.1　创建目录

与多级编号类似，目录最多也可以有 9 级，但是创建的目录通常不会超过 4 级。如需让正文中的标题出现在目录中，则需要为这些标题设置正确的大纲级别。大纲级别与目录级别具有一一对应的关系，即大纲级别中的一级对应于目录中的一级标题，大纲级别中的二级对应于目录中的二级标题，以此类推。

使正文标题出现在目录中的另一种方法是为标题设置样式，然后在创建目录时，可以为样式指定所需的目录级别。

为各个标题设置好大纲级别或样式之后，将插入点定位到要放置目录的位置，然后在功能区的“引用”选项卡中单击“目录”按钮，在打开的目录样式库中选择“自定义目录”命令，如图5-38所示，打开“目录”对话框的“目录”选项卡，如图5-39所示。

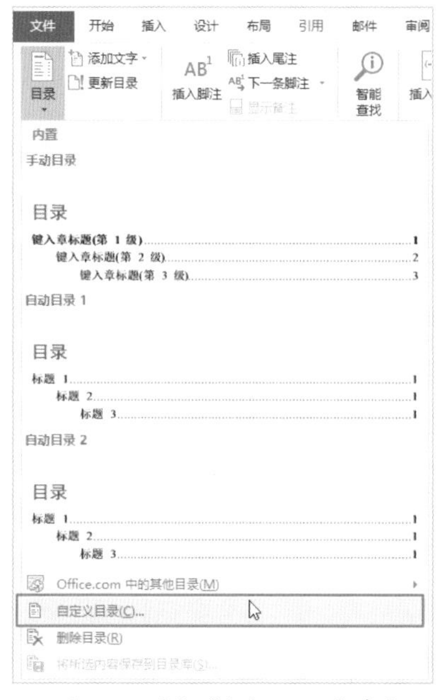

图 5-38　选择“自定义目录”命令

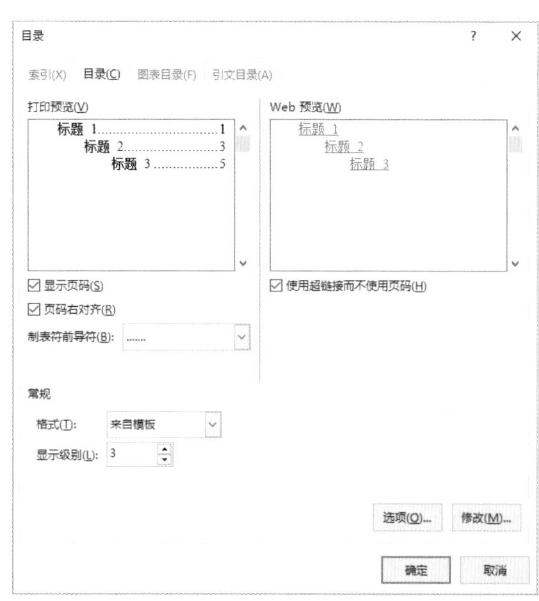

图 5-39　“目录”对话框

在“目录”选项卡中可以对将要创建的目录进行以下设置：

在“显示级别”文本框中指定目录的标题级别，最大可以设置为9级。如果设置为3级，表示将大纲级别设置为1～3级的标题提取到目录中。

勾选或取消对“显示页码”和“页码右对齐”复选框的勾选，以指定目录标题右侧是否显示页码，以及页码是自动右对齐或紧跟在标题之后。在“制表符前导符”下拉列表中可以选择目录标题与页码之间的分隔符样式。

单击“修改”按钮，在打开的“目录”对话框中可以修改目录标题的格式，实际上修改的是与每个级别的目录标题关联的样式。

单击“选项”按钮，在打开的对话框中可以为特定的样式设置目录标题的级别，以便决定应用了哪些样式的内容出现在目录中，如图5-40所示。“大纲级别”复选框默认处于勾选状态，也正是因为这个选项，Word才会将设置了大纲级别的标题提取到目录中。

图 5-40　为样式设置目录标题的级别

拓展

如果勾选“目录项字段”复选框，则可以将文档中使用TC域标记的内容提取到目录中。域是Word自动化功能的底层技术，是由Word界面功能插入的一切可能发生变化的内容，例如题注、页码、目录等。掌握域的基本原理和使用方法，可以更灵活地使用Word中的自动化功能。

在“目录”对话框中设置好所需的选项之后，单击“确定”按钮，将在插入点位置创建目录，如图5-41所示。

招聘启事......1
一、项目经理......1
1．岗位职责......1
2．职位要求......1
3．招聘人数......1
4．职位薪资......1
二、大客户经理/翻译销售代表......1
1．岗位职责......1
2．职位要求......1
3．招聘人数......2
4．职位薪资......2

图5-41　创建目录

提示

创建目录后，按住Ctrl键的同时单击目录中的标题，将自动跳转到该标题在正文中的对应位置。

5.4.2　更新目录

如果修改了正文中的标题，为了使目录中的标题与正文标题保持一致，需要对目录执行“更新”操作，有以下几种方法：

- 单击目录的范围内，然后按F9键。
- 右击目录的范围内，在弹出的菜单中选择“更新域”命令，如图5-42所示。
- 单击目录的范围内，然后在功能区的“引用”选项卡中单击“更新目录”按钮。

无论使用哪种方法，都将打开如图5-43所示的对话框，有以下两种更新方式：

- 如果只想更新目录中的页码，可以选中“只更新页码”单选钮。
- 如需同时更新目录中的标题和页码，可以选中“更新整个目录”单选钮。

图5-42　选择“更新域”命令

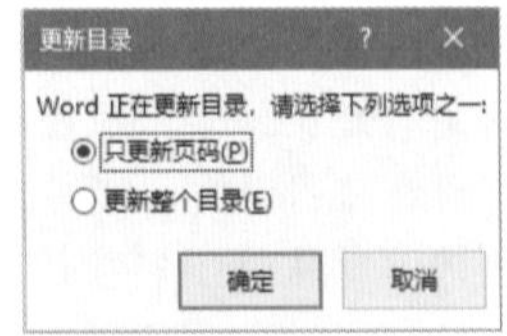

图5-43　选择更新方式

动手实践 将目录转换为普通文本

当单击已创建的目录的范围内时，整个目录将呈现灰色背景。如果目录不再需要更改，则可以将其转换为普通文本，这样可以去除单击目录时显示的灰色背景，并可避免由于意外更新目录而导致目录显示错误的问题。将目录转换为普通文本的操作步骤如下：

（1）选择目录中的所有内容，然后按 Ctrl+Shift+F9 组合键，将目录中的所有内容转换为带有下画线的蓝色文字，如图 5-44 所示。

提 示

如果目录较长，选择整个目录可能会比较麻烦，此时可以将插入点定位到目录中的第一个标题的开头，然后按 Delete 键，即可快速选中整个目录。

（2）选择转换后的所有内容，然后按 Ctrl+D 组合键，打开“字体”对话框，在“字体”选项卡中将“字体颜色”设置为“黑色”，将下画线线型设置为“无”，然后单击“确定”按钮，如图 5-45 所示。

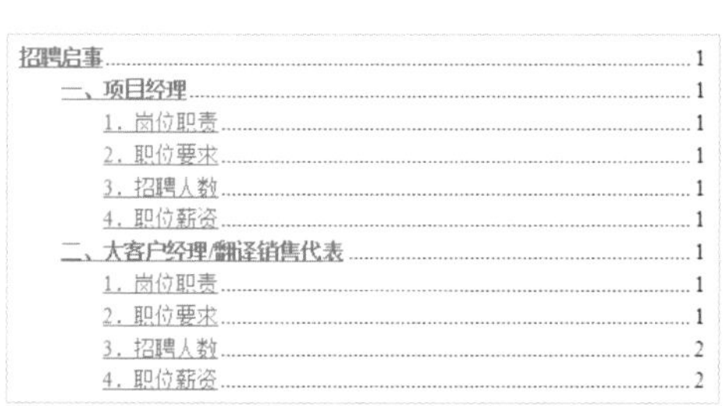

图 5-44 将目录转换为带有下画线的蓝色文字

图 5-45 将字体颜色设置为黑色并去除下画线

注 意

对于 Word 2007 及更高版本的 Word 来说，如果在文档中创建目录后，保存并关闭过该文档，当下次打开该文档时，选择目录后按 Ctrl+Shift+F9 组合键，得到的目录可能直接就是黑色文字且不带下画线，这样就无须再为其设置字体格式了。

5.5 主控文档

在处理几十页甚至上百页的文档时，打开和保存文档通常需要耗费较多的时间，编辑时可能还会遇到无响应的情况。虽然可以将篇幅较长的文档拆分成独立的多个文档，但是由于拆分后的各个文档之间毫无关联，所以在为这些文档添加完整的页码、目录时，会带来诸多不便且容易出错。

使用 Word 中的“主控文档”功能可以解决上述问题。主控文档是一个只包含超链接的文档，这些超链接指向多个文档，在这些文档中存储的内容组成了完整的内容，将这些文档称为子文档。每次打开主控文档时，Word 会自动查找主控文档中的超链接指向的每一个子文档，并将这些子文档中的内容依次加载到主控文档中。

注 意

主控文档和子文档最好具有相同的页面格式，并且它们使用相同的模板和样式，否则容易出现格式以及其他不可预料的问题。

如果将原本存储在一个文档中的内容分别存储在了多个文档中，则可以使用“主控文档”功能将这些文档中的内容合并到一起，操作步骤如下：

（1）新建一个文档，该文档将作为合并其他文档的主控文档。

（2）在功能区的“视图”选项卡中单击“大纲”按钮，切换到大纲视图，如图 5-46 所示。

图 5-46　单击“大纲”按钮

（3）在功能区的“大纲显示”选项卡中单击“显示文档”按钮，然后单击“插入”按钮，如图 5-47 所示。

图 5-47　单击“显示文档”按钮后再单击“插入”按钮

（4）打开“插入子文档”对话框，双击要添加到主控文档中的第一个子文档，如图 5-48 所示。插入子文档的顺序将决定在主控文档中内容的排列顺序。

图 5-48　选择要添加到主控文档中的子文档

注 意

在主控文档中添加子文档时，可能会显示一个是否重命名样式的对话框，为了避免出错，最好不要对样式进行重命名，只需在对话框中单击“全否”按钮即可。

（5）重复第（3）～（4）步，将所需的子文档依次添加到主控文档中，然后保存主控文档。

图 5-49 是在主控文档中添加了 3 个子文档后的效果。每个子文档都被一个灰色边框包围起来，以此区分各个子文档的范围。灰色边框的左上角有一个标记，单击该标记将选中当前灰色边框包围的子文档中的所有内容。切换到页面视图，添加到主控文档的各个子文档中的内容将会连贯显示，就像这些内容都在同一个文档中一样。

第 1 章

- 视频提供了功能强大的方法帮助您证明您的观点。当您单击联机视频时，可以在想要添加的视频的嵌入代码中进行粘贴。您也可以输入一个关键字以联机搜索最适合您的文档的视频。
- 为使您的文档具有专业外观，Word 提供了页眉、页脚、封面和文本框设计，这些设计可互为补充。例如，您可以添加匹配的封面、页眉和提要栏。单击“插入”，然后从不同库中选择所需元素。

第 2 章

- 主题和样式也有助于文档保持协调。当您单击设计并选择新的主题时，图片、图表或 SmartArt 图形将会更改以匹配新的主题。当应用样式时，您的标题会进行更改以匹配新的主题。
- 使用在需要位置出现的新按钮在 Word 中保存时间。若要更改图片适应文档的方式，请单击该图片，图片旁边将会显示布局选项按钮。当处理表格时，单击要添加行或列的位置，然后单击加号。

第 3 章

- 在新的阅读视图中阅读更加容易。可以折叠文档某些部分并关注所需文本。如果在达到结尾处之前需要停止读取，Word 会记住您的停止位置 - 即使在另一个设备上。
- 视频提供了功能强大的方法帮助您证明您的观点。当您单击联机视频时，可以在想要添加的视频的嵌入代码中进行粘贴。您也可以输入一个关键字以联机搜索最适合您的文档的视频。

图 5-49 添加到主控文档中的子文档

拓 展

除了将多个文档合并到主控文档中之外，还可以将一个文档中的内容拆分成多个文档，只需切换到大纲视图，选择要拆分的内容，然后在功能区的“大纲显示”选项卡中单击“创建”按钮，即可将选中内容单独保存为一个 Word 文档。

将子文档添加到主控文档后，下次打开主控文档时，将显示类似于如图 5-50 所示的超链接。如需显示子文档中的内容，需要切换到大纲视图，然后在功能区的“大纲显示”选项卡中单击“展开子文档”按钮。

E:\测试数据\Word\主控文档\第 1 章.docx
E:\测试数据\Word\主控文档\第 2 章.docx
E:\测试数据\Word\主控文档\第 3 章.docx

图 5-50 主控文档中包含指向子文档的超链接

如需删除主控文档中的子文档，可以打开主控文档，选择要删除的子文档的超链接，然后按 Delete 键。

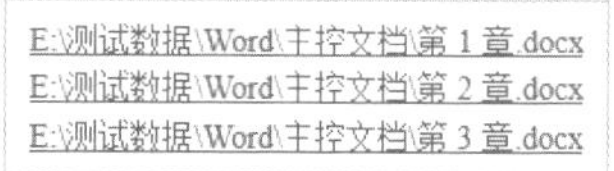

5.6 案例实战：排版员工考勤管理制度

本节以排版员工考勤管理制度为例，介绍排版长文档的方法。本例主要涉及以下几项技术：创建多级编号、创建和使用样式、添加页码、创建目录。排版员工考勤管理制度的操作步骤如下：

（1）新建一个文档，设置所需的页面格式，本例将页面尺寸设置为 16 开，将 4 个页边距都设置为 2 厘米。

（2）打开“样式”窗格，分别右击其中的“标题 1”“标题 2”“标题 3”和“正文”样式，然后选择“修改”命令，在打开的对话框中修改这几个样式的格式，如表 5-1 所示。暂不设置编号格式，待后续步骤中创建好多级编号后，再将各级编号关联到“标题 2”“标题 3”和“正文”3 个样式，即可使这 3 个样式自动带有编号。

表 5-1　4 个样式包含的格式

格式类型	标题 1	标题 2	标题 3	正文
字体	黑体	黑体	宋体	宋体
字号	二号	四号	小四	五号
对齐方式	居中对齐	左对齐	左对齐	左对齐
缩进方式	不缩进	不缩进	首行缩进 2 个字符	首行缩进 2 个字符
段前间距	1 行	0.5 行	0.5 行	无
段后间距	1 行	0.5 行	0.5 行	无
行距	单倍行距	单倍行距	单倍行距	单倍行距
大纲级别	1 级	2 级	3 级	正文
编号格式	无编号	一、二、三、……	1．2．3．……	（1）（2）（3）……

注意

由于标题 1 ~ 标题 3 样式都是基于“正文”样式创建的，而“标题 1”和“标题 2”两个样式不设置缩进方式，为了避免为“正文”样式设置“首行缩进 2 个字符”后，导致“标题 1”和“标题 2”两个样式的缩进格式也随之变化，因此需要将这两个样式的“样式基准”设置为“（无样式）”。

（3）设置好几个样式的格式后，接下来创建多级编号。在功能区的“开始”选项卡中单击“多级列表”按钮，在打开的列表中选择“定义新的多级列表”命令。

（4）打开“定义新多级列表”对话框，单击“更多”按钮展开该对话框，然后设置以下几项，如图 5-51 所示。

- 在“单击要修改的级别”列表框中选择“1”。
- 在“将级别链接到样式”下拉列表中选择“标题 2”。
- 在“此级别的编号样式”下拉列表中选择“一，二，三（简）”。
- 在“编号之后”下拉列表中选择“不特别标注”。

（5）设置二级编号的格式。在“单击要修改的级别”列表框中选择“2”，然后设置以下几项，如图 5-52 所示。

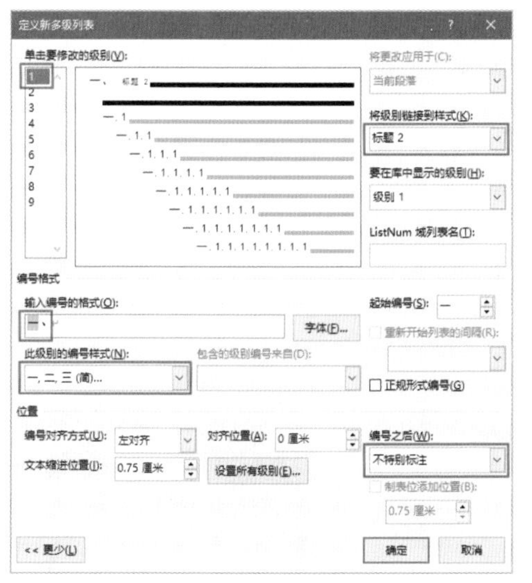

图 5-51 设置一级编号

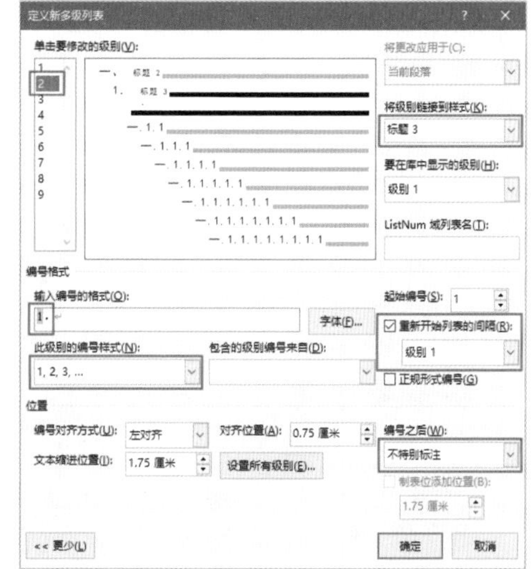

图 5-52 设置二级编号

- 在“将级别链接到样式”下拉列表中选择“标题 3”。
- 在“此级别的编号样式”下拉列表中选择“1，2，3，…”。
- 在“输入编号的格式”文本框中的“1”的右侧输入一个英文全角句点。
- 勾选“重新开始列表的间隔”复选框，并在其下方的下拉列表中选择“级别 1”。
- 在“编号之后”下拉列表中选择“不特别标注”。

（6）设置三级编号的格式。在“单击要修改的级别”列表框中选择“3”，然后设置以下几项，如图 5-53 所示。

- 在“将级别链接到样式”下拉列表中选择“正文”。
- 在“此级别的编号样式”下拉列表中选择“1，2，3，…”。
- 在“输入编号的格式”文本框中的“1”的左右两侧输入一对圆括号。
- 勾选“重新开始列表的间隔”复选框，并在其下方的下拉列表中选择“级别 2”。
- 在“编号之后”下拉列表中选择“不特别标注”。

（7）单击“设置所有级别”按钮，在打开的对话框中将“第一级的文字位置”和“每一级的附加缩进量”都设置为“0 厘米”，然后单击“确定”按钮，如图 5-54 所示。

（8）在“定义新多级列表”对话框中单击“确定”按钮，完成多级编号的创建。下面需要使用“标题 1”“标题 2”“标题 3”和“正文”4 个样式为文档中的各个内容设置格式，如图 5-55 所示。

注意

由于文档中有几个段落是不需要带有（1）这种编号的，所以需要先为这几个段落设置“全部清除”样式，然后为它们设置首行缩进 2 个字符，并删除左缩进。另一个需要注意的问题是，设置“标题 3”样式后，由于在设置多级编号时删除了每级编号的缩进，所以需要修改“标题 3”样式，重新为其设置首行缩进 2 个字符。当然，也可以在设置多级编号时为三级编号设置缩进值，这样就不用再修改“标题 3”样式的格式了。

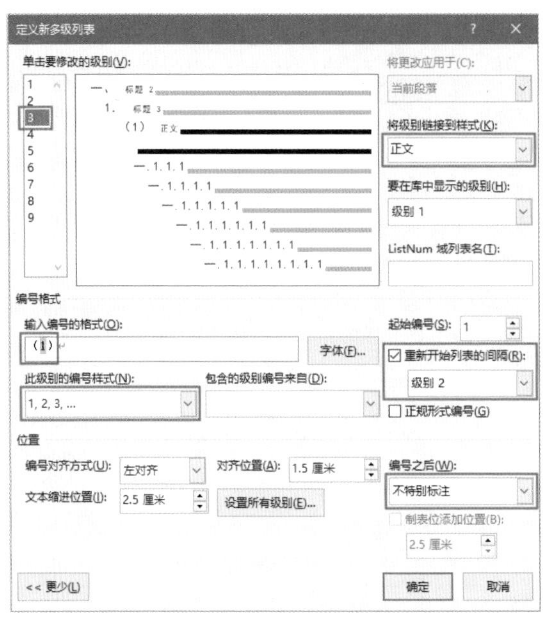

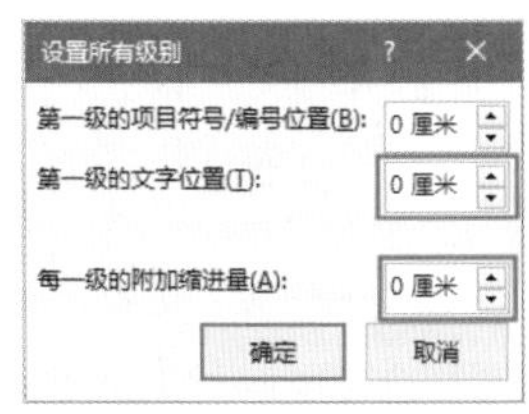

图 5-53　设置三级编号

图 5-54　设置每级文字的缩进量

（9）使用样式为内容设置格式后，接下来在文档中添加页码。在功能区的“插入”选项卡中单击“页码”按钮，然后在弹出的菜单中选择“页面底端”，再在打开的列表中选择“普通数字 2”，将在每一页底部的中间位置插入页码。

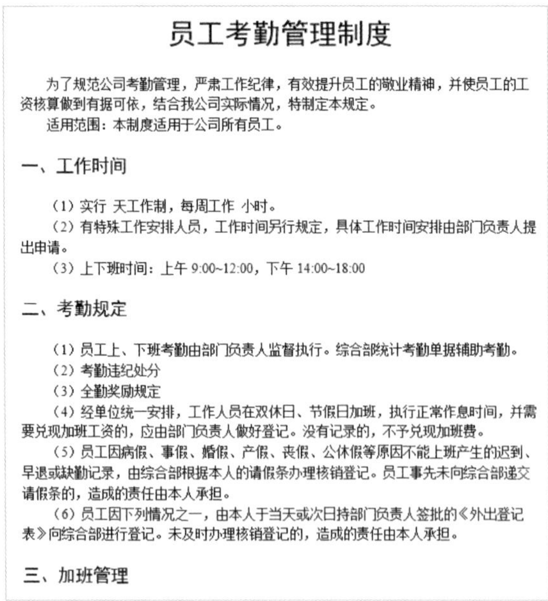
员工考勤管理制度

为了规范公司考勤管理，严肃工作纪律，有效提升员工的敬业精神，并使员工的工资核算做到有据可依，结合我公司实际情况，特制定本规定。

适用范围：本制度适用于公司所有员工。

一、工作时间

（1）实行 天工作制，每周工作 小时。

（2）有特殊工作安排人员，工作时间另行规定，具体工作时间安排由部门负责人提出申请。

（3）上下班时间：上午 9:00~12:00，下午 14:00~18:00

二、考勤规定

（1）员工上、下班考勤由部门负责人监督执行。综合部统计考勤单据辅助考勤。

（2）考勤违纪处分

（3）全勤奖励规定

（4）经单位统一安排，工作人员在双休日、节假日加班，执行正常作息时间，并需要兑现加班工资的，应由部门负责人做好登记。没有记录的，不予兑现加班费。

（5）员工因病假、事假、婚假、产假、丧假、公休假等原因不能上班产生的迟到、早退或缺勤记录，由综合部根据本人的请假条办理核销登记。员工事先未向综合部递交请假条的，造成的责任由本人承担。

（6）员工因下列情况之一，由本人于当天或次日持部门负责人签批的《外出登记表》向综合部进行登记。未及时办理核销登记的，造成的责任由本人承担。

三、加班管理

图 5-55　为内容设置格式

（10）由于页码的格式由“页脚”样式控制，“页脚”样式是以“正文”样式为基准，而为“正文”样式设置了首行缩进 2 个字符，所以插入的页码也被自动设置了首行缩进 2 个字符。为了使页码位于页面底部的正中间，需要进入页脚编辑状态，然后打开“段落”对话框，在“缩进和间距”选项卡的“特殊”下拉列表中选择“无”，即可删除页码的首行缩进。最后按 Esc 键退出页脚编辑状态。

（11）在文档第一行标题的上方添加一个空白段落，然后在功能区的“引用”选项卡中单击“目录”按钮并选择“自定义目录”命令，在打开的“目录”对话框中直接单击“确定”按钮，将创建一个包含所有设置了标题 1 ～标题 3 样式内容的三级目录。目录中的每个标题开头都带有编号，这是因为控制每个目录标题的样式也是以“正文”样式为基准的，只需将“目录 1”“目录 2”和“目录 3”3 个样式的“样式基准”改为“（无样式）”，即可删除每个目录标题开头的编号，最终的目录如图 5-56 所示。

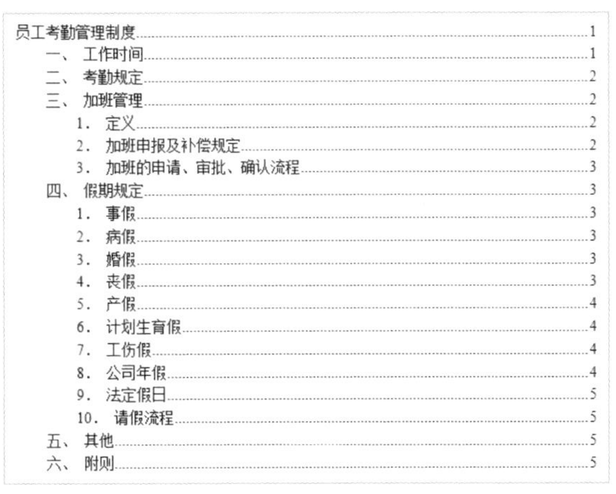

员工考勤管理制度........1
一、 工作时间........1
二、 考勤规定........2
三、 加班管理........2
1． 定义........2
2． 加班申报及补偿规定........2
3． 加班的申请、审批、确认流程........3
四、 假期规定........3
1． 事假........3
2． 病假........3
3． 婚假........3
4． 丧假........3
5． 产假........4
6． 计划生育假........4
7． 工伤假........4
8． 公司年假........4
9． 法定假日........5
10． 请假流程........5
五、 其他........5
六、 附则........5

图 5-56 创建的目录

可以在创建本例中的第 4 个样式时，不采用修改内置的“正文”样式的方式，而是修改“标题 4”样式或者创建一个新的样式，这样可以避免由于更改“正文”样式而影响到其他以“正文”样式为基准的样式。

5.7 疑难解答

5.7.1 如何删除脚注分隔线

在文档中添加脚注时，会在页面底部自动插入一条横线。在页面视图中无法选中和删除这条线，如需删除这条分隔线，可以使用下面的方法，操作步骤如下：

（1）在功能区的“视图”选项卡中单击“草稿”按钮，然后在功能区的“引用”选项卡中单击“显示备注”按钮，如图 5-57 所示。

（2）在备注窗格的“脚注”下拉列表中选择“脚注分隔符”，如图 5-58 所示。

（3）使用鼠标拖动脚注分隔线以将其选中，然后按 Delete 键，如图 5-59 所示。

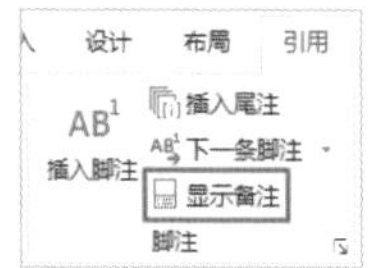

图 5-57　单击“显示备注”按钮

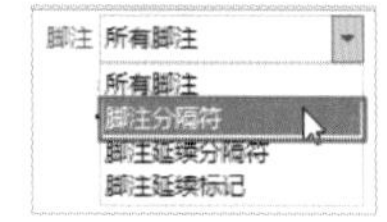

图 5-58　选择“脚注分隔符”

图 5-59　选中脚注分隔线

5.7.2　如何删除页眉中的横线

图 5-60　选择“无框线”

页眉中的横线本质上是段落的下边框线，只需进入页眉编辑状态，然后使用以下两种方法可将页眉中的横线删除：

- 打开“样式”窗格，在样式列表中选择“全部清除”样式。
- 选择横线上方的段落标记，然后在功能区的“开始”选项卡中单击“边框”按钮上的下拉按钮，在弹出的菜单中选择“无框线”，如图 5-60 所示。

注意

如果已经为页眉中的内容设置了格式，则使用第一种方法会删除内容的格式，而第二种方法不会影响内容的格式。

5.7.3　为何插入分节符后总会出现一个空白段落

如果将插入点定位到段落的结尾，然后插入分节符，此时会在该段落的下方额外增加一个空白段落。如果不想额外增加空白段落，则可以将插入点定位到下一段的开头，然后再插入分节符，如图 5-61 所示。

视频提供了功能强大的方法帮助您证明您的观点。当您单击联机视频时，可以在想要添加的视频的嵌入代码中进行粘贴。您也可以输入一个关键字以联机搜索最适合您的文档的视频。……分节符(连续)……

为使您的文档具有专业外观，Word 提供了页眉、页脚、封面和文本框设计，这些设计可互为补充。例如，您可以添加匹配的封面、页眉和提要栏。单击“插入”，然后从不同库中选择所需元素。

视频提供了功能强大的方法帮助您证明您的观点。当您单击联机视频时，可以在想要添加的视频的嵌入代码中进行粘贴。您也可以输入一个关键字以联机搜索最适合您的文档的视频。……分节符(连续)……

为使您的文档具有专业外观，Word 提供了页眉、页脚、封面和文本框设计，这些设计可互为补充。例如，您可以添加匹配的封面、页眉和提要栏。单击“插入”，然后从不同库中选择所需元素。

主题和样式也有助于文档保持协调。当您单击设计并选择新的主题时，

图 5-61　解决插入分节符之后出现空白段落的问题

第6章 InDesign界面环境和文档的基本操作

与Word相比，InDesign的界面环境更复杂，其中包含的元素更多，为了更好地使用InDesign，首先需要熟悉和掌握InDesign界面环境的组成结构和操作方法。本章将介绍InDesign文档的基本操作，以及排版辅助工具和更改默认设置的方法。本章介绍的这些内容是学习InDesign需要掌握的必备知识和技术，直接影响后续学习和操作InDesign的效率。

6.1 InDesign 界面环境

InDesign 界面由菜单栏、“控制”面板、“工具”面板、其他面板、文档窗口、状态栏等多种元素组成，用户可以调整这些元素的位置和显示状态，使用 InDesign 的整个过程都在频繁与这些元素打交道，所以掌握这些元素的功能和使用方法是进行其他操作的基础。

6.1.1 工作区

启动 InDesign 后显示的界面是“起点”工作区，其中包含新建和打开 InDesign 文档的工具，如图 6-1 所示。“工作区”是指 InDesign 中的各种界面元素的不同组合和排列方式，目的是为用户提供在完成不同的设计和排版任务时所需使用的相关工具，从而提高操作效率。InDesign 预置了一些工作区，用户可以从中选择一个，也可以创建新的工作区。

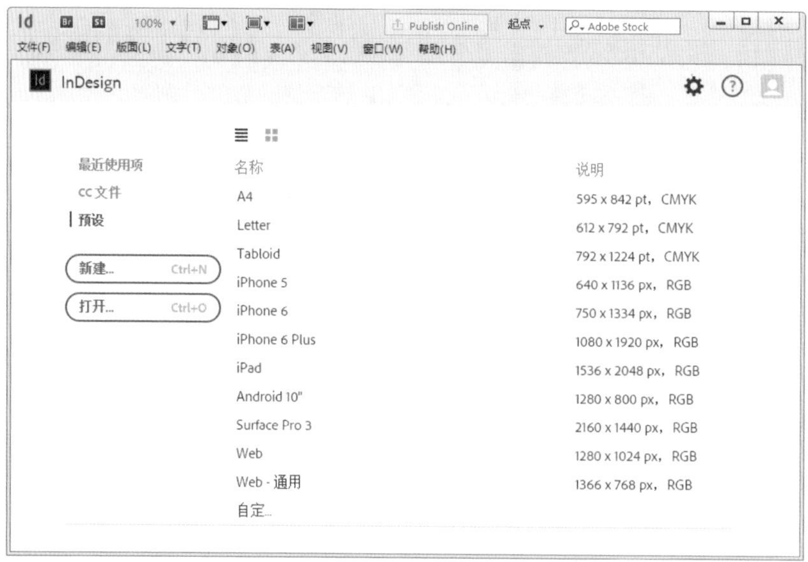

图 6-1 “起点”工作区

提 示

InDesign 界面默认使用深色背景，如需改变 InDesign 界面的背景色，可以使用 Ctrl+K 组合键，打开“首选项”对话框，在左侧选择“界面”，然后在右侧的“颜色主题”下拉列表中选择一种背景色，如图 6-2 所示。

如果不想在每次启动 InDesign 时显示“起点”工作区，则可以按 Ctrl+K 组合键，然后在打开的对话框中取消对“没有打开的文档时显示‘起点’工作区”复选框的勾选，如图 6-3 所示。

如需切换到其他工作区（InDesign 预置或用户创建的），可以单击菜单栏上方或右侧显示“起点”二字的按钮，然后在弹出的菜单中选择所需的工作区，如图 6-4 所示。

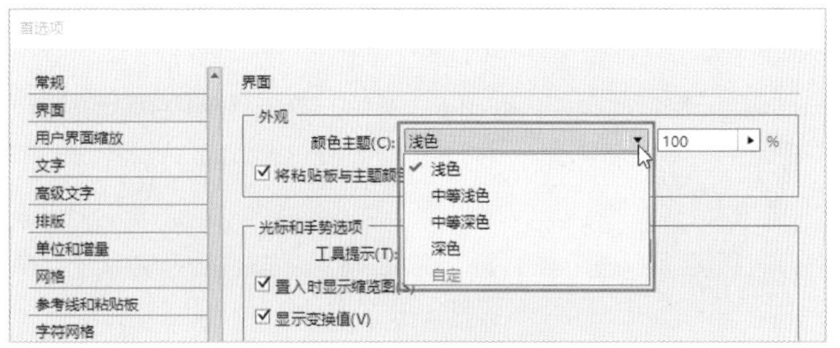

图 6-2　更改界面的背景色

图 6-3　取消对"没有打开的文档时显示'起点'工作区"复选框的勾选

注 意

显示"起点"二字的按钮可能显示在菜单栏的上方或右侧，显示在哪个位置取决于 InDesign 窗口的大小和切换工作区的按钮上的文字长度。

如需创建新的工作区，可以在如图 6-4 所示的菜单中选择"新建工作区"命令，打开如图 6-5 所示的对话框，在"名称"文本框中输入工作区的名称，然后在下方勾选要在工作区包含的界面设置，最后单击"确定"按钮。

新建的工作区将显示在如图 6-4 所示的菜单中，以后就可以切换到用户创建的工作区了。如需删除工作区，可以在如图 6-4 所示的菜单中选择"删除工作区"命令，打开如图 6-6 所示的对话框，在"名称"下拉列表中选择要删除的工作区，然后单击"删除"按钮。

图 6-4　切换工作区

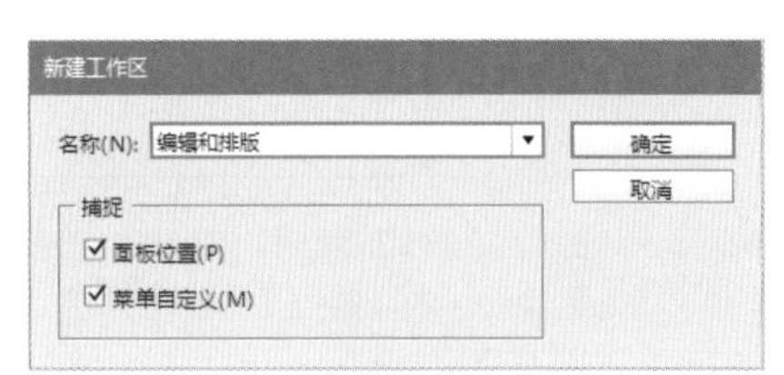

图 6-5　创建新的工作区

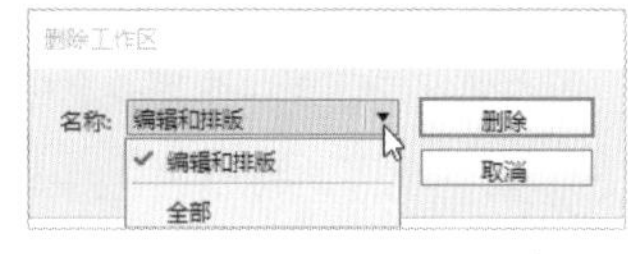

图 6-6　选择要删除的工作区

注 意

只能删除用户创建的工作区，不能删除 InDesign 预置的工作区。

6.1.2 菜单栏

菜单栏位于 InDesign 窗口的顶部，如图 6-7 所示。单击菜单栏中带有文字的按钮，可以打开相应的菜单，菜单由一系列菜单项（通常称为“命令”）组成，选择菜单中的某个命令，将执行特定的操作。

Id 文件(F) 编辑(E) 版面(L) 文字(T) 对象(O) 表(A) 视图(V) 窗口(W) 帮助(H)

图 6-7 菜单栏

用户可以设置菜单栏中命令的显示状态，只需单击菜单栏中的“编辑”|“菜单”命令，打开“菜单自定义”对话框，在列表框中单击要设置的菜单左侧的黑色三角，展开菜单中的命令，然后在“可视性”和“颜色”两列中分别设置菜单是否显示以及显示时的颜色。图 6-8 表示在“帮助”菜单中只显示“InDesign 帮助”和“InDesign 支持中心”两个命令，“InDesign 帮助”命令显示为“红色”。

图 6-8 设置菜单的显示状态

提 示

将一个菜单中的某些命令隐藏后，随时可以选择该菜单底部的“显示全部菜单项目”命令查看该菜单中的隐藏命令。

6.1.3 控制面板

“控制”面板默认位于菜单栏的下方，其中包含与当前选中的对象有关的选项，如图 6-9 所示。例如，选择文本时，在“控制”面板中将显示字符格式和段落格式的相关选项；选择图片时，在“控制”面板中将显示图片的尺寸、方向、效果等选项。

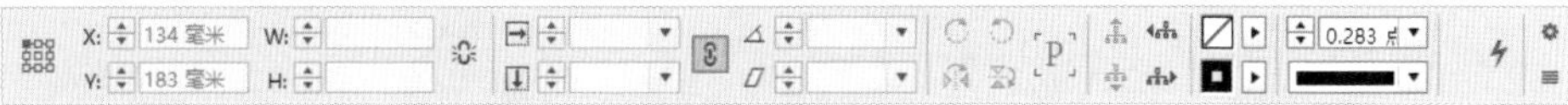

图 6-9 “控制”面板

提 示

将鼠标指针移动到“控制”面板中的任意一个选项上，会自动显示该选项的名称和简要说明。

图 6-10 改变“控制”面板的位置

如果在 InDesign 窗口中未显示“控制”面板，则可以单击菜单栏中的“窗口”|“控制”命令。用户可以改变“控制”面板的位置，使其停放在 InDesign 窗口的底部、浮动在窗口中或隐藏起来。只需单击“控制”面板右下角的☰按钮，然后在弹出的菜单中选择如图 6-10 所示的 3 个命令之一。

单击☰按钮上方的“自定‘控制’面板”按钮，可以在打开的对话框中设置“控制”面板中的选项的显示或隐藏状态。

6.1.4 工具面板

“工具”面板（也可称为工具箱）默认停放在 InDesign 窗口的左侧，如果未显示“工具”面板，则可以单击菜单栏中的“窗口”|“工具”命令。“工具”面板包含用于创建和编辑文本、图形和其他页面元素的工具，所有工具按照相关性进行分组。

将鼠标指针指向“工具”面板中的某个工具时，会显示该工具的名称和快捷键。单击某个工具，可将其选中，然后就可以在文档中通过单击或拖动的方式使用该工具。有的工具的右下角有一个黑色三角，该符号说明该工具下还有隐藏工具。在带有黑色三角的工具上单击并按住鼠标左键，将显示该工具下的隐藏工具，然后选择要使用的隐藏工具，如图 6-11 所示。

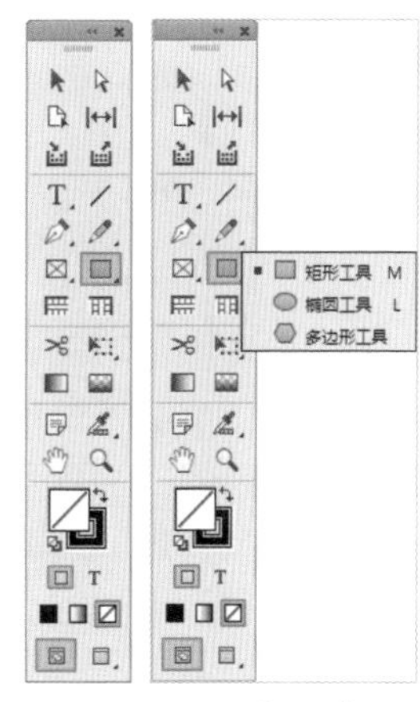

图 6-11 显示“工具”面板中的隐藏工具

提 示

也可以右击带有黑色三角的工具，然后在弹出的菜单中选择隐藏工具。

“工具”面板中的所有工具可以显示为垂直一列、垂直两列或水平一行 3 种布局之一。如需更改“工具”面板的布局，可以单击菜单栏中的“编辑”|“首选项”|“界面”命令，然后在“浮动工具面板”下拉列表中选择一种布局，如图 6-12 所示。

还可以单击“工具”面板顶部的双箭头图标来更改“工具”面板的显示方式。

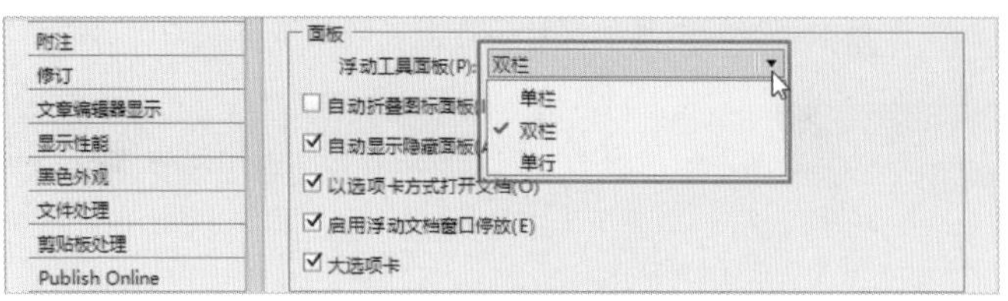

图 6-12　选择“工具”面板的布局

6.1.5　面板

面板是 InDesign 中数量最多的界面元素，在菜单栏中打开“窗口”菜单，其中包含所有面板的名称，带有对勾标记的名称表示对应的面板当前处于打开状态。

图 6-13 是 InDesign 预置的“基本功能”工作区中包含的几个面板，这些面板分成三组并停放在 InDesign 窗口的右侧，灰色的分隔线表示两个面板组之间的边界。

提　示

按 Tab 键将隐藏当前显示在 InDesign 窗口中的所有面板，再次按 Tab 键将重新显示这些面板。如需隐藏或显示除了“工具”面板和“控制”面板之外的其他面板，可以按 Shift+Tab 组合键。

图 6-13 中的面板只显示了面板的图标和名称，如需显示面板中的内容，可以单击面板的图标和名称，如图 6-14 所示。再次单击该面板的图标和名称，将隐藏面板中的内容。

图 6-13　分组后的多个面板

图 6-14　显示面板中的内容

提　示

如果希望在单击任意位置时可以自动隐藏面板中的内容，则可以在“首选项”对话框的“界面”选项卡中勾选“自动折叠图标面板”复选框，参见图 6-12。

如需在 InDesign 窗口中添加面板，可以打开菜单栏中的“窗口”菜单，从中选择所需的面板名称。添加到 InDesign 窗口中的面板默认是浮动的，可以将其停放到窗口中的停放区，停放区位于窗口的左侧和右侧。

如需将一个面板停放到停放区，可以使用鼠标拖动面板顶部或面板标签（显示面板名称的位置）右侧的空白区域，将其拖动到 InDesign 窗口的左边缘或右边缘，当边缘处显示蓝色竖线时，释放鼠标按键，即可将面板停放到此处，如图 6-15 所示。

如果已经有面板停放在停放区中，则在将其他面板停放在停放区时，可以选择将其停放在现有面板的左侧、右侧或者上方、下方，只需将待停放的面板拖动到停放区中已有面板的上、下、左、右的任意一个位置上，当显示蓝色线条时，释放鼠标按键即可。

如需将停放的面板变为浮动状态，可以拖动停放区中的面板的顶部或其标签右侧的空白区域，将其拖出停放区即可。如果在停放区中还并排停放着其他面板，则需要拖动面板标签右侧的空白区域，才能将该面板单独拖出停放区。

可以将 InDesign 窗口中的面板组合在一起成为面板组，从而节省面板占用的空间。如需将几个面板组合在一起，可以拖动一个面板的顶部或其标签右侧的空白区域，将该面板拖动到另一个面板的范围内，当显示如图 6-16 所示的蓝色边框线和标签右侧的蓝色矩形时，释放鼠标按键，即可将两个面板组合在一起。

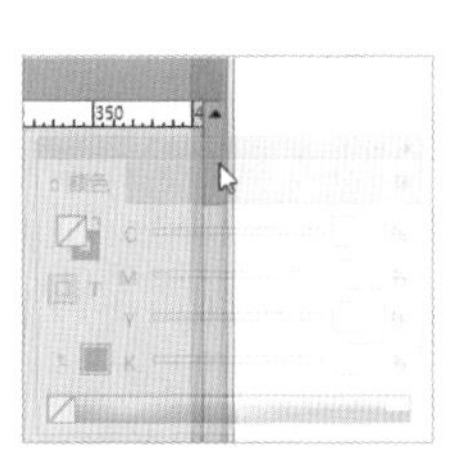

图 6-15　停放面板

图 6-16　创建面板组

同一个面板组中的各个面板的标签显示在同一行，外观类似于对话框中的选项卡，单击标签即可在各个面板之间切换，如图 6-17 所示。

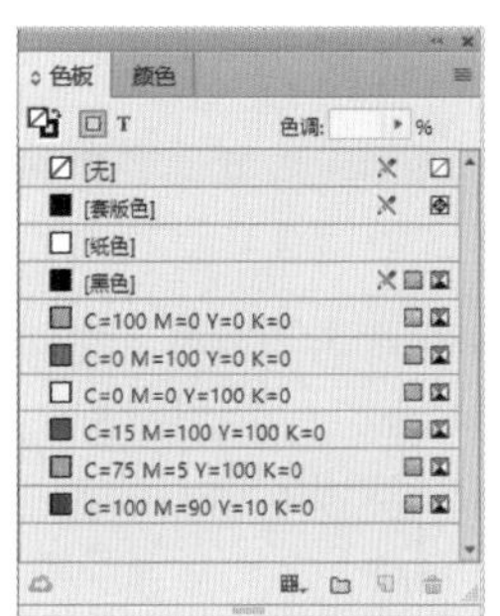

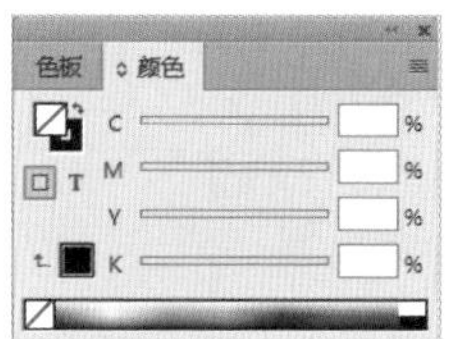

图 6-17　编组后的多个面板

向左或向右拖动面板标签，可以调整面板在组中的排列顺序。如果将面板拖动到组的外部，则将从组中删除该面板，并使其浮动在窗口中。

可以使用以下几种方法显示或隐藏面板中的内容：

- 反复双击面板标签。
- 反复单击面板标签左侧的箭头。
- 单击面板标签右侧的☰按钮，在弹出的菜单中选择“隐藏选项”命令或“显示选项”命令，如图 6-18 所示。

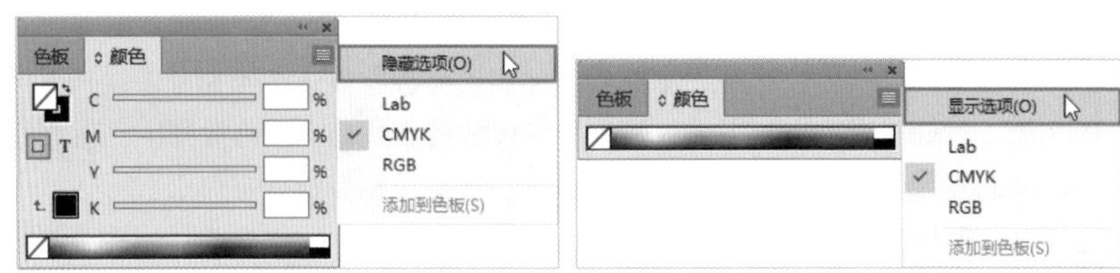

图 6-18　使用菜单命令显示或隐藏面板内容

提　示

如需使面板显示为图 6-13 所示的图标形式，可以单击面板顶部的双箭头，或者右击面板的顶部或其标签右侧的空白区域，在弹出的菜单中选择“折叠为图标”命令。

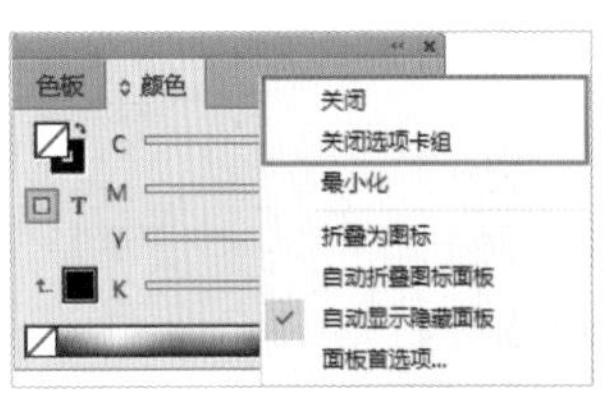

图 6-19　关闭面板或面板组

将面板从 InDesign 窗口中删除有以下两种方法：

- 如果面板处于浮动状态，则可以单击面板右上角的“关闭”按钮。如果是浮动的面板组，则会关闭整组面板。
- 如果面板处于停放状态，则可以右击面板标签、标签右侧的空白区域或面板的图标和名称，然后在弹出的菜单中选择“关闭”命令，选择“关闭选项卡组”命令将关闭整组面板，如图 6-19 所示。右击哪个位置取决于关闭的是单独的面板还是面板组中的面板。

6.1.6　文档窗口

文档窗口是用户在 InDesign 中的工作区域，其中显示正在处理的 InDesign 文件中的内容。文档窗口可以浮动在 InDesign 窗口中，也可以像选项卡一样停放在 InDesign 窗口中。图 6-20 是浮动在 InDesign 窗口中的文档窗口。

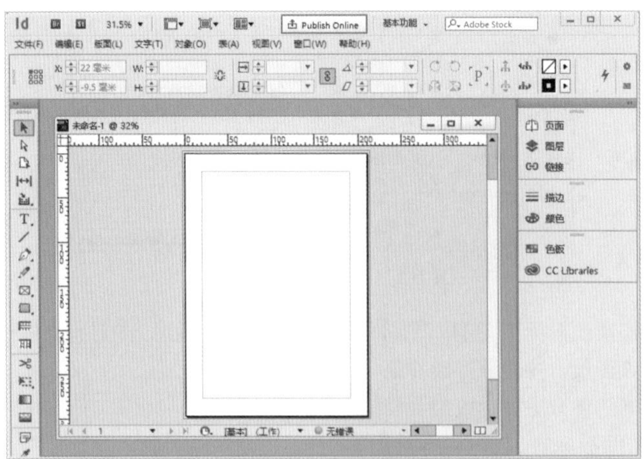

图 6-20　浮动的文档窗口

如需将文档窗口停放在 InDesign 窗口中，并以选项卡的形式显示，可以使用鼠标拖动文档窗口顶部的标题栏，将其拖动到“控制”面板的下边缘，当 InDesign 窗口中显示蓝色的边框线时，释放鼠标按键。图 6-21 是显示为选项卡形式的文档窗口。

提 示

如果希望新建或打开文档时始终都显示为选项卡的形式，则可以单击菜单栏中的“编辑”|“首选项”|“界面”命令，然后在打开的对话框中勾选“以选项卡方式打开文档”复选框。

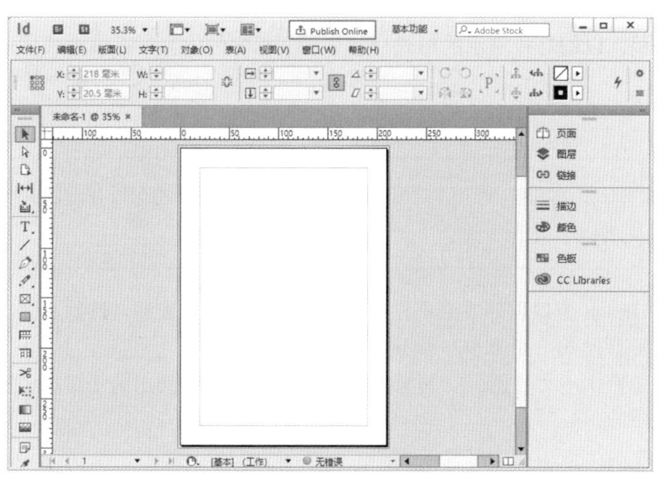

图 6-21 停放后的文档窗口

文档中的页面在文档窗口默认显示为白色，页面四周的灰色区域是粘贴板，在粘贴板中可以临时存放对象，其中的对象不会被打印出来。

6.1.7 状态栏

状态栏位于文档窗口的左下方，其中显示有关文档状态的信息，如图 6-22 所示。

2 [基本] (工作) 无错误

图 6-22 状态栏

单击状态栏左侧的导航按钮，可以浏览不同的页面。如果已将文档保存到计算机磁盘中，则可以单击状态栏中的按钮，然后在弹出的菜单中选择“在资源管理器中显示”命令，将打开文档所在的文件夹。别外，还可以在状态栏中设置印前检查的相关选项。

6.1.8 屏幕模式

用户可以使用不同的屏幕模式以不同的侧重点查看页面中的元素，InDesign 中有 5 种屏幕模式：

- 正常：在 InDesign 中设计和排版文档时最常使用的模式，在该模式下显示页面中的所有元素，包括用户添加的内容，以及用于辅助排版的参考线、网格、框架边框等非打印对象。

- 预览：查看文档的最终效果时需要使用“预览”模式，在该模式下不显示参考线、网格、框架边框等所有非打印对象，粘贴板被设置为在“首选项”对话框的“参考线和粘贴板”选项卡的“预览背景”下拉列表中选择的颜色。
- 出血：与“预览”模式类似，主要区别是在“出血”模式下还会显示出血区域中的所有可打印对象。
- 辅助信息区：与“出血”模式类似，主要区别是在“辅助信息区”模式下还会显示辅助信息区域中的所有可打印对象。
- 演示文稿：以幻灯片演示的形式全屏显示文档中的内容，在该模式下不显示任何菜单和面板。

提 示

“出血”和“辅助信息区”两个区域可以在新建文档时设置，也可以在创建文档后进行更改。切换屏幕模式有以下几种方法：

- 单击 InDesign 窗口顶部或菜单栏右侧的“屏幕模式”按钮，然后在弹出的菜单中选择所需的屏幕模式，如图 6-23 所示。
- 单击菜单栏中的“视图”|“屏幕模式”命令，然后在弹出的子菜单中选择所需的屏幕模式。
- 单击“工具”面板中的屏幕模式按钮，如图 6-24 所示。

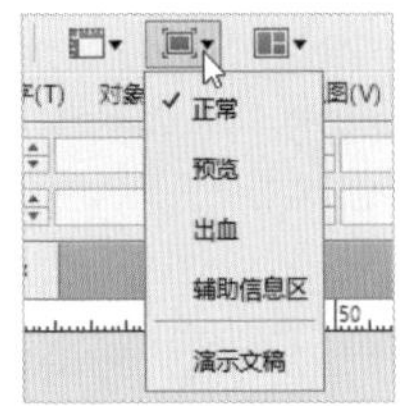

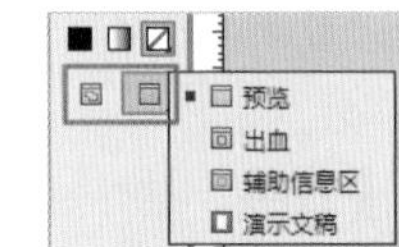

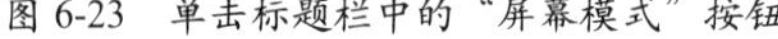

图 6-23　单击标题栏中的“屏幕模式”按钮　　图 6-24　使用“工具”面板中的屏幕模式工具

6.2　文档的基本操作

在 InDesign 中制作的所有内容都存储在文档中，文档由一个或多个页面组成，所以首先应该掌握文档和页面的基本操作，它们是其他操作的基础。

6.2.1　新建文档

在 InDesign 中新建文档有以下几种方法：

- 在启动 InDesign 后显示的“起点”工作区中选择“预设”，然后选择页面的预设方案，参见图 6-1。
- 在启动 InDesign 后显示的“起点”工作区中单击“新建”按钮，参见图 6-1。

- 在任何一个工作区中单击菜单栏中的“文件”|“新建”|“文档”命令。
- 在文档窗口中右击某个打开文档的选项卡，然后在弹出的菜单中选择“新建文档”命令。

使用第一种方法将进入“基本功能”工作区，并在文档窗口中打开新建的文档。使用后两种方法将打开“新建文档”对话框，如图 6-25 所示。在该对话框中可以设置以下几项：

- 在“用途”下拉列表中选择文档的使用方式，是打印到纸张上，还是在网页或移动设备中查看。更改该设置将影响“新建文档”对话框中的多个选项的预设值。
- 在“页数”和“起始页码”两个文本框中输入文档的页数和第一页的页码。
- 勾选“对页”复选框，将创建类似于翻开书籍时两个页面并排显示的效果。
- 在“页面大小”下拉列表中选择一个预设的页面大小。为了符合特殊的页面尺寸，可以在“宽度”和“高度”两个文本框中修改页面尺寸。
- 在“页面方向”部分可以将页面设置为横向或纵向，该设置会根据“宽度”和“高度”两个文本框中值的大小而自动调整。

提 示

如需设置出血和辅助信息区的尺寸，可以单击“出血和辅助信息区”左侧的箭头，展开其中的选项，然后输入所需的值，如图 6-26 所示。出血区域是页面的 4 个边缘向外延伸出的多余部分，其目的是避免在裁切过程中出现误差而导致页面出现白边，将位于页面边缘处的对象扩展到出血区域中可以解决此问题。

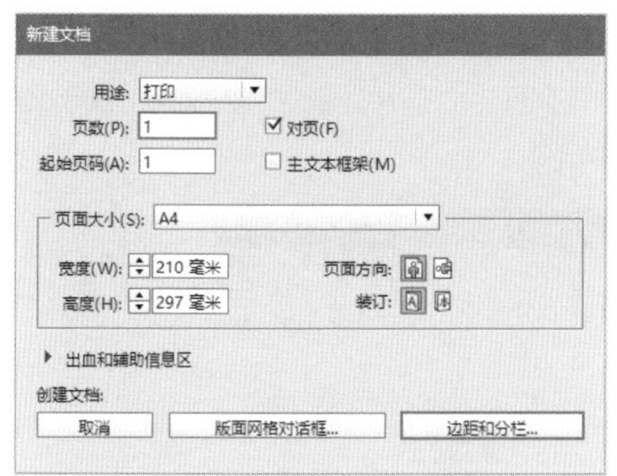

图 6-25 “新建文档”对话框

图 6-26 设置出血和辅助信息区的尺寸

在“新建文档”对话框中完成所需的设置之后，单击“边距和分栏”按钮，打开“新建边距和分栏”对话框，在此处设置 4 个页边距的大小和分栏方式，如图 6-27 所示。

提 示

如果希望 4 个页边距的大小相同，则可以单击位于 4 个页边距文本框之间的图标（名为“将所有设置设为相同”），使其显示为锁链连接状态，显示为表示锁链断开状态。

完成边距和分栏的设置后，单击“确定”按钮，即可创建一个文档。如图 6-28 所示为创建的两个文档的页面排列方式，它们各自都有 3 页，唯一区别是一个勾选了“对页”复选框，另一个没有勾选该复选框。图 6-28 的右图是勾选“对页”复选框的文档，其第 1 页是一个单页（实际上它也属于跨页），第 2 ～ 3 页并排显示，将页面的这种排列方式称为“跨页”，类似于书籍翻开后的效果。

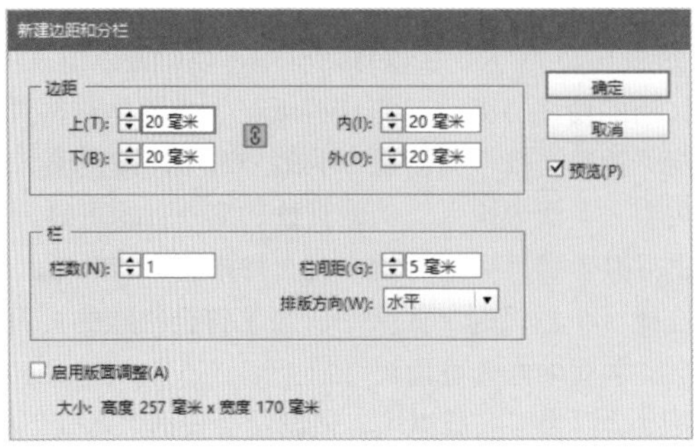

图 6-27 设置文档的页边距和分栏

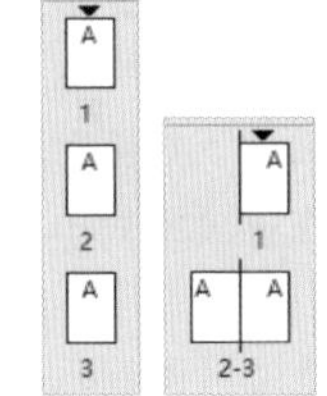

图 6-28 创建的两种文档

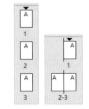

提 示

如需显示图 6-28 所示的效果，可以单击菜单栏中的“窗口”|“页面”命令。

6.2.2 打开、保存和关闭文档

与 Word 类似，在 InDesign 中使用一个文档时也会涉及文档的打开、保存和关闭等操作。如需打开一个 InDesign 文档，可以单击菜单栏中的“文件”|“打开”命令，然后在“打开文件”对话框中双击要打开的 InDesign 文档，如图 6-29 所示。

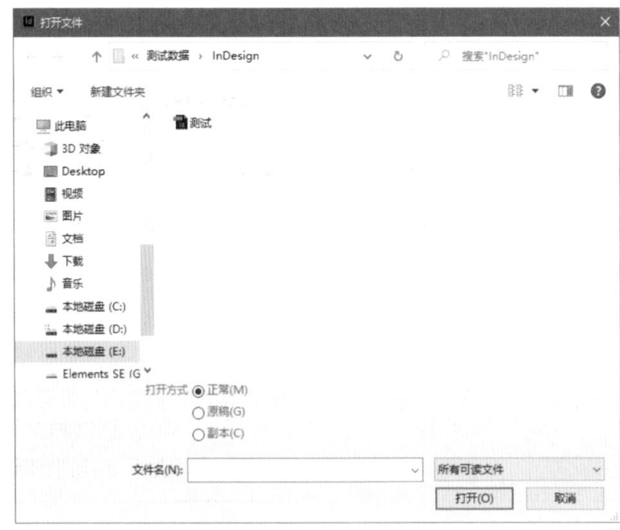

图 6-29 “打开文件”对话框

提示

打开文件有“正常”“原稿”和“副本”3 种方式，对于普通文档来说，“正常”和“原稿”两项的作用相同，都是打开文档本身，而“副本”选项则是打开文档的副本，而不是文档本身，这样可以保护原始文档不被意外修改。与 Word 类似，在 InDesign 中也存在“模板”类型的文档。对于模板来说，3 种打开方式中的“正常”和“副本”两项的作用相同，都是基于模板创建一个新文档，而“原稿”选项则是打开模板文件本身，这样可以修改模板中的内容。从文件扩展名和图标两个方面可以区分 InDesign 中的文档和模板，文档的文件扩展名为 .indd，模板的文件扩展名为 .indt。模板的图标右下角有一个白色三角的折起标记，而文档的图标没有此标记，如图 6-30 所示。

如需保存 InDesign 文档，可以单击菜单栏中的“文件”|“存储”命令。如果是一个新建的从未保存过的文档，则在选择该命令后会显示“存储为”对话框，设置好文档的保存位置和名称，然后单击“保存”按钮，即可将文档保存到指定的位置。

如果已将文档保存到计算机中，但是想将该文档以另一个名称保存，则可以单击菜单栏中的“文件”|“存储为”命令，也会打开“存储为”对话框，然后设置保存选项即可。

如需为文档创建副本，可以单击菜单栏中的“文件”|“存储副本”命令，打开“存储副本”对话框，其中会自动定位到该文档所在的文件夹，并自动在文档名称后面加上“副本”二字，以作为副本的文件名，单击“保存”按钮即可创建副本。

对于在文档窗口中暂时不再使用的文档，可以将其关闭，以减少系统资源的占用，并避免混乱。关闭文档有以下几种方法：

- 在文档窗口中切换到要关闭的文档选项卡，然后单击菜单栏中的“文件”|“关闭”命令。
- 在文档窗口中右击要关闭的文档选项卡，然后在弹出的菜单中选择“关闭”命令。如需关闭所有打开的文档，可以选择“关闭全部”命令。
- 在文档窗口中单击文档选项卡上的叉子。

无论使用哪种方法，如果文档中存在未保存的内容，则会显示提示信息询问用户是否保存，单击“是”或“否”按钮后才会关闭文档，如图 6-31 所示。

图 6-30 InDesign 中的文档和模板

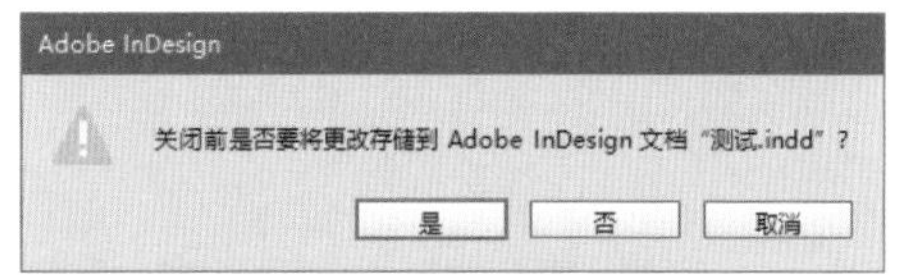

图 6-31 关闭文档前的提示信息

动手实践 修改页面格式

创建文档时可以在“新建文档”和“新建边距和分栏”两个对话框中设置文档的页面格式，创建文档后也可以修改页面格式，操作步骤如下：

（1）单击菜单栏中的“文件”|“文档设置”命令，打开“文档设置”对话框，其中包含的选项与“新建文档”对话框相同，在此处可以修改文档的总页数、起始页码、页面的尺寸和方向、出血和辅助信息区的大小等。

提　示

在“文档设置”对话框中有一个“预览”复选框，勾选该复选框，可以在修改选项时实时查看页面外观的变化情况。

（2）修改完成后单击“确定”按钮，关闭“文档设置”对话框。

（3）如需修改边距和分栏的设置，可以单击菜单栏中的“版面”|“边距和分栏”命令，打开“边距和分栏”对话框，其中包含的选项与“新建边距和分栏”对话框相同，在此处可以修改文档的 4 个页边距和分栏设置。

（4）修改完成后单击“确定”按钮，关闭“边距和分栏”对话框。

6.2.3　添加和删除页面

创建文档时，可以在“新建文档”对话框中指定文档的总页数。创建文档后，可以单击菜单栏中的“文件”|“文档设置”命令，然后在“文档设置”对话框的“页数”文本框中修改文档的总页数。

有时可能想要在某个页面之前或之后添加新的页面，此时可以单击菜单栏中的“版面”|“页面”|“插入页面”命令，在打开的对话框中设置插入页面的数量和位置，然后单击“确定”按钮。如图 6-32 所示是在第 2 页之后添加一个页面的设置方法。

提　示

单击菜单栏中的“版面”|“页面”|“添加页面”命令，将在当前选中的页面之后添加一个页面。“当前选中的页面”是指在“页面”面板中显示为蓝色的页面。页面下方的页码如果为蓝色，表示该页面当前正显示在窗口中。图 6-33 中的第 2 页是当前选中的页面，因为该页面显示为蓝色，而第一页下方的页码显示为蓝色，所以第一页正显示在窗口中，此时如果执行“添加页面”命令，则将在第 2 页之后添加一页。如果没有选中任何页面，则将当前显示在窗口中的页面作为参照对象。

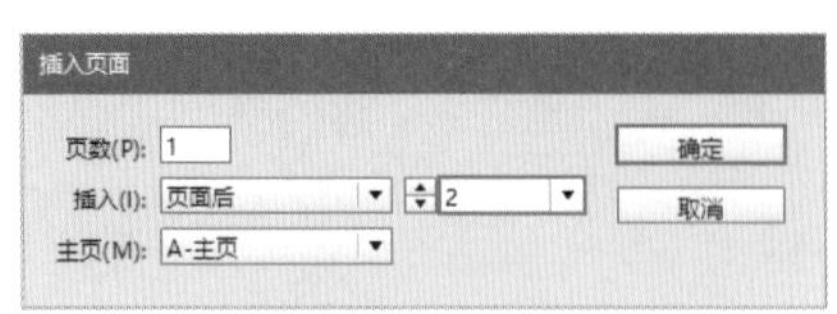

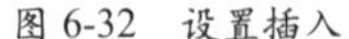
图 6-32　设置插入

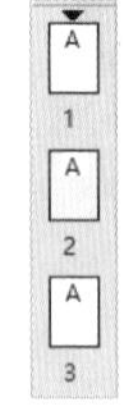

图 6-33　选中的页面显示为蓝色

删除页面的方法与添加页面类似，在“页面”面板中右击要删除的页面，然后在弹出的菜单中选择“删除页面”或“删除跨页”命令，如图 6-34 所示。如果删除的页面中包含内容，则会显示提示信息，单击“确定”按钮才会删除该页面。

还可以将“页面”面板中的某个页面拖动到该面板右下角的“删除选中页面”图标上，也可以删除页面。如果直接单击该图标，并且在“页面”面板中没有选中任何页面，则将删除当前显示在窗口中的页面。

如果单击菜单栏中的“版面”|“页面”|“删除页面”命令，则将打开如图 6-35 所示的对话框，在“删除页面”文本框中输入要删除的页面的页码，然后单击“确定”按钮，即可删除对应的页面。

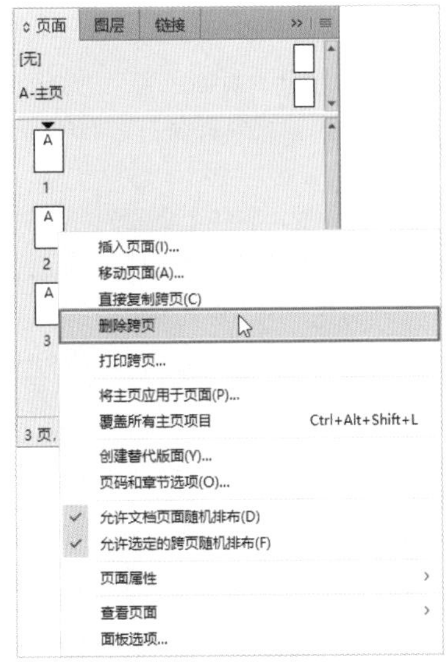

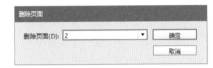

图 6-34　删除页面

图 6-35　在“删除页面”文本框中输入要删除的页面的页码

6.2.4　选择和显示页面

在 InDesign 中执行某些操作时，需要先选择目标页面。只需在“页面”面板中单击页面缩略图，使其呈现为蓝色，即表示已选中该页面。即使已选中的页面当前未显示在文档窗口中，也不妨碍对其执行某些操作，例如复制或删除页面。

然而，在执行某些操作时（例如在页面中创建标尺参考线），必须先选择目标页面并使其显示在文档窗口。为此，需要在“页面”面板中双击页面缩略图或其下方的页码，使页面缩略图及其下方的页码都呈现为蓝色。如果之前该页面没有显示在文档窗口中，则双击后该页面会立刻显示在文档窗口中。

综上所述，如果只有页面缩略图变蓝，则表示该页面已被选中，但是它并未显示在文档窗口中。如果页面缩略图及其下方的页码都变蓝，则表示该页面已被选中并显示在文档窗口中。如图 6-36 所示，当前选择的是第 2 ～ 3 页，但是在文档窗口中显示的是第 1 页。

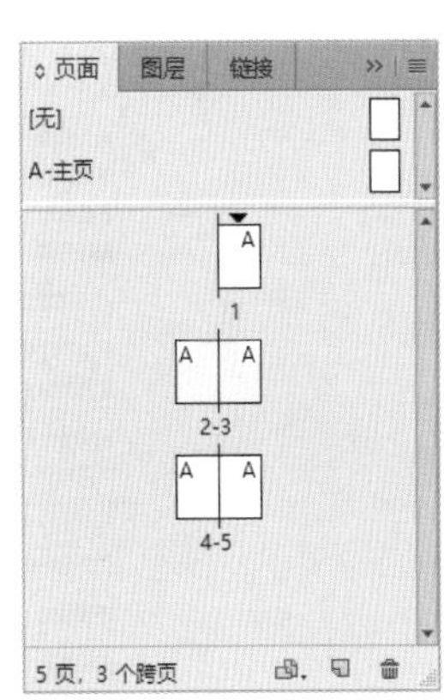

图 6-36　选择和显示页面

提　示

如需选择并显示页面，也可以在文档窗口中单击以下几个位置之一：页面、页面中的任何对象、页面两侧的粘贴板。

6.2.5 调整页面的排列顺序

用户可以在“页面”面板中通过拖动页面缩略图来调整页面的排列顺序。如需移动一个页面的位置，可以使用鼠标按住页面缩略图，并将其拖动到目标位置。当显示一条黑色竖线时，如图 6-37 所示，释放鼠标按键，即可将页面移动到此处。

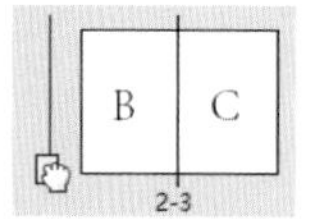

图 6-37 黑色竖线指示要移动到的目标位置

默认情况下，InDesign 会自动控制移动页面位置后的排列顺序。例如，文档中包含标识了字母 A ～ F 的 6 个页面，它们的排列顺序如图 6-38 所示。

如果将字母 E 所在的第 5 页移动到字母 B 所在的第 2 页的前面，则各个页面的排列顺序将变为如图 6-39 所示，B 和 C 两页原来处于同一个跨页中，但是它们现在被移动位置后的 E 页破坏了。

如果在移动 E 页后，仍希望保持 B、C 两页处于同一个跨页中，则可以在“页面”面板中右击任意一个页面缩略图，然后在弹出的菜单中取消选择“允许文档页面随机排布”，如图 6-40 所示。

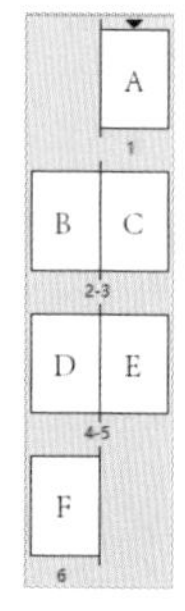

图 6-38 页面的初始顺序

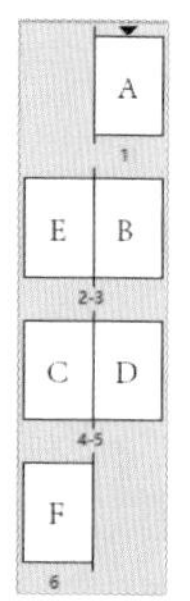

图 6-39 插入页面后的默认排列顺序

经过上述设置后，重新将 E 页移动到 B 页的前面，此时 E 页将成为独立的一页，而 B、C 两页仍保持原来的跨页关系，如图 6-41 所示。

图 6-40 取消选择“允许文档页面随机排布”

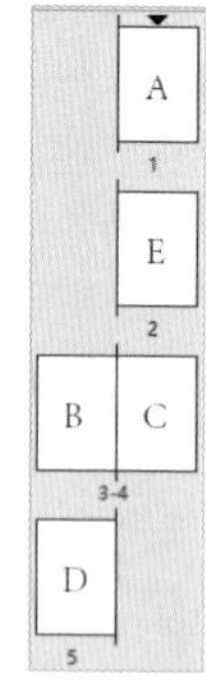

图 6-41 允许用户对页面进行自由排列

提 示

“允许选定的跨页随机排布”与“允许文档页面随机排布”的功能类似，只是作用范围不同，前者只对选定的页面有效，后者对所有页面都有效。另一个细微的区别是，如果取消选择“允许选定的跨页随机排布”，InDesign 会为该跨页缩略图下方的页码添加中括号。

InDesign中的跨页默认只由两个页面组成，取消页面随机排布的另一个优点是，用户可以让同一个跨页包含更多的页面。图6-42显示了一个包含3个页面的跨页。

创建多页跨页的方法与上面移动页面时的操作类似，不同之处在于需要将页面移动到距离跨页页面边缘较近的位置，当显示一条较粗的竖线时，释放鼠标按键，正在移动的页面就会自动成为跨页中的一部分，如图6-43所示。

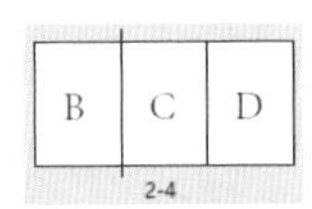

图6-42　3页跨页

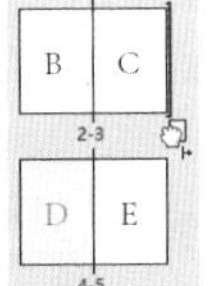

图6-43　创建多页跨页的方法

6.3 排版定位工具

排版是一项精确细致的工作，一个很小的错误可能会导致极其严重的问题。InDesign提供了几种定位工具，使用这些工具可以将对象放置到页面中的准确位置，并使对象之间的对齐和排列变得容易。

6.3.1 标尺

标尺分为水平标尺和垂直标尺两种，水平标尺显示在文档窗口的上方，垂直标尺显示在文档窗口的左侧，如图6-44所示。用户可以更改标尺的刻度单位，只需右击标尺，在弹出的菜单中选择所需的单位，如图6-45所示。

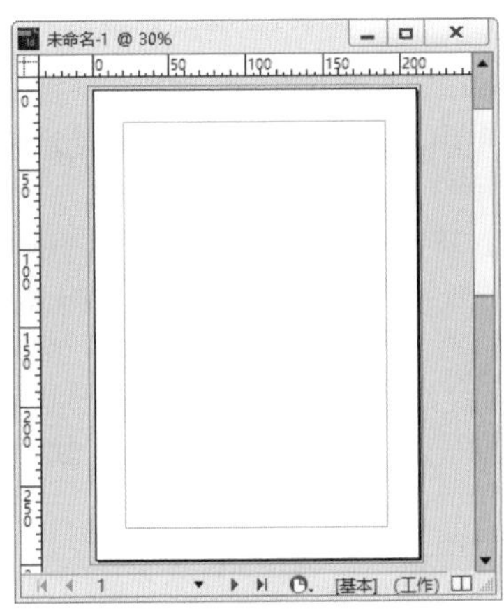

图6-44　水平标尺和垂直标尺

图6-45　更改标尺的刻度单位

无论一个跨页包含几个页面，跨页处的水平标尺默认是从 0 开始持续度量跨页中的所有页面。如果希望水平标尺对跨页中的每个页面都从 0 开始进行度量，则可以在图 6-45 所示的菜单中选择“页面标尺”命令。

显示或隐藏标尺有以下几种方法：

- 单击菜单栏中的“视图”|“显示标尺”或“隐藏标尺”命令。
- 右击页面中的空白处，在弹出的菜单中选择“显示标尺”或“隐藏标尺”命令。
- 反复按 Ctrl+R 组合键。

6.3.2 参考线

虽然参考线不是 InDesign 中的实际对象，但是在绝大多数的设计和排版任务中几乎都离不开参考线。参考线在 InDesign 中随处可见，有以下几种：

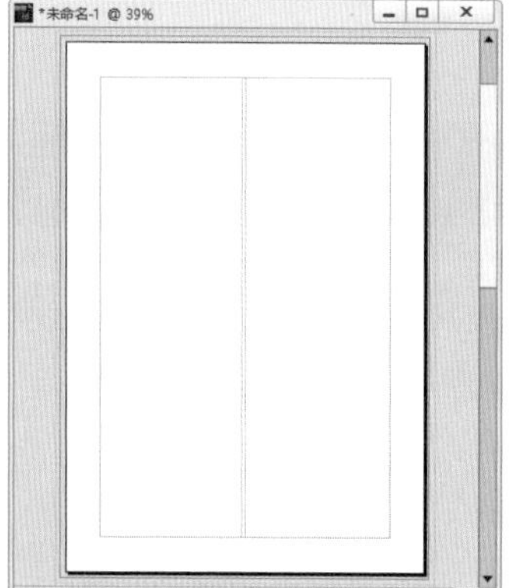

图 6-46　页面中的参考线

- 标识栏位置的参考线，默认为紫色。
- 标识页边距的参考线，默认为洋红色。
- 标识页面边界的参考线，默认为黑色。
- 标识出血区域的参考线，默认为红色。
- 标识辅助信息区域的参考线，默认为蓝色。

以上几种参考线在图 6-46 中是由内向外排列的，即页面中间的两条紫色竖线是栏的参考线，页面内部的洋红色矩形框是页边距的参考线，页面四周的黑色线条是页面边界的参考线，位于页面边界参考线外部的红色线条是出血区域的参考线，位于出血区域外部的蓝色线条是辅助信息区域的参考线。

只有将屏幕模式设置为“正常”，才会显示上面介绍的这些参考线。

除了上面介绍的几种参考线之外，在 InDesign 中还有以下两种参考线：

- 标尺参考线：标尺参考线是从标尺引申出来的用于定位和对齐对象的线条，在 InDesign 中可以创建两种标尺参考线：页面参考线和跨页参考线。
- 智能参考线：智能参考线是在拖动对象时临时显示的线条，利用智能参考线可以很容易地将对象放置到页面中的特定位置（例如页面中心或边缘），或者将对象与其他对象对齐。

用户可以更改参考线的颜色，只需单击菜单栏中的“编辑”|“首选项”|“参考线和粘贴板”命令，打开“首选项”对话框的“参考线和粘贴板”选项卡，然后设置参考线的颜色，如图 6-47 所示。

注 意

添加到页面中的标尺参考线默认为青色，选中的标尺参考线的颜色由其所在图层的颜色决定。例如，如果在新建文档后的默认图层中创建标尺参考线，则选中标尺参考线时其颜色为蓝色。

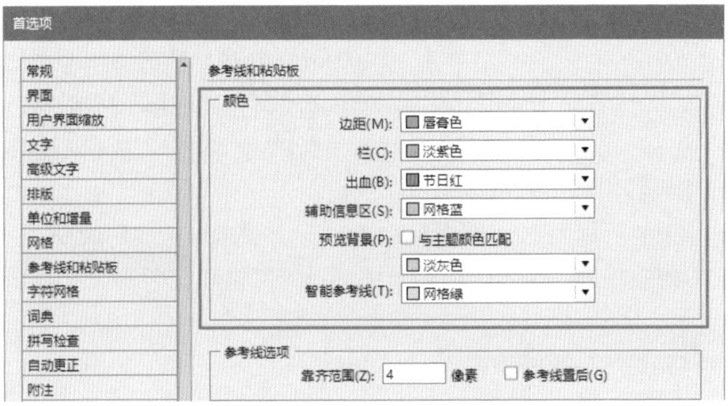

图 6-47　更改参考线的颜色

1. 标尺参考线

页面参考线显示在页面范围之内，跨页参考线贯穿跨页中的所有页面以及页面两侧的粘贴板。如需创建页面参考线，可以将鼠标指针移动到水平标尺或垂直标尺的内部，然后按住鼠标左键向页面范围内拖动。如果拖动到页面范围外的粘贴板中，则将创建跨页参考线。如图 6-48 所示，上方的参考线是页面参考线，下方的参考线是跨页参考线。

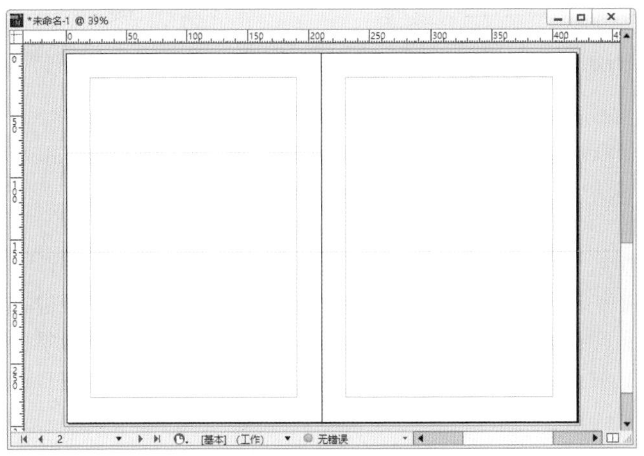

图 6-48　页面参考线和跨页参考线

提 示

如需在放大页面显示比例导致粘贴板不可见的情况下创建跨页参考线，可以在按住 Ctrl 键的同时从标尺内部拖动到页面中。如需同时创建水平和垂直跨页参考线，可以在按住 Ctrl 键的同时从页面左上角的标尺交叉点拖动到页面中，如图 6-49 所示。

提 示

如果在没有按住 Ctrl 键时就从页面左上角的标尺交叉点拖动到页面中，则将改变标尺零点的位置。如需恢复标尺零点的默认位置，可以双击页面左上角的水平标尺和垂直标尺的交叉处。为了避免意外改变零点的位置，可以右击水平标尺和垂直标尺的交叉处，在弹出的菜单中选择“锁定零点”命令。

如需隐藏标尺参考线，可以单击菜单栏中的“视图”|“网格和参考线”|“隐藏参考线”命令（鼠标快捷菜单中也有此命令），但是该操作也会隐藏其他类型的参考线。如果只想隐藏标尺参考线，则可以在“图层”面板中双击标尺参考线所在的图层，然后在打开的“图层选项”对话框中取消对“显示参考线”复选框的勾选，最后单击“确定”按钮，如图 6-50 所示。

重新显示标尺参考线有以下几种方法：

- 单击菜单栏中的“视图”|“网格和参考线”|“显示参考线”命令。
- 右击页面中的空白处，在弹出的菜单中选择“网格和参考线”|“显示参考线”命令。

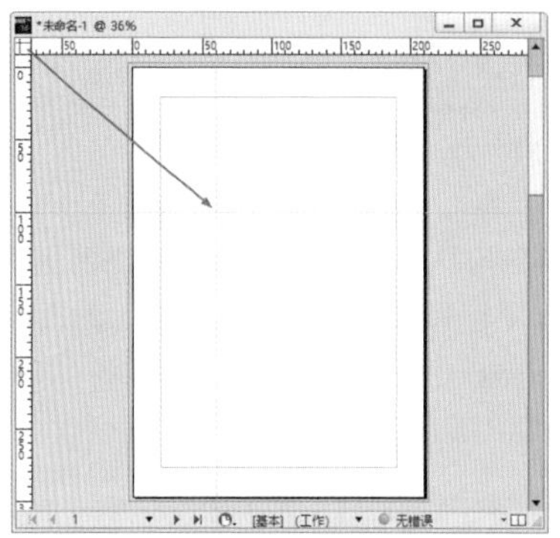

图 6-49　同时创建水平和垂直跨页参考线

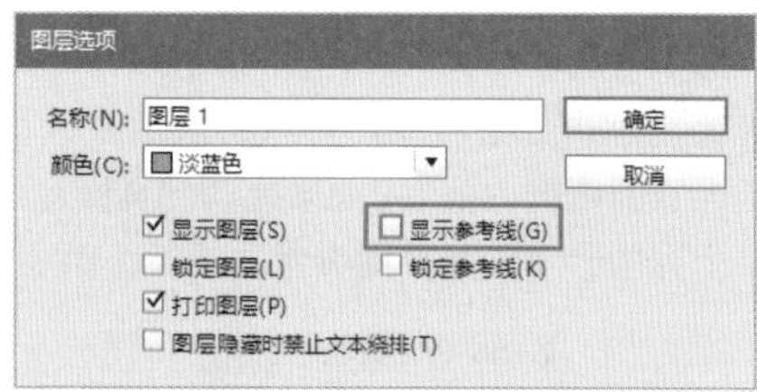

图 6-50　取消对“显示参考线”复选框的勾选

- 在“图层选项”对话框中勾选“显示参考线”复选框。

如需调整标尺参考线的位置，或者锁定或删除标尺参考线，需要先选择标尺参考线，有以下几种方法：

- 在“工具”面板中选择“选择工具”或“直接选择工具”，然后单击要选择的标尺参考线。
- 如需选择多条标尺参考线，可以在使用第一种方法时按住 Shift 键。还可以在多个标尺参考线上拖动鼠标指针，只要选择框未触碰或包围任何其他对象。
- 如需选择目标页面或跨页上的所有标尺参考线，可以按 Ctrl+Alt+G 组合键。

移动标尺参考线有以下几种方法：

- 使用鼠标拖动选中的一条或多条标尺参考线。
- 如需将参考线与标尺刻度线对齐，可以按住 Shift 键并拖动标尺参考线。
- 如需移动跨页参考线，可以拖动粘贴板中的标尺参考线，或者按住 Ctrl 键并拖动页面内的标尺参考线。

如需锁定标尺参考线，可以先选中标尺参考线，然后单击菜单栏中的“视图”|“网格和参考线”|“锁定参考线”命令，也可以使用鼠标快捷菜单中的相同命令。解锁标尺参考线的方法与此类似。

如果标尺参考线位于多个图层中，但是只想锁定某个图层中的标尺参考线，则可以在“图层”面板中双击标尺参考线所在的图层，然后在“图层选项”对话框中勾选“锁定参考线”复选框，参见图 6-43。

如需删除一条或多条标尺参考线，可以先选择它们，然后按 Delete 键。如需删除目标页面或跨页上的所有标尺参考线，可以使用以下几种方法之一：

- 单击菜单栏中的“视图”|“网格和参考线”|“删除跨页上的所有参考线”命令。

- 右击页面中的空白处，在弹出的菜单中选择“网格和参考线”|“删除跨页上的所有参考线”命令。
- 右击标尺，在弹出的菜单中选择“删除跨页上的所有参考线”命令。
- 如果已经选中多条标尺参考线，则可以右击其中的任意一条，在弹出的菜单中选择“删除跨页上的所有参考线”命令。

2. 智能参考线

在页面中将对象移动到特定位置时，将自动显示智能参考线，使用户可以更容易地将对象放置到特定的位置，或与其他对象对齐。图6-51是将一个对象移动到另一个对象附近时显示的智能参考线，它表示矩形的一条边当前正与另一个矩形的中心对齐。智能参考线的颜色默认为绿色。

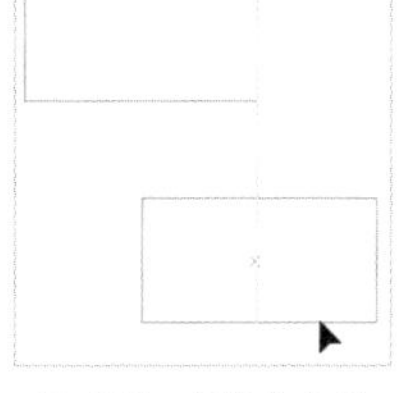
图6-51　智能参考线

如果一直未显示智能参考线，则可以右击页面中的空白处，在弹出的菜单中选择“网格和参考线”|“智能参考线”命令，即可开启智能参考线。

用户可以打开或关闭一个或多个智能参考线类别，只需单击菜单栏中的“编辑”|“首选项”|“参考线和粘贴板”命令，然后在“首选项”对话框中进行设置，如图6-52所示。

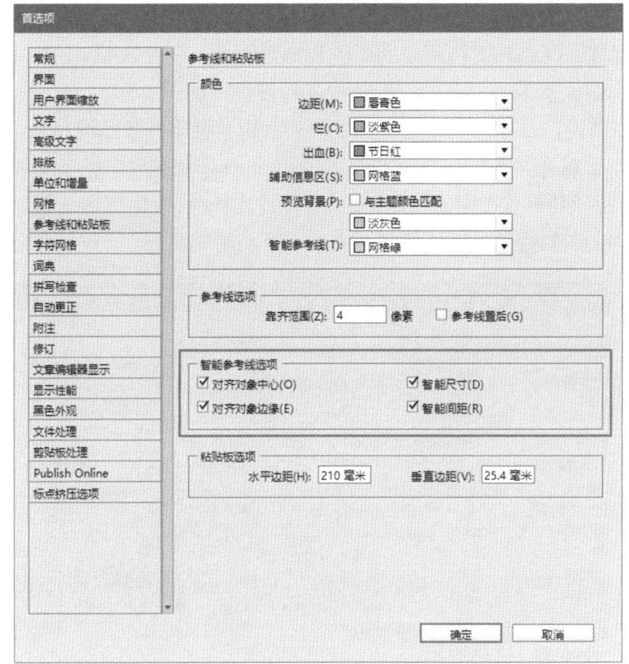

图6-52　选择要打开或关闭的智能参考线类别

6.3.3　网格

网格有基线网格和文档网格两种，使用基线网格可以对齐文本，使用文档网格可以对齐对象，打印时网格不会被打印出来。从外观上看，基线网格类似于横格笔记本纸，文档网格类似于方格纸，如图6-53所示。

如需在页面中显示基线网格和文档网格，可以右击页面中的空白处，在弹出的菜单中选择

“网格和参考线”命令，然后在子菜单中选择“显示基线网格”和“显示文档网格”两个命令。还可以使用菜单栏中的“视图”菜单中的相同命令显示基线网格和文档网格。

图 6-53　基线网格（左）和文档网格（右）

用户可以设置基线网格和文档网格的颜色和排列方式，只需单击菜单栏中的“编辑”|“首选项”|“网格”命令，然后在打开的对话框中进行设置，如图 6-54 所示。

对于基线网格来说，可以在“相对于”下拉列表中选择第一条基线是从页面顶部开始，还是从上边距开始。然后在“开始”文本框中输入一个值，它表示第一条基线从起始位置向下偏移的距离。再在“间隔”文本框中输入一个值，它表示两条相邻的基线之间的距离，通常将该值设置为正文文本的行距，以便使每行文本正好与基线对齐。

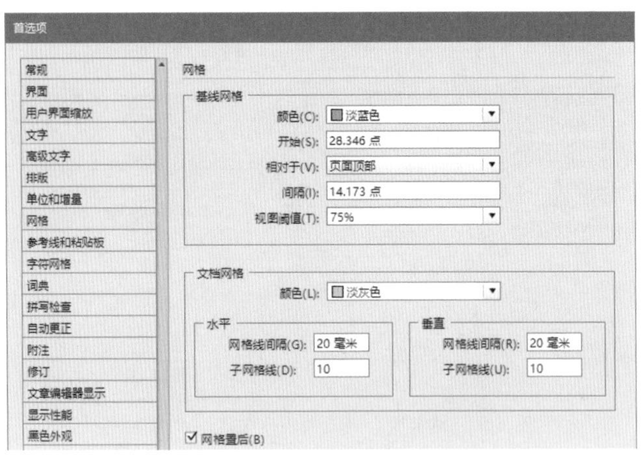

图 6-54　设置基线网格和文档网格

提　示

当页面的显示比例比较小时，即使已经选择“显示基线网格”命令，默认也不会在页面中显示基线网格。为了解决这个问题，可以将“视图阈值”选项中的值调小。

文档网格由主网格和子网格组成。如图 6-55 所示是两个主网格，它们是由较深的线条包围起来的正方形。每个主网格包含100个子网格，它们由主网格内部较浅的线条横竖交错而成。

在图6-54中的“水平”和“垂直”两个部分可以设置主网格的大小和子网格的数量，其中的“网格线间隔”选项用于设置主网格的大小，“子网格线”选项用于设置每个主网格中的子网格数量。

例如，在“水平”和“垂直”两个部分中的“网格线间隔”选项默认都为“20毫米”，“子网格线”选项默认都为“10”，表示每个主网格的宽度和高度都是20毫米，每个主网格在水平和垂直两个方向上都有10个子网格，这说明每个子网格的宽度和高度都是20÷10=2毫米。

如果将“水平”部分中的“子网格线”选项设置为“5”，则网格将变为如图6-56所示，此时每个主网格中在水平方向上的子网格就只有5个了，该方向上的每个子网格的宽度变成20÷5=4毫米。

图6-55　文档网格由主网格和子网格组成

图6-56　修改“子网格线”选项后的效果

6.4　默认设置

每次在文档中输入文字或添加图形时，可能希望文字和图形自动具有特定的格式，而不用每次手动为它们重复设置所需的格式。通过为文档指定默认设置，可以实现此目的，从而减少很多重复性操作。

6.4.1　为特定文档或所有文档指定默认设置

可以为某个文档指定字体、段落、填充和描边等格式的默认设置，这些默认设置只对在该文档中创建的内容有效。

为文档指定默认设置前，需要先打开该文档，并确保没有选择文档中的任何内容，为此可以在“工具”面板中选择“选择工具”，然后在页面空白处单击，或者单击菜单栏中的“编辑”|“全部取消选择”命令，然后进行所需的设置。例如，将字体设置为黑体，将字体颜色设置为红色，以后在该文档中输入的任何文本都自动具有红色黑体的格式。

如需为所有文档指定默认设置，需要关闭所有已打开的文档，然后使用菜单栏和面板中的命令与选项进行设置，以后新建的每一个文档都会自动使用这些设置。

6.4.2　恢复InDesign的默认设置

图6-57　删除InDesign首选项文件

无论是为特定文档还是所有文档指定了默认设置，随时都可以删除这些默认设置，并恢复到InDesign最初的默认设置。只需在启动InDesign的同时按住Shift、Ctrl和Alt三个键，在显示的如图6-57所示的对话框中单击“是”

按钮，即可删除所有用户设置。

6.5 案例实战：制作三折页

三折页看似有很多页，展开后实际上就是一张纸的两面，如图 6-58 所示。

在 InDesign 中制作三折页有两种方法，一种方法是将一个页面分为 3 栏，每一栏对应一个折页；另一种方法是将 3 个单独的页面并排在一起组成跨页，每一个页面对应一个折页。本节将介绍第一种方法。

假设本例要制作的三折页的展开尺寸为大 16 开，即宽度为 285 毫米，高度为 210 毫米，可以直接在新建文档时设置分栏数量得到三折页的效果，操作步骤如下：

（1）启动 InDesign，在“起点”工作区中单击“新建”按钮。

（2）打开“新建文档”对话框，设置以下几项，如图 6-59 所示。

- 将“页数”设置为“2”。
- 取消对“对页”复选框勾选。
- 将“宽度”设置为“285 毫米”，将“高度”设置为“210 毫米”。经过此设置后，页面方向会自动变为横向。

图 6-58 三折页的正面（左）和背面（右）

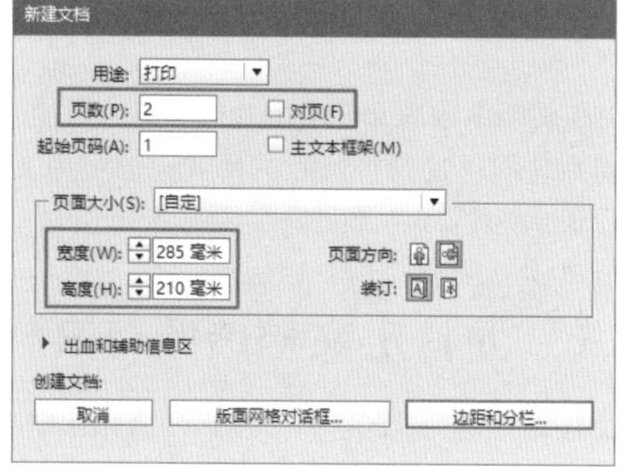

图 6-59 设置文档参数

（3）单击“边距和分栏”按钮，打开“新建边距和分栏”对话框，将 4 个页边距和“栏间距”都设置为“0 毫米”，将“栏数”设置为“3”，然后单击“确定”按钮，如图 6-60 所示。

完成上述步骤后，将创建如图 6-61 所示的文档，该文档共有两页，第一页对应于三折页的正面，第二页对应于三折页的背面，每页都被分成 3 栏，各栏的宽度相同，每一栏对应一个折页。

提 示

还可以在文档中创建标尺参考线实现分栏效果。如需将页面分成均等的 3 个部分，一种方法是将标尺参考线拖动到标尺上的特定刻度，或者先创建两条标尺参考线，然后选中它们，再使用“对齐”面板中的选项使两条参考线在页面中均匀分布；另一种方法是使用菜单栏中的“版面”|“创建参考线”命令，然后在打开的对话框中设置“栏数”和“栏间距”两个选项。

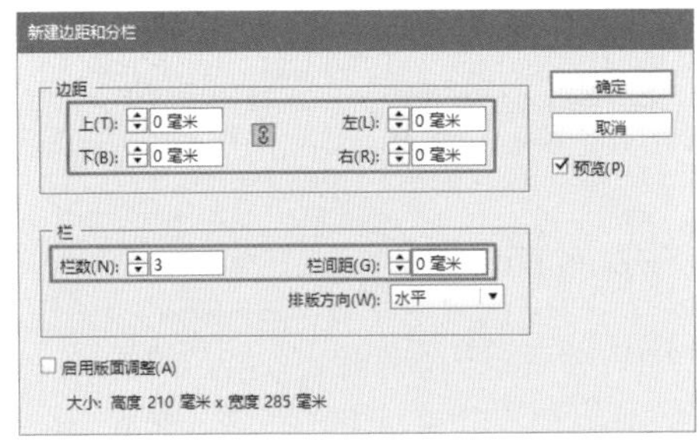

图 6-60　设置边距和分栏

图 6-61　将页面分成 3 栏

6.6　疑难解答

6.6.1　如何将“正常”模式下的粘贴板颜色改为白色

只需单击菜单栏中的“编辑”|“首选项”|“界面”命令，打开“首选项”对话框的“界面”选项卡，取消对“将粘贴板与主题颜色匹配”复选框勾选，然后单击“确定”按钮，如图 6-62 所示。

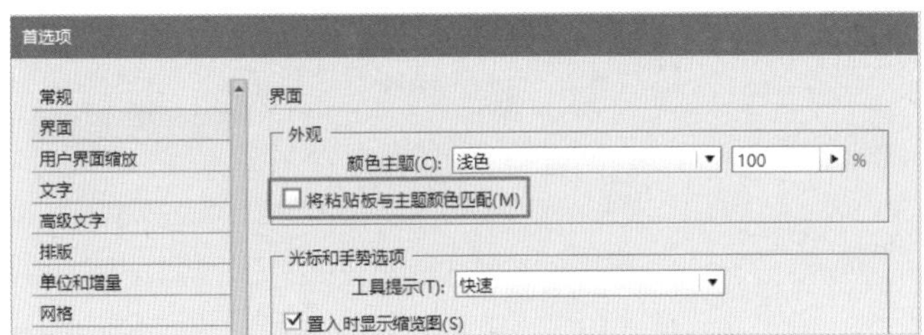

图 6-62　取消对“将粘贴板与主题颜色匹配”复选框的勾选

6.6.2　为何无法删除标尺参考线和无法显示基线网格

无法删除标尺参考线的原因有以下几个：

- 标尺参考线已被锁定。
- 标尺参考线位于主页中。
- 标尺参考线位于锁定的图层中。

无法显示基线网格由两个原因共同导致，一个原因是页面的显示比例太小，调大显示比例即可显示基线网格；另一个原因是视图阈值太大，可以将该值调小，即使页面显示比例很小，也会显示基线网格。

第7章 InDesign 文本和表格

刚开始在 InDesign 中输入和编排文本时，可能会很不习惯，因为它与 Word 有很多不同之处。InDesign 中的所有文本和表格都放置在称为“文本框架”的对象中，虽然文本框架类似于 Word 中的文本框，但是它比文本框复杂得多。创建文本和表格后，可以编辑并设置它们的格式。通过为文本创建字符样式和段落样式，可以使复杂格式的设置和处理变得更加方便快捷，为表格创建单元格样式和表样式也具有类似的作用。本章将介绍创建和编排文本与表格的方法。

7.1 添加和编辑文本

无论在 InDesign 中手动输入文本还是导入存储在文件中的文本，它们都会被放置到文本框架中。如果文本较多，则可以将它们放置在多个相互连接在一起的文本框中，使文本在这些文本框中连续显示。除了在水平或垂直方向上创建文本之外，还可以沿着特定的轨迹创建文本，从而使文本排列成特定的形状。

7.1.1 添加文本

在 InDesign 中添加文本有 3 种方法。

- 输入文本：在文本框架中输入文本。
- 粘贴文本：将其他 InDesign 文档或应用程序中的文本粘贴到当前文档。
- 置入文本：使用“置入”命令，可以将其他文字处理应用程序中的文本导入到 InDesign 中，在导入时可以选择要保留哪些文本格式。

使用第一种方法时，需要先在页面中创建文本框架，而使用后两种方法 InDesign 会自动创建文本框架。

1. 输入文本

使用该方法输入文本前，需要先在页面中创建一个文本框架。在“工具”面板中选择“文字工具”T，然后在页面中沿对角线方向拖动鼠标，释放鼠标按键后，将创建一个文本框架，其中闪烁的黑色竖线是“插入点”，它表示当前输入文本的位置，如图 7-1 所示。

拖动鼠标时按住 Shift 键，将创建正方形的文本框架。

保持插入点在文本框架中一直闪烁，然后输入所需的文本，如图 7-2 所示。

注 意

如果在文本框架中未显示插入点，则可以在使用“选择工具”或“直接选择工具”的情况下，双击文本框架的内部，即可显示插入点。使用此方法也可以修改文本框架中的文本，还可以使用“文字工具”单击文本框架内部，然后修改其中的文本。

输入完成后，按 Esc 键，退出文本编辑状态，完成输入后的文本框架如图 7-3 所示。此时的文本框架处于选中状态，在其 4 条边框上有一些小方块，它们的作用如下：

图 7-1　创建文本框架

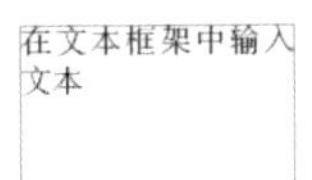

图 7-2　在文本框架中输入文本

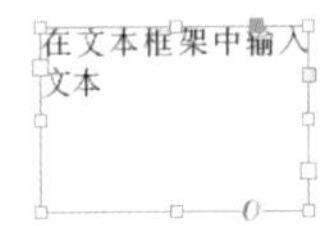

图 7-3　完成输入后的文本框架

- 4 个角和 4 条边上的白色方块：调整文本框架的大小。
- 左边框靠上和右边框靠下的两个较大的白色方块：与其他文本框架连接，以便在多个文本框架之间串接文本。
- 上边框上的蓝色方块：定位对象。
- 右边框上的黄色方块：调整文本框架 4 个角的样式。

提 示

文本框架未被选中时，不会显示其边框上的控制点。如需选择文本框架，可以先在“工具”面板中选择“选择工具”，然后在页面中单击要选择的文本框架。

2．粘贴文本

可以将其他应用程序中的文本或其他 InDesign 文档中的文本粘贴到当前的 InDesign 文档中，操作步骤如下：

（1）在其他应用程序或其他 InDesign 文档中剪切或复制所需的文本。

（2）切换到目标 InDesign 文档，选择要接受粘贴文本的页面，并使其显示在文档窗口中。

如需将文本粘贴到现有的文本框架中，可以双击文本框架的内部，在其中显示插入点，否则，粘贴后会自动创建一个文本框架。

单击菜单栏中的“编辑”|“粘贴”命令，或按 Ctrl+V 组合键。

提 示

如果只想粘贴纯文本，而不包含其格式，则可以单击菜单栏中的“编辑”|“粘贴时不包含格式”命令。如果该命令处于灰色不可用状态，则说明在“首选项”对话框的“剪贴板处理”选项卡中已选中“仅文本”单选钮。

3．置入文本

如果文本已经存储在文件中，则可以直接将其中的文本导入到 InDesign 中。导入时可以设置文本的格式选项，不同来源的应用程序包含不同的格式选项，可导入的文件类型包括文本文件（.txt）、RTF 文件（.rtf）、Word 文档（.doc 或 .docx）、Excel 工作簿（.xls 或 .xlsx）等。

在 InDesign 中使用“置入”命令导入文本的操作步骤如下：

（1）单击菜单栏中的“文件”|“置入”命令，打开“置入”对话框，如图 7-4 所示。对话框的下方有 4 个选项，可以根据需要进行选择。例如，如需设置导入文本的格式，可以勾选“显示导入选项”复选框。

（2）双击要导入的文件，如果在第（1）中选择了“显示导入选项”，则将显示“Microsoft Word 导入选项”对话框，对话框中的选项由导入的文件类型决定，如图 7-5 所示为导入 Word 文档时显示的“Microsoft Word 导入选项”对话框。设置好导入选项后，单击“确定”按钮。

（3）如果在打开“置入”对话框之前，已有文本框架被选中，或者在文本框架中显示了插入点，则会将导入的文本放置到该文本框架中。否则鼠标指针会显示为载入的文本图标，此时在页面中单击或拖动鼠标，将创建一个文本框架并在其中放置导入的文本。

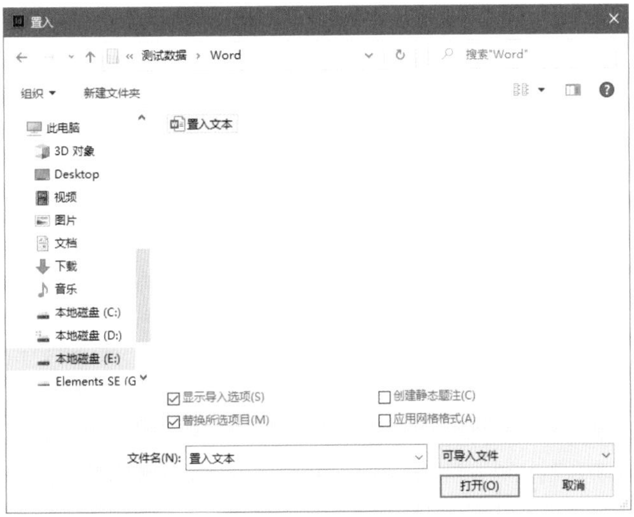

图 7-4 “置入”对话框

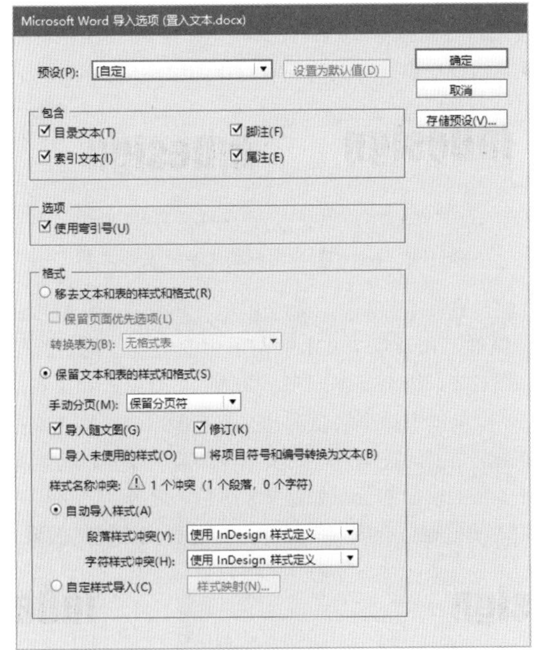

图 7-5 “Microsoft Word 导入选项”对话框

提 示

如果没有现成的文本，但又希望查看排版效果，则可以选择一个文本框架，然后单击菜单栏中的“文件”|“用假字填充”命令，将使用 InDesign 预置的文字填充文本框架。如果该文本框架与其他文本框架串接在一起，则在填满第一个文本框架后，会继续向下一个文本框架填充文字，直到最后一个串接的文本框架。串接文本框架的更多内容请参考 7.1.2 小节。

拓展

使用“置入”命令导入文本时，默认情况下，每次只能添加一个文本框架来放置导入的文本。如果存在溢流文本，则需要单击出口处的加号，然后再次单击或拖动鼠标，继续添加下一个文本框架。重复此操作，直到完全显示所有导入的文本。实际上，用户可以控制导入文本时添加文本框架的方式。例如，在页面中单击或拖动鼠标之前，先按住 Alt 键，则在添加一个文本框架后，鼠标指针会自动显示为载入的文本图标，这样就不需要手动单击出口处的加号了。如果先按住 Shift 键，再在页面中单击，则会根据导入的文本量，自动添加文本框架和所需的页面，直到导入所有文本为止。注意，使用 Shift 键导入文本时，只能单击而不能拖动鼠标。

动手实践　移动文本框架并调整其大小

如需移动文本框架的位置，可以选择“选择工具”，然后使用鼠标拖动文本框架，将其拖动到目标位置后，释放鼠标左键即可。

如果当前正在使用“文字工具”，不想切换到“选择工具”，那么可以在按住 Ctrl 键的同时拖动文本框架，也可以移动文本框架的位置。移动后，“文字工具”仍然处于使用状态。

如需调整框架的大小，可以选择“选择工具”，然后使用鼠标拖动文本框架 4 个角上的控制点，以及位于 4 条边框中点位置上的控制点，如图 7-6 所示。

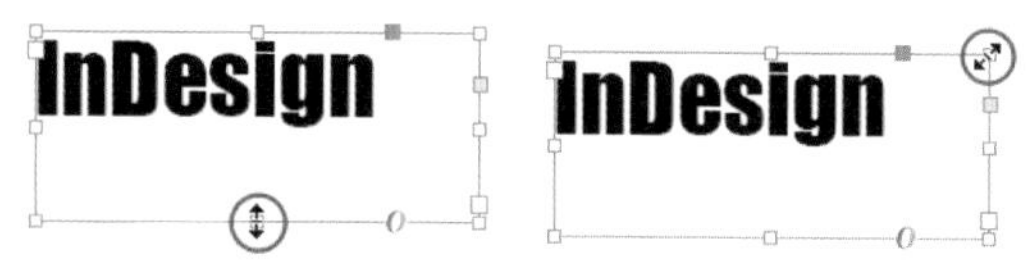

图 7-6　拖动控制点来调整文本框架的大小

如果双击上面提及的任意一个控制点，则会根据文本的宽度、高度或两者，自动将文本框架调整到合适的大小。例如，如果双击文本框架下边框中点位置上的控制点，则文本框架的下边框会自动与文本底部对齐，即与文本同高，如图 7-7 所示。如果双击文本框架右边框中点位置上的控制点，则文本框架的右边框会自动与文本右侧对齐，即与文本同宽。

如果双击文本框架 4 个角上的控制点，则文本框架将与文本同宽同高，即文本框架的大小正好适合文本，不会有多余的空白部分，如图 7-8 所示。此外，还可以右击文本框架，在弹出的菜单中选择“适合”|“使框架适合内容”命令，也能达到相同的效果。

图 7-7　文本框架的下边框自动与文本底部对齐

图 7-8　使文本框架的大小正好适合内容

7.1.2　在多个文本框架之间串接文本

如果在一个文本框架中输入或导入了较多文本而无法显示完整，则会在该文本框架的右下角显示一个红色加号，如图 7-9 所示，它表示该文本框架没有显示全部文本，这些未显示的文本称为溢流文本。

当出现溢流文本时，需要添加更多的文本框架来显示这些不可见的文本。在多个文本框架之间连接文本的过程称为串接文本。串接文本之前，需要先将多个文本框架连接在一起，这些文本框架可以位于同一页或跨页，或者位于不同页。

每个文本框架都有一个入口和一个出口，它们用于连接其他文本框架，如图 7-10 所示。空的入口和出口分别表示内容的开头和结尾，带有箭头的出口和入口表示该文本框架已经连接到其他文本框架，如图 7-11 所示。前面提及的红色加号如果出现在文本框架的出口处，说明存在未显示的文本。

视频提供了功能强大的方法帮助您证明您的观点。当您单击联机视频

图 7-9 红色加号表示文本未完全显示

图 7-10 文本框架的入口和出口

为了显示溢流文本，可以单击出口处的红色加号，此时会显示载入的文本图标，在页面中单击或拖动鼠标，将创建一个文本框架，并自动连接到带有红色加号的文本框架。重复执行该操作，直到最后一个文本框架的出口不再显示红色加号。

上面介绍的是包含溢流文本时连接多个文本框架的方法。实际上，无论文本框架是否包含文本，用户都可以为文本框架建立连接，有以下两种情况。

1. 将新的文本框架连接到现有的文本框架

操作步骤如下：

（1）在“工具”面板中选择“选择工具”，然后选择一个文本框架。

（2）单击第（1）步选择的文本框架的入口或出口，此时会显示载入的文本图标。

（3）在页面中单击或拖动鼠标，将创建一个文本框架，并自动连接到第（1）步选择的文本框架。

2. 将现有的文本框架连接在一起

第（1）、（2）步操作同上，完成后，将鼠标指针移动到另一个现有的文本框架上，载入的文本图标会变为串接图标，如图 7-12 所示，此时单击，即可将两个文本框架连接在一起。

图 7-11 带有箭头的入口和出口

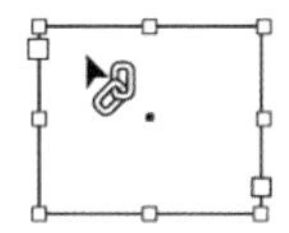

图 7-12 文本图标变为串接图标

提 示

单击菜单栏中的“视图”|“其他”|“显示文本串接”命令，将在串接的文本框架之间显示连接线，以便查看文本框架的连接情况。

断开文本框架之间的连接有以下两种方法：

- 双击文本框架的入口或出口。
- 单击一个文本框架的入口或出口，鼠标指针将变为载入的文本图标。将鼠标指针移动到要断开连接的文本框架上，鼠标指针将变为取消串接图标。此时单击，即可断开该文本框架的连接状态。

注 意

断开一个文本框架的连接后，也将同时断开其后续的所有文本框架的连接，以前显示在这些文本框架中的任何文本都将变为溢流文本，在这些文本框架中不会显示任何内容。

7.1.3 控制文本换行

InDesign 具备自动换行功能，当输入的内容到达文本框架的右边缘时，后续内容会自动转到下一行显示。如需在文本到达右边缘之前提前换行，可以将插入点定位到所需的位置，然后按 Shift+Enter 组合键。

注 意

按 Enter 键虽然也能使文本转到下一行，但是该操作实际上是创建了新的段落，换行前后的文本属于两个段落，它们可以拥有不同的段落格式。而使用 Shift+Enter 组合键能够确保换行前后的文本仍属于同一个段落，它们拥有相同的段落格式。

图 7-13 选择“不换行”命令

如果文本中包含一些长度较长的内容，例如公式，则可能会遇到公式的一部分显示在上一行结尾、另一部分显示在下一行开头的情况，排版时通常应该避免这种情况。

为了解决这个问题，可以在 InDesign 中选择希望始终显示在同一行的内容，然后单击“字符”面板右上角的☰按钮，在弹出的菜单中选择“不换行”命令。选择后，该命令的名称左侧会出现勾选标记，如图 7-13 所示。

7.1.4 调整文本与文本框架边缘的间距

如果将文本框架的大小调整为正好适合文本，则文本四周与文本框架的边缘之间几乎没有空隙。如需增加它们之间的距离，可以右击文本框架，在弹出的菜单中选择“文本框架选项”命令，打开“文本框架选项”对话框。在“常规”选项卡的“内边距”类别的 4 个文本框中输入所需的值，这些值就是文本与文本框架边缘的间距大小，如图 7-14 所示。

注 意

如果先将文本框架的大小调整为正好适合文本，然后增大文本与文本框架边缘的间距，则可能出现文本无法显示的问题。这是由于文本框架在保持原有大小不变的情况下，增加的间距压缩了文本的显示空间。一种解决方法是手动调整文本框架的大小，使文本可以重新显示出来。另一种方法是启用文本框架的自动调整大小功能，只需在图 7-14 中切换到“自动调整大小”选项卡，然后在“自动调整大小”下拉列表中选择“高度和宽度”选项，如图 7-15 所示。以后再调整文本框架的内边距时，文本框架的大小会自动调整，以完全容纳其中的文本。

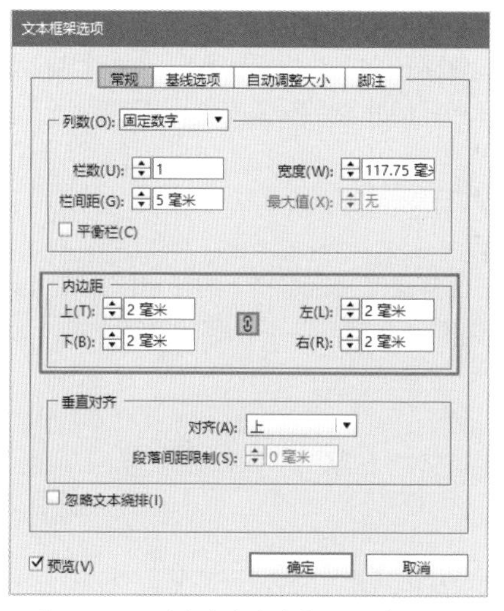

图 7-14　设置文本与文本框架边缘的间距

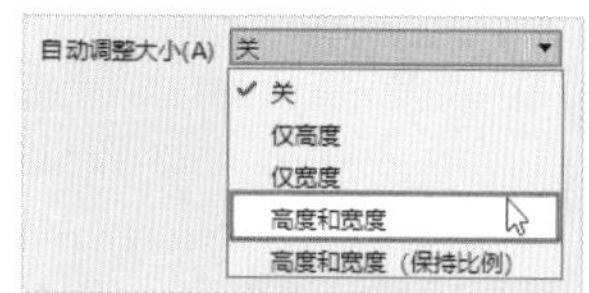

图 7-15　启用文本框架的自动调整大小功能

7.1.5　沿特定轨迹排列文字

输入的文本默认位于水平方向，通过简单设置也可以将文本排列在垂直方向。除此之外，还可以将文本排列在特定的轨迹上。“轨迹”在 InDesign 中称为“路径”，InDesign 提供了创建路径的多种工具，例如钢笔、铅笔等。

路径文字是沿着线条或闭合图形的轮廓输入的文字，这些文字的排列效果与线条或闭合图形的外形相同，如图 7-16 所示。

如需创建路径文字，首先在页面中要有一个线条或闭合图形。例如，在“工具”面板中选择“椭圆工具”，然后在页面中拖动鼠标绘制一个椭圆形，这样就创建了一个由闭合图形组成的路径。

接下来在“工具”面板中选择“路径文字工具”，然后将鼠标指针移动到椭圆形的轮廓上，当鼠标指针显示一个加号时单击，如图 7-17 所示，将在单击处显示一个插入点，此时输入所需的文字。

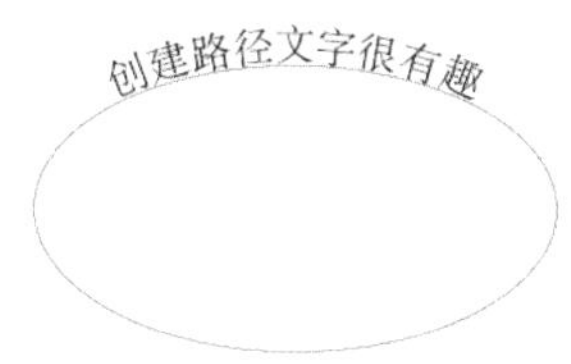

图 7-16　路径文字

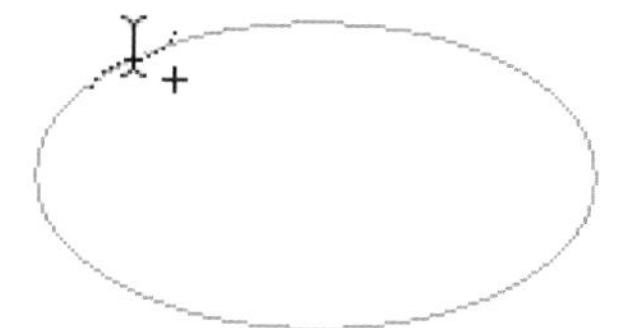

图 7-17　当鼠标指针显示加号时单击

提　示

如需限制路径文字的范围，可以使用“路径文字工具”在路径上所需的起始位置单击，然后按住鼠标左键在路径上拖动，到达所需的结束位置时释放鼠标左键。

路径文字也有入口和出口，其外观和功能与文本框架的入口和出口相同。路径文字还有开始标记、中点标记和结束标记，使用它们可以调整路径文字的位置和方向，如图 7-18 所示。

将鼠标指针移动到上述 3 个标记上时，鼠标指针的外观会发生改变，具体如下：

- 鼠标指针移动到开始标记时，外观变为 。
- 鼠标指针移动到中点标记时，外观变为 。
- 鼠标指针移动到结束标记时，外观变为 。

使用鼠标拖动开始标记或结束标记，可以定位路径文字在路径上的开始位置或结束位置。使用鼠标拖动中点标记，可以在路径上整体移动路径文字，还可以翻转路径文字，如图 7-19 所示。

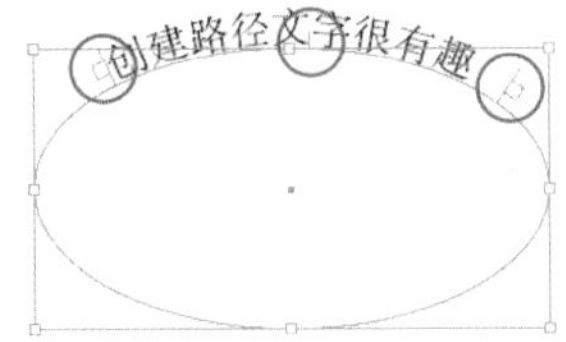

图 7-18　路径文字的开始标记、中点标记和结束标记

图 7-19　翻转路径文字

翻转路径文字的另一种方法是，使用“选择工具”选择路径文字，然后单击菜单栏中的“文字”|“路径文字”|“选项”命令，打开“路径文字选项”对话框，勾选“翻转”复选框，然后单击“确定”按钮，如图 7-20 所示。在该对话框中还可以设置路径文字的效果、对齐方式和间距等。

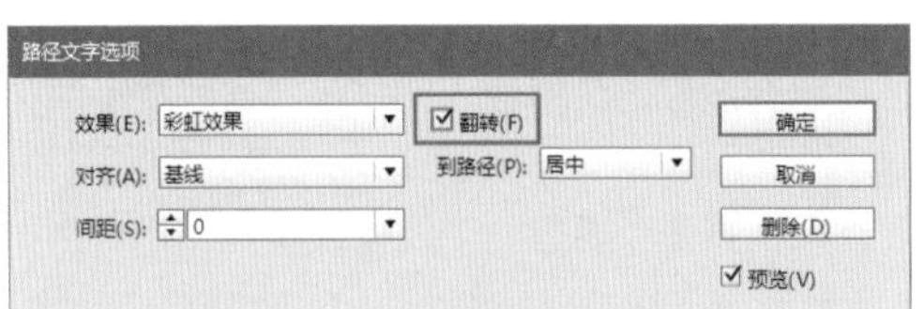

图 7-20　勾选“翻转”复选框

7.2　设置字符格式

字符格式以字符为单位，单个的汉字、字母、数字、符号等都是字符，字符是文本排版中的最基本单位。设置字符格式时，需要先选择要设置的文本或文本框架，使用哪种选择方式，取决于要设置的文本范围。本节将介绍 InDesign 常用字符格式的设置方法。

7.2.1　设置字体和字号

在 InDesign 中为文本设置字体有两种方法：

- 使用“字符格式控制”面板：选择文本框架中的部分或全部文本，将激活“字符格式控制”面板，该面板与 InDesign 默认的控制面板显示在同一个位置，当进入文本编辑状态时，会替换默认的“控制”面板。在“段落格式控制”面板的“字体”下拉列表中选择所需的字体，如图 7-21 所示。如果未显示该面板，则可以单击“控制”面板左侧的“字”图标。

- 使用“字符”面板。在“字符”面板中打开“字体”下拉列表，从中选择所需的字体。

提 示

使用“字符”面板设置字体时，无须选择文本框架中的文本，只需选择文本框架，即可为其中的所有文本设置同一种字体。如果只想为部分文本设置字体，则需要先选择文本再进行设置。

设置字号的方法与设置字体类似，也可以使用“字符格式控制”面板或“字符”面板，在这两个面板的“字体大小”下拉列表中选择所需的字号，或者在其中输入表示字号的值，如图 7-22 所示。

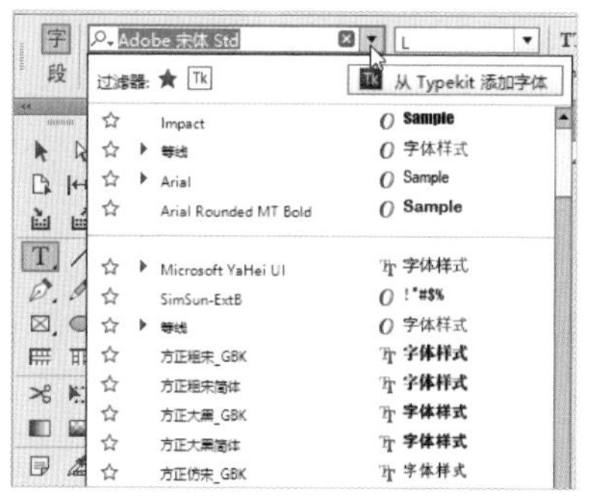

图 7-21 “字体”下拉列表

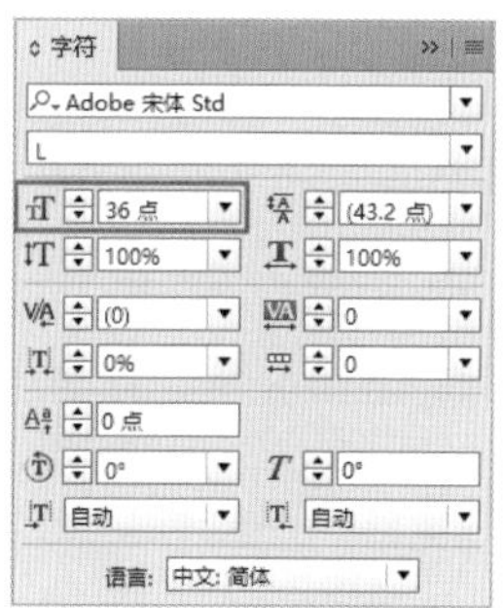

图 7-22 设置字号

注 意

输入的字号最大值不能超过 1296 点，InDesign 中的“点”就是 Word 中的“磅”。

调整字符大小还有以下两种方法：

- 选择文本，然后在“字符格式控制”面板或“字符”面板中设置“垂直缩放”和“水平缩放”的值，如图 7-23 所示。使用此方法不会改变字号的大小。
- 选择文本框架，然后在默认的“控制”面板中设置“X 缩放百分比”和“Y 缩放百分比”的值，如图 7-24 所示。也可以按住 Ctrl 键并拖动文本框架一个角上的控制点来实现相同的效果。

图 7-23 设置文本的缩放比例

图 7-24 设置文本框架的缩放比例

动手实践　创建复合字体

当文本中同时包含中文和英文时，为了获得最佳排版效果，通常会为中文设置中文字体，为英文设置英文字体。为了简化操作，InDesign 可以创建同时包含中英文字体的复合字体，然后将其设置到包含中英文的文本中，InDesign 会自动为其中的中文和英文设置相应的字体。

创建复合字体的操作步骤如下：

（1）单击菜单栏中的“文字”|“复合字体”命令，打开“复合字体编辑器”对话框，单击“新建”按钮，如图 7-25 所示。

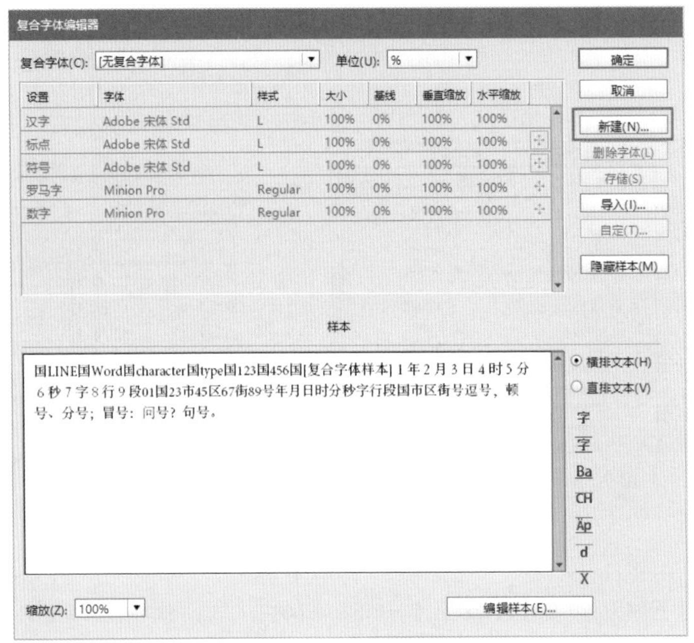

图 7-25　单击“新建”按钮

（2）打开“新建复合字体”对话框，在“名称”文本框中输入复合字体的名称，可以使用“中文字体名称 + 英文字体名称”的形式为其命名，然后单击“确定”按钮，如图 7-26 所示。

（3）返回“复合字体编辑器”对话框，所有字符分为汉字、标点、符号、罗马字、数字 5 类，前 3 类通常用于中文，后两类用于英文。因此，为前 3 类字符集选择要使用的中文字体（例如宋体），为后两类字符集选择要使用的英文字体（例如 Time New Roman），如图 7-27 所示。

图 7-26　设置复合字体的名称

图 7-27　为各类字符集设置要使用的字体

（4）调整对话框左下角的“缩放”值，例如将其改为 400%，然后单击“全角字框”按钮 字。此时会显示示例字符的基线，如果基线位置不统一，则可以根据需要进行调整。此处调整的是“罗马字”和“数字”两类字符集的“基线”选项，确保样本中所有字符的基线位于同一条线上，如图 7-28 所示。

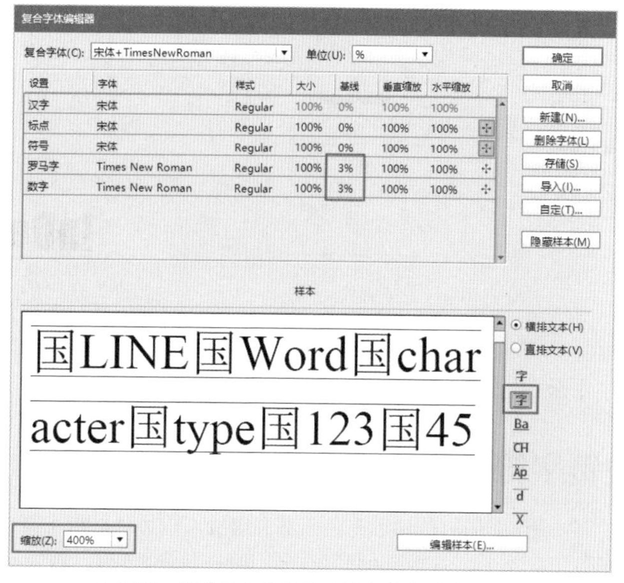

图 7-28　调整样本的缩放比例和字符的基线位置

（5）确认无误后，单击“确定”按钮，即可创建复合字体，在“字符格式控制”和“字符”面板的“字符”列表中会显示创建的复合字体，如图 7-29 所示。然后就可以使用 7.2.1 小节介绍的方法，为文本设置复合字体中的字体了。

图 7-28　调整样本的缩放比例和字符的基线位置

7.2.2　设置下画线

如需为字符设置下画线，需要先选择字符，然后在“字符格式控制”或“字符”面板中单击☰按钮，在弹出的菜单中选择“下画线选项”命令。打开“下画线选项”对话框，勾选“启用下画线”复选框，如图 7-30 所示，然后进行以下几项设置：

- 粗细：在“粗细”文本框中输入表示下画线粗细的值。
- 与文字的间距：在“位移”文本框中输入下画线与文字的间距值。
- 颜色：在“颜色”下拉列表中选择下画线的颜色。
- 线型：在“类型”下拉列表中选择下画线的线型。

注 意

如需使用“颜色”下拉列表中没有的颜色，需要提前在色板中创建颜色。

完成上述设置后，单击“确定”按钮，即可为选中的字符添加下画线。图 7-31 是将下画线的颜色设置为红色、粗细设置为 3 点、位移设置为 6 点之后的效果，图 7-31 中的文字大小为 36 点。

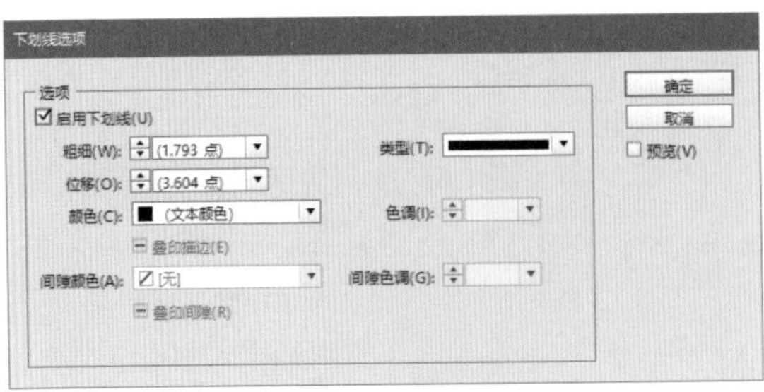

图 7-30　设置下画线

图 7-31　为字符添加下画线

如需删除下画线，可以选择带有下画线的字符，然后单击“字符”面板右上角的☰按钮，在弹出的菜单中选择“下画线”命令，此时会取消该命令的勾选标记，即可删除为字符设置的下画线。

7.2.3　设置字符颜色

InDesign 中的字符颜色由描边色和填充色两部分组成，描边色是指字符轮廓的颜色，填充色是指由字符轮廓包围起来的字符内部的颜色。除非呈现特殊效果，否则通常不需要为字符设置描边色。如图 7-32 所示为设置蓝色字符的效果。

设置字符颜色的操作步骤如下：

（1）使用“选择工具”选择文本框架，其中包含要设置字符颜色的文本。

（2）打开“色板”面板，依次设置以下几项，如图 7-33 所示。

- 单击其中的“格式针对文本”图标T，以便使后续设置的颜色作用于文本，而不是文本框架。
- 单击“填色”图标，以便设置字符的填充色。
- 在下方选择一种颜色。

图 7-32　设置字符颜色

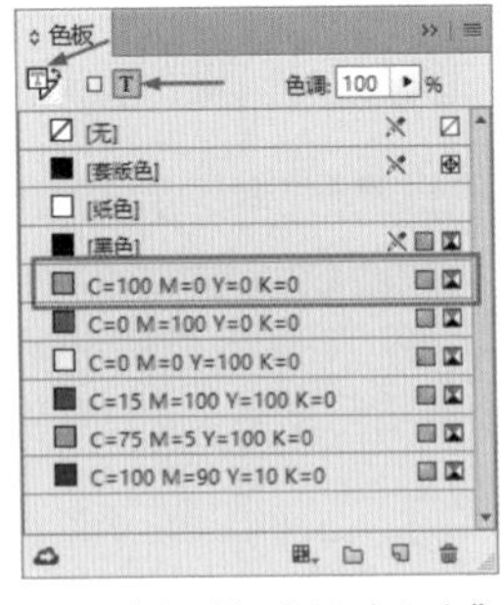

图 7-33　单击“格式针对文本”图标

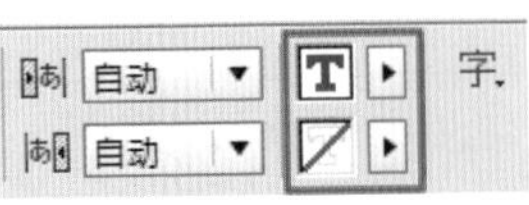

图 7-34　在“字符格式控制”面板中设置字符颜色

提　示

字符颜色也可以在“字符格式控制”面板中进行设置，如图 7-34 所示。

7.2.4 调整字符的基线位置

通过调整字符的基线位置，可以控制字符在垂直方向上的位置。图 7-35 的字母 I 和字母 D 的基线被升高了 3 点。

如需调整字符的基线位置，需要选择要设置的字符，然后在“字符”面板的“基线偏移”文本框中输入一个值，正数表示基线上升，负数表示基线下降，如图 7-36 所示。

InDesign

图 7-35 调整字符的基线位置

图 7-36 调整基线的位置

7.2.5 设置行距

行距是指相邻两行文本基线之间的垂直距离。设置适当的行距可以改善文本的排版视觉效果，也使文字更易于阅读。如果不设置行距，则行距的默认值为字符大小乘以 1.2。例如，如果文本中的所有字符的大小为 36 点，则该文本的行距默认为 36×1.2=43.2 点。

行距在 InDesign 中属于字符格式，因此，设置行距可以在“字符格式控制”或“字符”面板中进行操作。选择要设置行距的文本，然后在“字符格式控制”或“字符”面板的“行距”文本框中输入一个值，如图 7-37 所示。

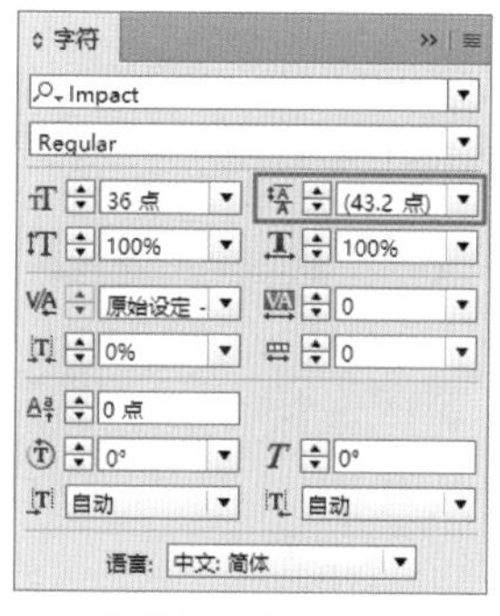

图 7-37 设置行距

如果“行距”文本框中的数字带有括号，则说明该行距是未经设置的默认行距。

7.2.6 使用字符样式设置字符格式

如需提高字符格式的设置效率，即通过一步操作就可以设置一系列字符格式，那么可以创建字符样式，其中包括所需设置的所有字符格式，以后可以使用字符样式为不同位置和范围的文本快速设置相同的字符格式。修改这些文本的字符格式时，只需修改字符样式中的格式，修改结果会自动反映到设置了该字符样式的文本上。

如需创建字符样式，可以打开“字符样式”面板，然后单击面板右上角的☰按钮，在弹出的菜单中选择“新建字符样式”命令。打开“新建字符样式”对话框，左侧显示了字符样式中包含的字符格式的类别，选择一个类别，右侧会显示所选类别中包含的格式选项，根据需要进行设置即可，如图 7-38 所示。

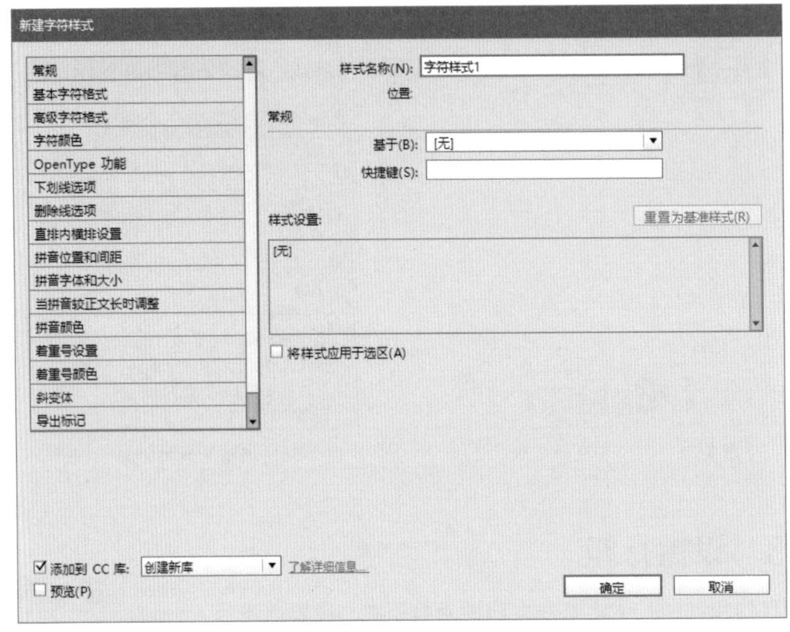

图 7-38 “新建字符样式”对话框

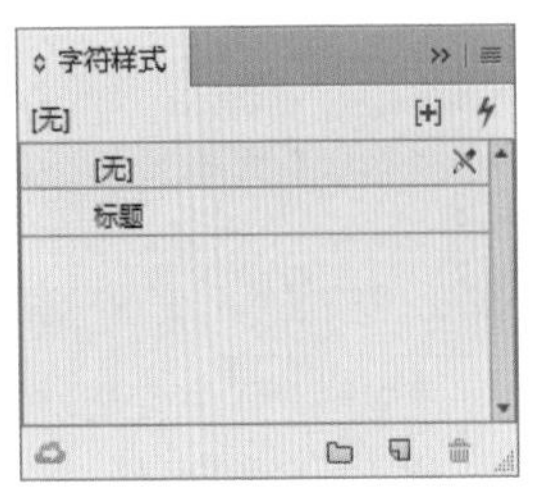

图 7-39 创建的字符样式显示在“字符样式”面板中

完成设置后，单击“确定”按钮，创建的字符样式将显示在“字符样式”面板中，如图 7-39 所示。

如需使用字符样式为文本设置字符格式，需要先选择文本，然后在“字符样式”面板中单击要使用的字符样式。

如需修改字符样式中的格式，可以在“字符样式”面板中右击要修改的字符样式，然后在弹出的菜单中选择“编辑 xxx”命令（xxx 表示字符样式的名称），打开“字符样式选项”对话框，其中的选项与“新建字符样式”对话框相同，根据需要对选项进行设置即可。

如需删除字符样式，可以在“字符样式”面板中右击要删除的字符样式，然后在弹出的菜单中选择“删除样式”命令。

7.3 设置段落格式

段落格式以段落为单位，设置的段落格式会作用于整段文本。设置段落格式时，只需将插入点定位到所需的段落中，而不必选择段落中的文本。如需设置多个段落的段落格式，则需要先选择这些段落，然后再进行设置。本节将介绍 InDesign 中常用的段落格式的设置方法。

7.3.1 设置对齐方式

InDesign 中段落的对齐方式除了包括左对齐、居中对齐、右对齐之外，还有双齐末行齐左、双齐末行居中、双齐末行齐右、全部强制双齐、朝向书脊对齐、背向书脊对齐等对齐方式，其中的“双齐末行齐左”相当于 Word 中的“两端对齐”，“全部强制双齐”相当于 Word 中的“分散对齐”。

“朝向书脊对齐”和“背向书脊对齐”两种对齐方式是将文本以书脊为参照进行对齐，即根据文本在跨页中的页面位置自动设置文本的对齐方向。为段落设置“朝向书脊对齐”时，左页中的文本将执行右对齐，但当该文本转入右页时，将变成左对齐。同理，为段落设置“背向书脊对齐”时，左页中的文本将执行左对齐，而右页中的文本将执行右对齐。

如需设置段落的对齐方式，可以使用“文字工具”单击段落中的任意位置，将插入点定位到段落中。然后在“段落格式控制”面板或“段落”面板中选择一种对齐方式，如图 7-40 所示。

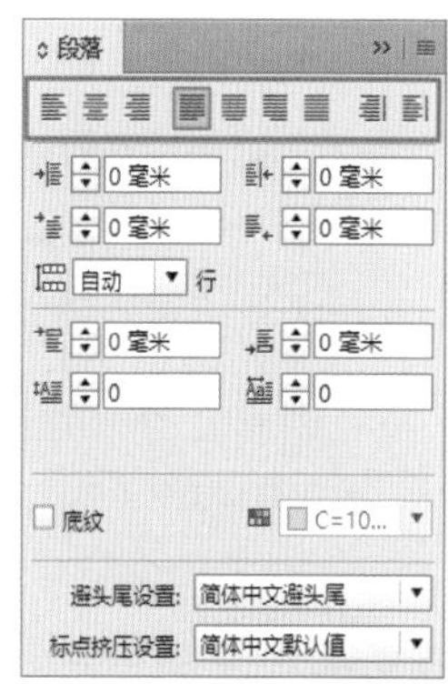

图 7-40　设置段落的对齐方式

> **注意**
>
> 如果使用“选择工具”选择文本框架，则设置的段落对齐方式将作用于文本框架中的所有段落。

7.3.2 设置缩进

InDesign 提供了“左缩进”“右缩进”和“首行左缩进”，这几种缩进方式的功能与 Word 类似。InDesign 还额外提供了“末行右缩进”，它用于设置段落最后一行的缩进。

如需设置以上几种缩进方式，使用“文字工具”单击段落中的任意位置，将插入点定位到段落中，或者选择多个段落。然后在“段落格式控制”面板或“段落”面板中为特定的缩进方式设置缩进量，如图 7-41 所示。

InDesign 未提供“悬挂缩进”，可以结合左缩进和首行左缩进的设置实现悬挂缩进的效果。如图 7-42 所示，使用 InDesign 中的“编号”功能对 3 个段落进行了自动编号。

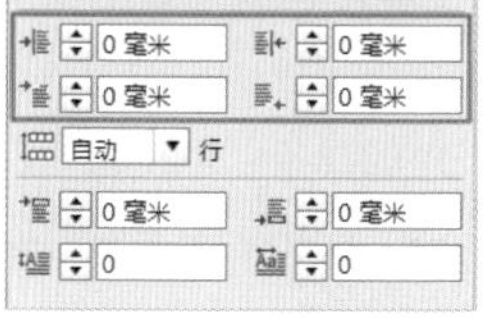

图 7-41　设置缩进

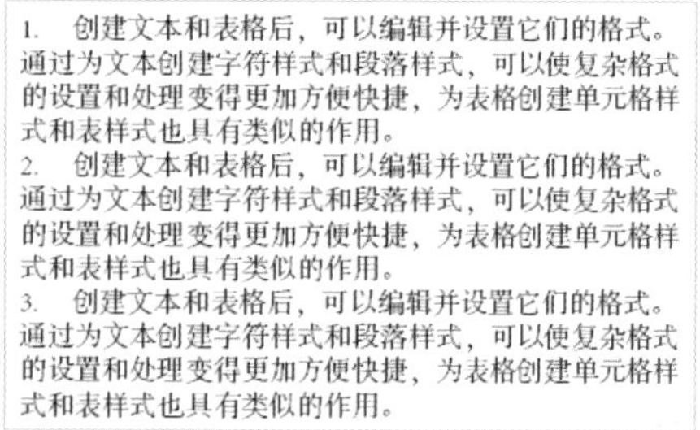

1. 创建文本和表格后，可以编辑并设置它们的格式。通过为文本创建字符样式和段落样式，可以使复杂格式的设置和处理变得更加方便快捷，为表格创建单元格样式和表样式也具有类似的作用。
2. 创建文本和表格后，可以编辑并设置它们的格式。通过为文本创建字符样式和段落样式，可以使复杂格式的设置和处理变得更加方便快捷，为表格创建单元格样式和表样式也具有类似的作用。
3. 创建文本和表格后，可以编辑并设置它们的格式。通过为文本创建字符样式和段落样式，可以使复杂格式的设置和处理变得更加方便快捷，为表格创建单元格样式和表样式也具有类似的作用。

图 7-42　带有编号的 3 个段落

如需使每个段落中的所有行都与各段第一行的开头对齐，即实现每段开头编号的悬挂缩进效果。为此，使用“选择工具”选择段落所在的文本框架，然后在“段落格式控制”或“段落”面板的“左缩进”文本框中输入一个值，例如“6 毫米”。再在“首行左缩进”文本框中输入一个相同的值，但是在该值开头添加一个负号，即“-6 毫米”，如图 7-43 所示。

完成上述设置后，每个段落开头的编号将呈现悬挂缩进的效果，如图 7-44 所示。

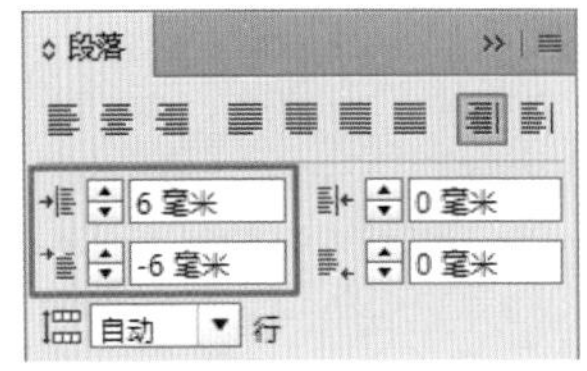

图 7-43　设置左缩进和首行左缩进

1. 创建文本和表格后，可以编辑并设置它们的格式。通过为文本创建字符样式和段落样式，可以使复杂格式的设置和处理变得更加方便快捷，为表格创建单元格样式和表样式也具有类似的作用。
2. 创建文本和表格后，可以编辑并设置它们的格式。通过为文本创建字符样式和段落样式，可以使复杂格式的设置和处理变得更加方便快捷，为表格创建单元格样式和表样式也具有类似的作用。
3. 创建文本和表格后，可以编辑并设置它们的格式。通过为文本创建字符样式和段落样式，可以使复杂格式的设置和处理变得更加方便快捷，为表格创建单元格样式和表样式也具有类似的作用。

图 7-44　对所有段落开头的编号悬挂缩进

注意

使用该方法时，在“左缩进”文本框中输入的最大值不能超过编号与段落首行第一个字之间的距离。例如，本例为段落设置编号时，将编号之后的制表位设置为 8 毫米，可以将其简单理解为编号与首行第一个文字的间距。因此，本例设置左缩进时不能超过 8 毫米，否则无法实现本例预期的悬挂缩进效果。

7.3.3　设置段间距

段间距包括段前间距和段后间距两种。如需设置这两种段间距，可以使用“文字工具”单击要设置的段落内，或者选择多个段落。然后在“段落格式控制”面板或“段落”面板的“段前间距”和“段后间距”两个文本框中输入所需的值，如图 7-45 所示。

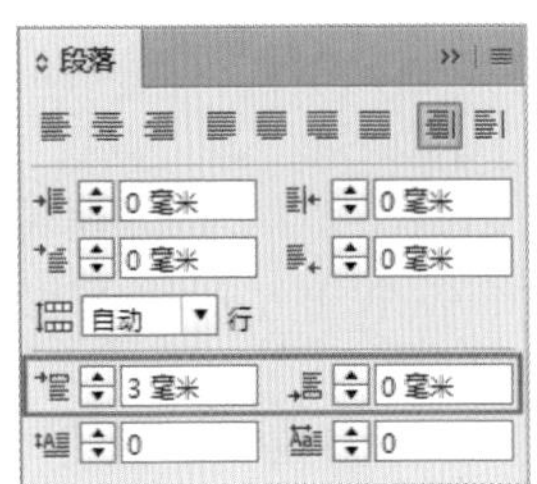

图 7-45　设置段间距

注意

如果某个段落起始于栏或框架的顶部，则为该段落设置的段前间距将会失效，此时可以增大文本框架顶部的内边距，以此来实现段前间距的效果。

7.3.4　设置段落线

段落线是一种可以随段落在页面中一起移动，并能自动调整长短的线条，其宽度由栏宽决定。段落线包括段前线和段后线两种。图 7-46 是为段落添加的段前线和段后线。

图 7-46　段前线和段后线

段前线和段后线可以同时显示，也可以只显示其中之一。如需为段落添加段前线和段后线，可以使用“文字工具”单击要设置的段落内，或者选择多个段落。然后单击“段落”面板右上角的☰按钮，在弹出的菜单中选择“段落线”命令。

打开“段落线”对话框，在顶部的下拉列表中选择“段前线”或“段后线”，然后选中右侧的“启用段落线”复选框。如需为段落同时添加段前线和段后线，需要逐个设置段前线和段后线，并为它们都勾选“启用段落线”复选框。

对话框中的其他选项用于设置段落线的外观和位置，包括段落线的粗细、颜色、线型、宽度、位移、缩进等，如图 7-47 所示。其中的“位移”选项用于指定段落线与文本行基线之间的垂直距离。段前线的位移是指从段落第一行的基线到段前线底部的距离，段后线的位移是指从段落最后一行的基线到段后线顶部的距离。

图 7-48 的段落线显示在文字的两侧，文字的字号为 36 点。

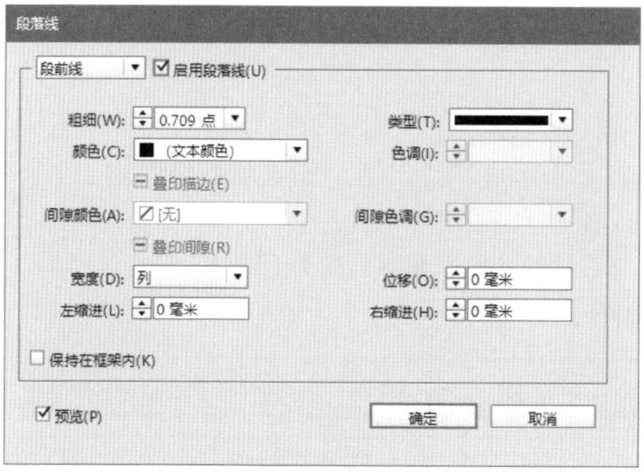

图 7-47　设置段落线

图 7-48　显示在文字两侧的段落线

实现此效果的段落线的设置方法如下：

（1）在“段落线”对话框中先启用段前线，然后设置以下几项，如图 7-49 所示。设置后的效果如图 7-50 所示。

- 将“粗细”设置为“36 点”。
- 将“颜色”设置为黄色。
- 将“宽度”设置为“列”，即与文本框架或栏等宽。

图 7-49　设置段前线

图 7-50　设置段前线后的效果

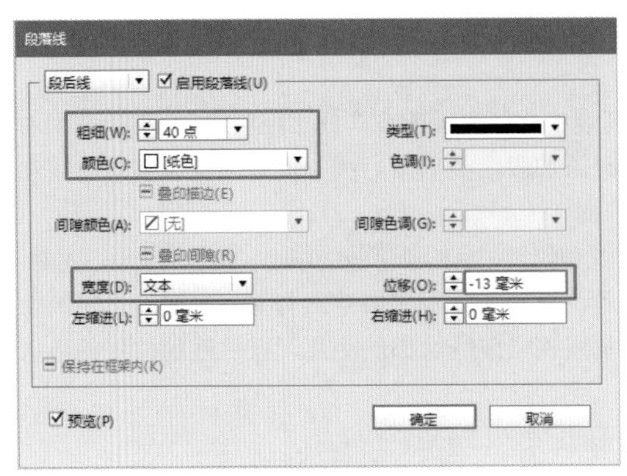

图 7-51　设置段后线

（2）在“段落线”对话框中先启用段后线，然后设置以下几项，然后单击“确定”按钮，如图 7-51 所示。

- 将“粗细”设置为“40 点”，即比文本字号大一点。
- 将“颜色”设置为纸色。
- 将“宽度”设置为“文本”，即与文本等宽。
- 将“位移”设置为“-13 毫米”，即将段后线上移，直到到达与文本重合的位置。

7.3.5　设置段落底纹

段落的底纹是为段落添加的背景色，底纹显示在段落的下方。如需为段落添加底纹，可以使用“文字工具”单击要设置的段落内，或者选择多个段落。然后在“段落”面板中勾选“底纹”复选框，然后在右侧的下拉列表中选择底纹的颜色，如图 7-52 所示。

注　意

在一些 InDesign 版本中选择的命令是“段落边框和底纹”。

如需对底纹进行更多的设置，可以单击“段落”面板右上角的按钮，在弹出的菜单中选择“段落底纹”命令，在打开的“段落底纹”对话框中进行设置，如图 7-53 所示。

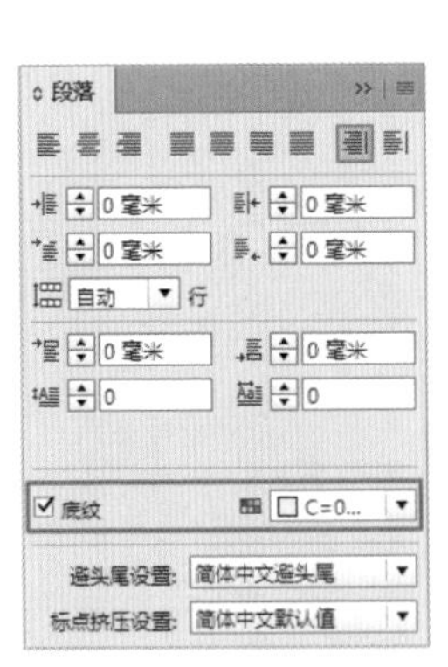

图 7-52　设置底纹

图 7-53　对底纹进行更多的设置

动手实践　设置项目符号和编号

如需为表示并列或顺序关系的内容添加项目符号和编号，可以选择这些段落，然后在“段落格式控制”面板或“段落”面板中单击按钮，在弹出的菜单中选择“项目符号和编号”命令。

打开“项目符号和编号”对话框，先在“列表类型”下拉列表中选择“项目符号”或“编号”。根据所做的选择，会显示不同的选项，如图 7-54 所示。对这些选项进行设置，即可完成项目符号或编号的创建。图 7-42 就是为文本添加编号后的效果。

提 示

如果在“列表类型”下拉列表中选择的是“项目符号”，选择后可以单击“添加”按钮，添加新的项目符号样式。

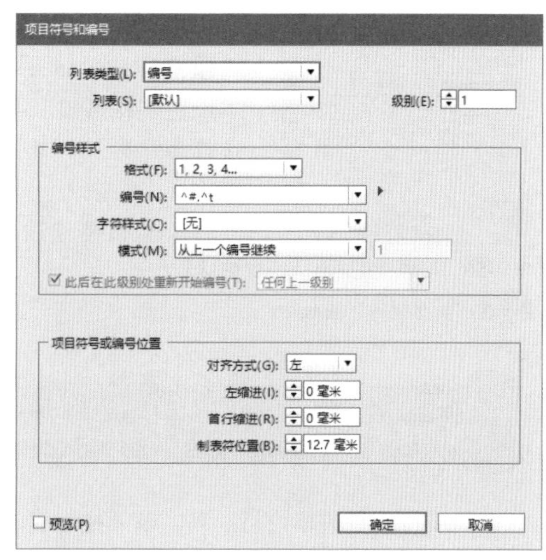

图 7-54　设置项目符号和编号

7.3.6　使用段落样式设置段落格式

段落样式与字符样式的功能和创建方法都很相似，区别在于段落样式的作用范围是段落，而非选中的字符。段落样式中的格式包括字符格式和段落格式两部分，其中的字符格式与字符样式中的字符格式相同。

如需创建段落样式，可以单击“段落样式”面板右上角的☰按钮，然后在弹出的菜单中选择“新建段落样式”命令。打开“新建段落样式”对话框，左侧显示了段落样式中包含的字符格式和段落格式的各个类别。选择一个类别，右侧会显示所选类别包含的格式选项，根据需要进行设置即可，如图 7-55 所示。

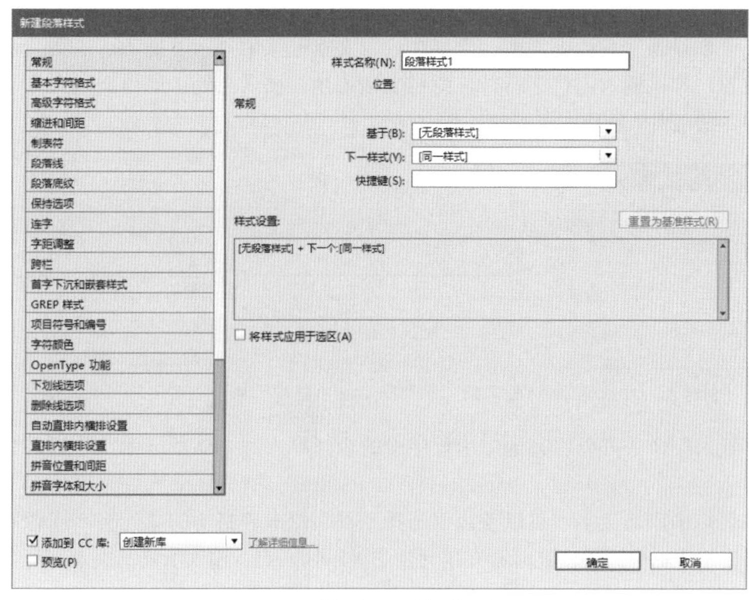

图 7-55　“新建段落样式”对话框

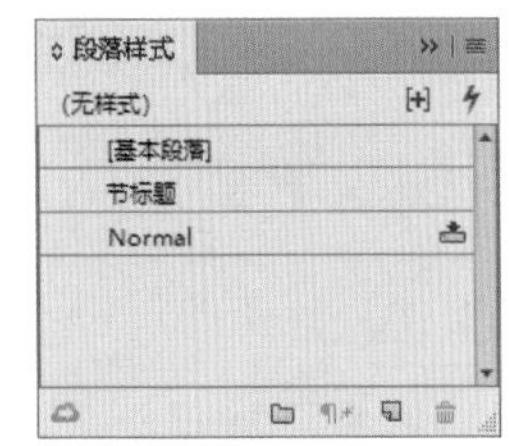

图 7-56　创建的段落样式显示在“段落样式”面板中

完成设置后，单击“确定”按钮，创建的段落样式将显示在“段落样式”面板中，如图 7-56 所示。如需使用段落样式为文本设置字符格式，需要先将插入点定位到要设置的段落中，或者选择多个段落，然后在“段落样式”面板中单击要使用的段落样式。

修改和删除段落样式的方法与字符样式类似，此处不再赘述。

7.4　创建和设置表格

InDesign 中的表格由行、列、单元格组成，其中的单元格类似于文本框架，可以在单元格中添加文本、插入图片或嵌入另一个表格等。可以从头开始创建表格，也可以将现有文本转换为表格，还可以导入其他应用程序创建的表格。总体来说，InDesign 中的表格与 Word 表格类似。本节主要介绍 InDesign 中表格特有的一些操作，它们是 Word 不支持或难以实现的功能。

7.4.1　创建表格

在 InDesign 中创建表格与置入文本的操作有点相似，可以将表格创建到现有的文本框架中，也可以通过拖动鼠标绘制出一个表格，绘制后的表格在一个新建的文本框架中。

如需创建一个空白表格，可以单击菜单栏中的“表”|“创建表”命令，打开“创建表”对话框，在“正文行”和“列”两个文本框中输入表格的行数和列数，如图 7-57 所示。

单击“确定”按钮，然后在页面中拖动鼠标，绘制一个指定行、列数的表格，如图 7-58 所示。如果在打开“创建表”对话框之前，已经在一个文本框架中显示了插入点，则会将表格创建在插入点位置。如果插入点位于行首，则将表格创建在插入点处；如果插入点位于一行中间的某个位置，则将表格创建在下一行。

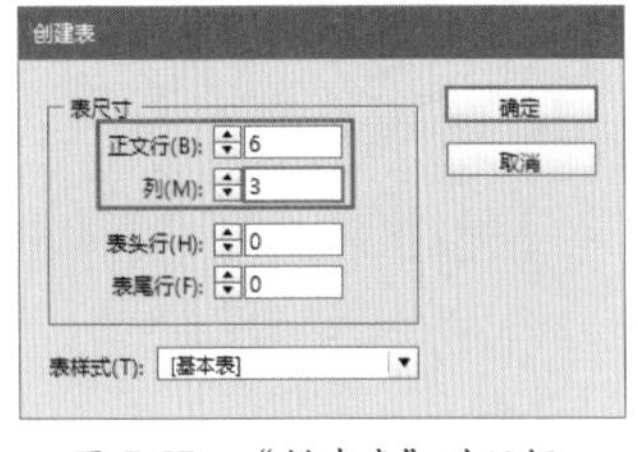

图 7-57　“创建表”对话框

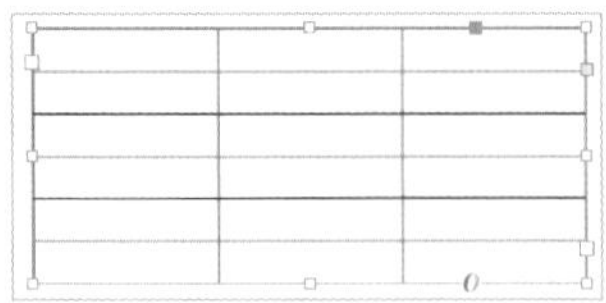

图 7-58　在 InDesign 中创建表格

姓名	性别	年龄
A	男	25
B	女	23
C	女	36
D	男	28
E	女	31

图 7-59　在表格中添加文本

使用“置入”命令可以将其他应用程序中的表格导入到 InDesign 中，与置入文本的方法类似。

如需在表格中添加文本，可以使用“选择工具”双击表格中的单元格，或者使用“文字工具”单击表格中的单元格，此时会在单元格中显示插入点，输入所需的文本即可，如图 7-59 所示。按 Tab 键或 Shift+Tab 组合键，可以在单元格之间移动插入点。

注 意

大多数情况下，单元格会在垂直方向上扩展尺寸，以容纳所添加的文本。如果将行高设置为固定值，且在单元格中添加的文本太多，则在单元格的右下角将显示一个小红点，表示该单元格出现溢流文本。此时只需增大单元格的尺寸，即可显示溢流文本。

动手实践　选择表格元素

在 InDesign 中选择表格元素的方法与 Word 类似，但也存在一些区别。

1. 选择单元格

在要选择的单元格中显示插入点，然后单击菜单栏中的“表”|“选择”|“单元格”命令，或按 Esc 键。反复按 Esc 键，将在选择单元格与选择单元格中的文本两种状态之间切换。图 7-60 为选择单元格和选择单元格中的文本。

姓名	性别
A	男

姓名	性别
A	男

图 7-60　选择单元格（左）和选择单元格中的文本（右）

提 示

使用鼠标快捷菜单中的命令，也可以选择单元格，以及行、列和整个表格。

2. 选择整行或整列

在要选择的行或列所包含的任意一个单元格中显示插入点，然后单击菜单栏中的“表”|“选择”|“行”或“列”命令。也可以将鼠标指针移动到行的左边缘或列的上边缘，当鼠标指针变为箭头时单击，即可选择相应的行或列。

3. 选择所有的表头行、正文行或表尾行

在表格中的任意一个单元格中显示插入点，然后单击菜单栏中的“表”|“选择”|“表头行”、“正文行”或“表尾行”命令。

拓 展

对于一个占据多个页面的表格来说，使用表头行和表尾行可以在各页表格的顶部和底部显示重复信息。“正文行”是指除去表头行和表尾行之外的其他行。

4. 选择整个表格

在表格中的任意一个单元格中显示插入点，然后单击菜单栏中的“表”|“选择”|“表”命令，或者在显示插入点时，将鼠标指针移动到表格左上角，当鼠标指针变为斜箭头时单击。还可以先选择表格中的任意一个单元格，然后按 Ctrl+A 组合键。

7.4.2　调整文本在单元格中的位置

文本在单元格中的位置包括水平和垂直两个方向。在“段落”面板中可以设置文本在单元格中水平方向上的位置。如需垂直方向上的位置，可以在目标单元格中显示插入点，然后单

击菜单栏中的“表”|“单元格选项”|“文本”命令，打开“单元格选项”对话框，在“文本”选项卡的“对齐”下拉列表中选择所需的位置，如图 7-61 所示。

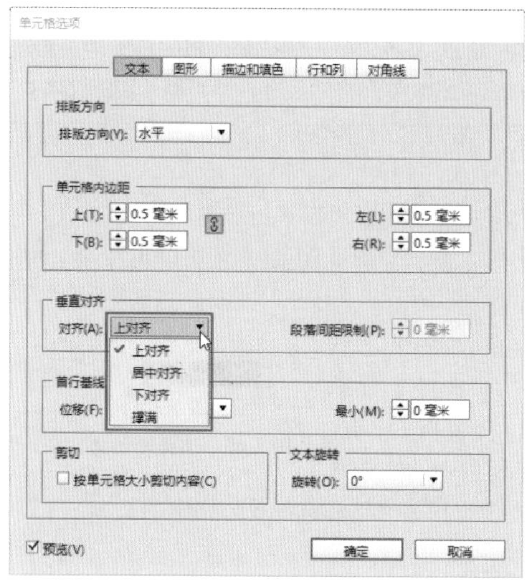

图 7-61　设置文本在单元格垂直方向上的位置

7.4.3　设置表格边框的外观

表格的边框分为外边框和内边框两部分，外边框是表格的外边缘轮廓线，内边框是组成各个单元格的横竖线条。

如需设置表格的外边框，可以在表格中的任意一个单元格中显示插入点，然后单击菜单栏中的“表”|“表选项”|“表设置”命令，打开“表选项”对话框，在如图 7-62 所示的界面中进行设置，可以设置边框的粗细、线型、颜色等。

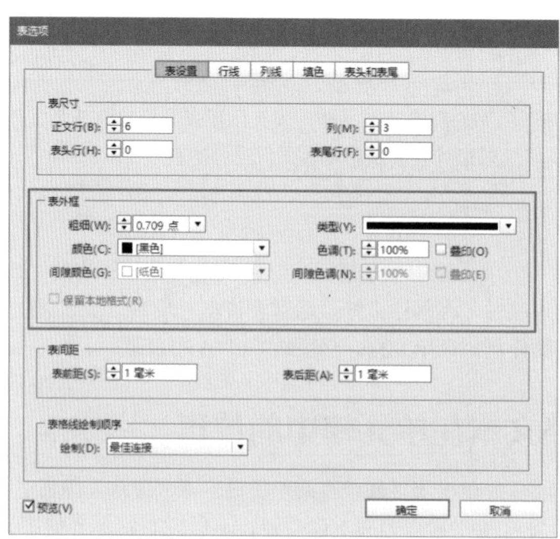

图 7-62　设置表格的外边框

提示

在“表选项”对话框中设置的格式会覆盖以前为特定单元格设置的任何相应格式。如需保留为特定单元格设置的格式，可以在“表选项”对话框中勾选“保留本地格式”复选框。

如需设置表格的内边框，需要先选择部分或全部单元格，选择的范围由要设置的内边框的位置决定。然后单击菜单栏中的“表”|“单元格选项”|“描边和填色”命令，打开“单元格选项”对话框，在“描边和填色”选项卡中进行设置，如图 7-63 所示。

图 7-64 是将表格的外边框设置为红色，粗细为 2 点，将内边框设置为蓝色，粗细为 0.5 点。

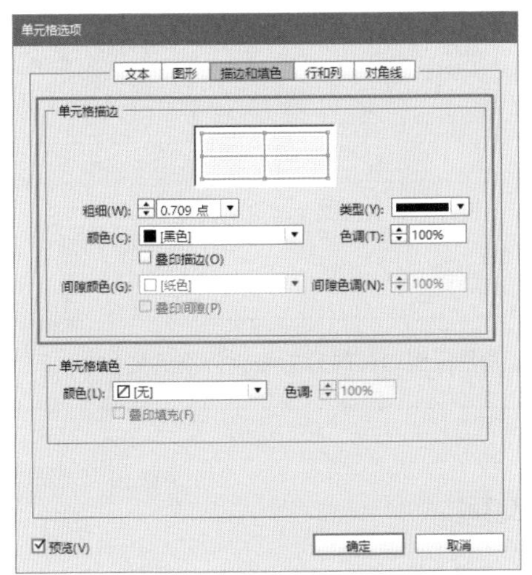

图 7-63 设置表格的内边框

姓名	性别	年龄
A	男	25
B	女	23
C	女	36
D	男	33
E	女	31

图 7-64 设置表格的内、外边框

使用“描边”面板也可以设置表格的边框。

7.4.4 为表格添加隔行底纹

除了可以设置表格的边框之外，还可以为表格添加底纹，在 InDesign 中将该操作称为填色。为了增加表格内容的可读性，可以为表格添加隔行底纹，效果如图 7-65 所示。

姓名	性别	年龄
A	男	25
B	女	23
C	女	36
D	男	33
E	女	31

图 7-65 为表格添加隔行底纹

如需为表格添加隔行底纹，可以在表格中的任意一个单元格中显示插入点，然后单击菜单栏中的“表”|“表选项”|“交替填色”命令，打开“表选项”对话框的“填色”选项卡，需要先在“交替模式”下拉列表中选择一种填色方式，如图 7-66 所示。

根据选择的交替模式，在对话框中设置相关选项，如图 7-67 所示。例如，此处将交替模式设置为“每隔一行”，然后将前 1 行的填充色设置为蓝色，色调设置为 50%，色调控制着颜色的深浅度，将后 1 行不填色，这样将得到一个蓝白色相间的表格。

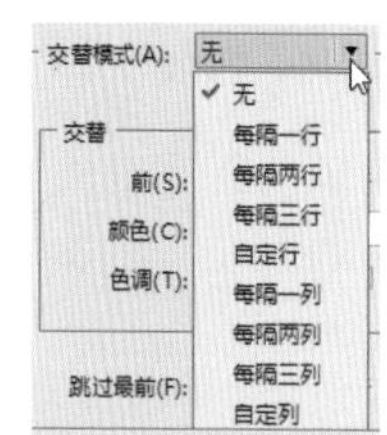

图 7-66 选择交替模式

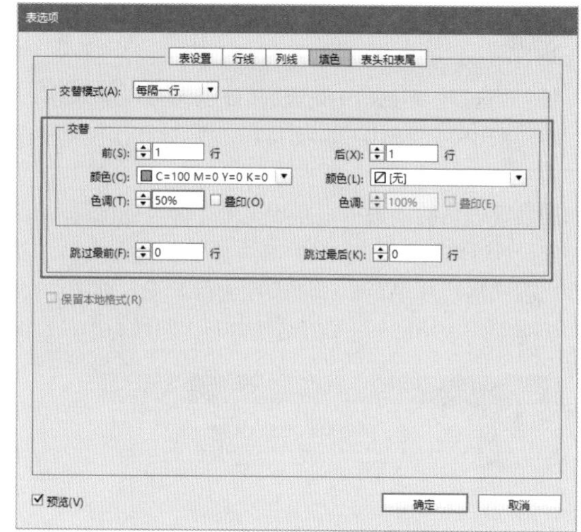

图 7-67 设置交替填色的选项

提 示

勾选对话框中的"预览"复选框，可以在调整设置时实时查看表格外观的变化。

7.4.5 为表格添加表头和表尾

创建一个包含很多内容的表格时，该表格可能会跨越多个栏、框架或页面，可以使用表头或表尾在该表格的每个拆开部分的顶部或底部显示重复信息，如图 7-68 所示。

编号	名称	数量
1		
2		
3		
4		
5		

编号	名称	数量
6		
7		
8		
9		
10		

编号	名称	数量
11		
12		
13		
14		
15		

编号	名称	数量
16		
17		
18		
19		
20		

图 7-68 在表格的每个拆开部分显示表头

在创建表格时打开的"创建表"对话框中可以设置表头和表尾的行数，也可以使用"表选项"对话框添加表头和表尾，并设置它们在表格中的显示方式，还可以将正文转换为表头或表尾。

如需将表格的第一行设置为表头，或将最后一行设置为表尾，可以在表格的第一行或最后一行的任意一个单元格中显示插入点，然后单击菜单栏中的"表"|"转换行"|"到表头"或"到表尾"命令。

如需设置表头或表尾的行数，并使它们重复显示在表格的每个拆开部分中，可以在表格的任意一个单元格中显示插入点，然后单击菜单栏中的"表"|"表选项"|"表头和表尾"命令，打开"表选项"对话框的"表头和表尾"选项卡。在"表头行"和"表尾行"两个文本框中

输入所需的行数，然后在“重复表头”和“重复表尾”两个下拉列表中选择重复显示的位置。图 7-69 设置的是表头的行数和重复显示的位置。

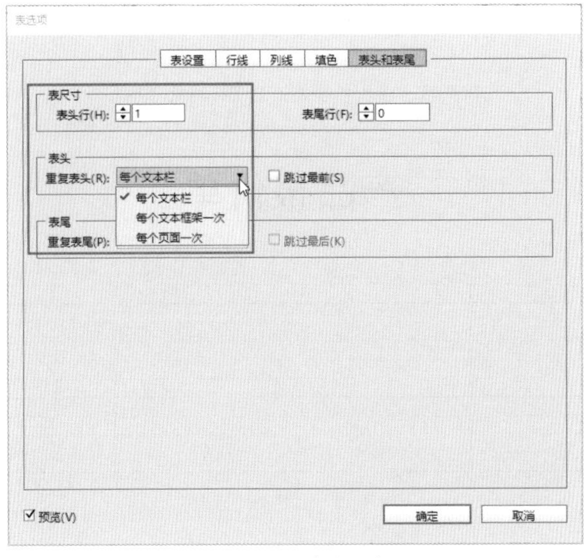

图 7-69　设置表头和表尾

7.5　案例实战：制作产品报价单

如图 7-70 所示，本节以制作产品报价单为例，介绍在 InDesign 中使用文本和表格进行文档设计和排版的方法。

制作产品报价单的操作步骤如下：

（1）启动 InDesign，新建一个文档，将页面设置为纵向，并设置合适的页面大小和出血。

（2）在页面顶部绘制一个与版心同宽的文本框架，然后在其中输入“产品报价单”。

（3）将所有文字的字体设置为“黑体”，将字号设置为“36”点，然后使用“段落”面板将文字设置为水平居中对齐，再在“文本框架选项”对话框将垂直对齐方式也设置为居中，如图 7-71 所示。

（4）在页面中绘制一个与版心同宽的文本框架，将其放置在前面制作的标题下方。然后在该文本框架中创建一个 10 行 5 列的表格，如图 7-72 所示。

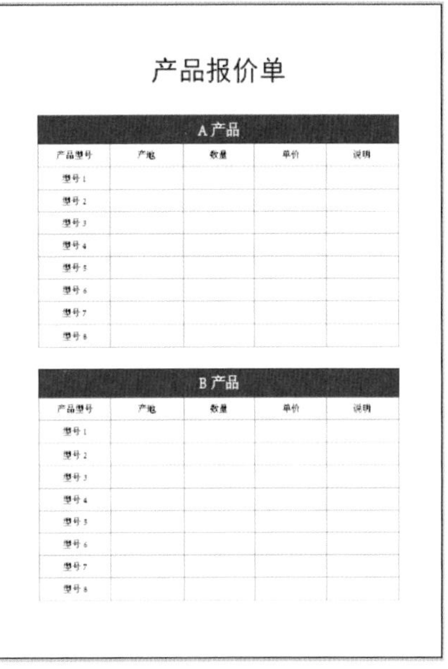

产品报价单

A 产品				
产品型号	产地	数量	单价	说明
型号 1				
型号 2				
型号 3				
型号 4				
型号 5				
型号 6				
型号 7				
型号 8				

B 产品				
产品型号	产地	数量	单价	说明
型号 1				
型号 2				
型号 3				
型号 4				
型号 5				
型号 6				
型号 7				
型号 8				

图 7-70　制作产品报价单

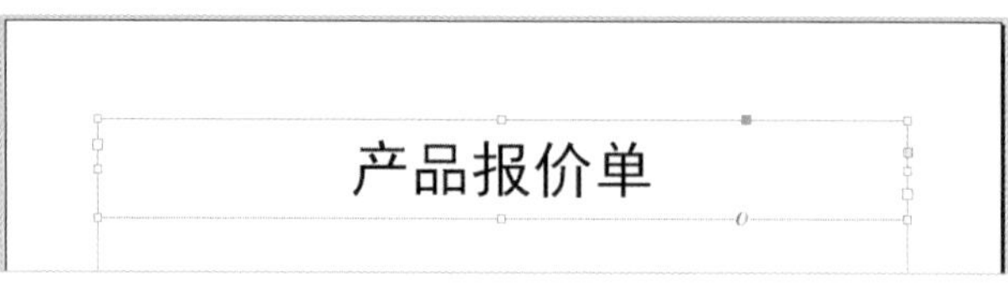

图 7-71 输入标题并设置字符和段落格式

产品报价单

图 7-72 创建一个表格

（5）将表格的第一行合并为一个单元格，然后为合并后的单元格设置蓝色填充色，并将该单元格中的字体颜色设置为白色。再在表格中输入所需的内容，如图 7-73 所示。

A 产品				
产品型号	产地	数量	单价	说明
型号 1				
型号 2				
型号 3				
型号 4				
型号 5				
型号 6				
型号 7				
型号 8				

图 7-73 在表格中输入内容并设置颜色

（6）将表格第一行的字号设置为“20 点”，然后将表格中的所有文字都在单元格中居中对齐，并将所有单元格的内边距设置为 3 毫米，如图 7-74 所示。

A 产品				
产品型号	产地	数量	单价	说明
型号 1				
型号 2				
型号 3				
型号 4				
型号 5				
型号 6				
型号 7				
型号 8				

图 7-74 设置文字在表格中的对齐方式和内边距

调整单元格的内边距后，最初的表格可能会在文本框架中出现溢流，此时可以双击文本框架下边缘中点处的控制点，将文本框架的高度自动调整为表格的高度，即可将表格完整显示出来。

将前面创建的表格复制出一份，并将其放置到第一个表格的正下方，然后将复制后的表格第一行中的字母 A 改为 B，最后适当调整两个表格的位置和间距即可。

7.6 疑难解答

7.6.1 为何文本框架中莫名出现一些蓝色符号

这些符号是非打印字符，它们用于标识文档中的空格、制表符、段落末尾、文章末尾等，它们不会被打印出来，也不会显示在导出的电子文档中。符号的颜色与其所在的图层颜色一致。如需隐藏这些特殊字符，可以单击菜单栏中的“文字”|“不显示隐藏字符”命令。

7.6.2 为何文档中会出现重复的样式

这是因为在未打开文档时就创建了样式，导致该样式成为应用程序级别的样式，在每个打开文档中都会出现该样式。解决此问题的方法是删除该样式，然后在特定的文档中重新创建该样式。

7.6.3 如何在表格上方添加文本

如果表格位于文本框架的顶部，当需要在表格上方添加文本时，可以将插入点定位到表格左上角单元格中段落的起始位置，然后按左箭头键，将插入点移动到表格外，变成一个与表格等高的插入点，此时输入的文本将显示在表格的上方。

第 8 章 InDesign 图片、图形和对象

InDesign 为图片和图形提供了灵活的排版方式。与文本放置在文本框架中类似，InDesign 中的图片放置在图形框架中。实际上，图形框架与文本框架有很多相似之处，只不过它们放置的是不同类型的对象。本章将介绍在 InDesign 中使用图片、图形的方法，以及这些对象和文本之间的排版方法，最后还将介绍创建和管理颜色的方法。

8.1 导入和设置图片

在 InDesign 中可以导入多种格式的图片文件，并设置它们的格式，本节将介绍在 InDesign 中导入和设置图片的常用操作。

8.1.1 图片格式和图片分辨率

图片通常指的都是位图图像（技术上称为栅格图像），它们由像素组成。像素是一个个表示位置和颜色信息的小方块，将一张图片放大到足够大时，将会看到这些小方块。图片的分辨率决定了一张图片包含的像素总数，导入 InDesign 中图片的分辨率由创建图片的源应用程序或设备决定。

在图片尺寸不变的情况下，图片的分辨率越高，图片越清晰；图片的分辨率越低，图片越模糊。在实际应用中，首选高分辨率的图片。如果最终成品中的图片尺寸很小，那么低分辨率与高分辨率图片之间的显示差别并不明显。

分辨率的单位是 ppi，即每英寸包含的像素数。商业印刷需要图片的分辨率至少达到 150 ～ 300ppi，桌面打印需要图片的分辨率在 72 ～ 150ppi，网页中的图片的分辨率通常为 72ppi 或 96ppi。

8.1.2 导入图片

在 InDesign 中可以导入新的图片，也可以使用导入的图片替换文档中现有的图片。导入图片时，可以一次导入一张图片，也可以一次导入多张图片。使用“置入”命令是导入图片最常用的方法，也可以使用复制和粘贴的方式导入图片，还可以直接将文件夹中的图片拖入 InDesign 中。

导入图片与导入文本的操作类似，可以将图片导入到现有的图形框架中，也可以将图片导入到新绘制的图形框架中。导入图片时，也可以根据图片类型设置不同的导入选项。

提 示

如需创建图形框架，可以在“工具”面板中选择“矩形框架工具”⊠，然后在页面中拖动鼠标。右击“矩形框架工具”，在弹出的菜单中还可以选择“椭圆框架工具”或“多边形框架工具”。

图 8-1 在现有框架中放置导入的图片

如需将导入的图片放置到现有的框架中，需要先选择一个框架（图形框架或文本框架均可），然后单击菜单栏中的“文件”|“置入”命令，在打开的对话框中双击要导入的图片，即可将该图片导入 InDesign，并将其放置在已选中的框架中，如图 8-1 所示。

提 示

如果在导入图片之前框架中已经包含图片，如需使用导入的图片替换框架中现有的图片，可以在“置入”对话框中勾选“替换所选项目”复选框。

如需在导入图片时创建新的框架，仍然执行上述操作，但在选择“置入”命令之前，不要选择任何现有的框架。在“置入”对话框中双击要导入的图片之后，鼠标指针会显示所选图片的缩略图（如果选择多张图片，还会显示已选中图片的总数），此时在页面中拖动鼠标绘制一个框架，图片将被放置到该框架中。

如需一次导入多张图片，可以在“置入”对话框中选择多张图片，然后在页面中逐个单击现有的框架，将图片逐个放置到单击过的框架中。如果没有现成的框架，则可以反复在页面中的不同位置上拖动鼠标，绘制出多个框架，并将选择的多张图片依次放置到绘制的每个框架中。

提 示

导入多张图片时，在页面中拖动鼠标时可以按键盘上的方向键，以特定的布局在页面中一次性放置多张图片。按箭头键将在已选中的图片列表中循环显示图片的缩略图，以决定先导入哪张图片。按 Esc 键将取消导入当前显示缩略图的图片，并将其从已选中的图片列表中删除。

8.1.3 调整图片的大小和角度

导入图片后，由于图片大小与框架不匹配，可能会导致框架中的图片显示不完整，这种情况通常发生在将图片导入到现有框架时。通过设置框架与图片的适应性选项，可以使图片更好地显示在框架中。

使用“选择工具”选择包含图片的框架（不要单击图片中心的圆环），然后单击菜单栏中的“对象”|“适合”命令（也可以右击框架后选择相同的命令），在其子菜单中选择适应性选项，有以下几种：

- 按比例填充框架：在图片比例和框架大小都不变的情况下，调整图片大小以填满框架。如果图片和框架的比例不同，会自动裁剪图片的某些部分。
- 按比例适合内容：在图片比例和框架大小都不变的情况下，调整图片大小以适合框架而非填满，图片能够完整地显示在框架中。如果图片和框架的比例不同，在框架内部会出现空白，如图 8-2 所示。

图 8-2 按比例适合内容

- 使框架适合内容：调整框架大小以适合图片的原始大小。如果导入的图片尺寸很大，那么框架会变得和图片一样大。
- 使内容适合框架：在框架大小不变的情况下，调整图片大小以填满框架。如果图片和框架的比例不同，那么图片会发生变形。
- 内容居中：在图片和框架的大小，以及图片和框架的比例都不变的情况下，将图片放置在框架的中心。

如果既想保持图片比例不变，又想让图片填满整个框架，还想让图片完整显示在框架中而不被裁剪，那么可以使用以下两种方法：

- 先将框架设置为“按比例适合内容”，然后将框架设置为“使框架适合内容”。
- 在“置入”对话框中选择图片后，在页面中拖动鼠标绘制框架并在其中放置图片。

如需调整图片在页面中的大小，可以拖动框架边缘上的控制点。拖动控制点后，如果只改变了框架的大小，而图片大小未变，如图 8-3 所示。

解决此问题的方法是右击框架，在弹出的菜单中选择“框架适合选项”命令，在打开的对话框中勾选“自动调整”复选框，然后单击“确定”按钮，如图 8-4 所示。以后拖动框架边缘上的控制点时，图片大小会与框架大小同步改变。

图 8-3　框架大小改变但图片大小未变

图 8-4　勾选“自动调整”复选框

如需调整图片的角度，可以使用“选择工具”选择框架，然后将鼠标指针移动到框架 4 个角上的控制点附近，当鼠标指针变为弧形箭头时，拖动鼠标即可调整图片的角度，如图 8-5 所示。

如需为图片的尺寸或角度设置精确值，可以选择图片或图片所在的框架，然后在“控制”面板或“变换”面板中进行设置，如图 8-6 所示。

图 8-5　调整图片角度

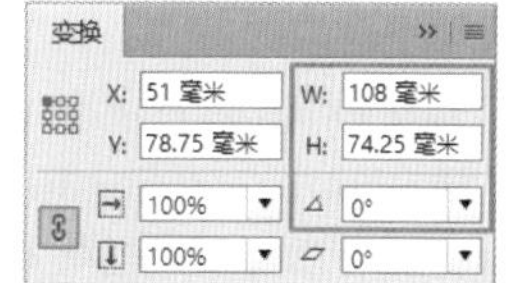

图 8-6　精确设置图片的尺寸和角度

提　示

为旋转角度设置精确值时，可以先在“变换”面板中指定旋转的参考点，不同的参考点会影响旋转后的效果。

动手实践　移动和裁剪图片

使用“选择工具”或“直接选择工具”可以移动或裁剪图片。如需同时移动图片和框架，可以使用“选择工具”拖动框架内部区域，但不要拖动图片中心的圆环。如需在框架内移动图片，

图 8-7　在框架内移动图片

而保持框架的位置不变，可以使用“选择工具”拖动图片中心的圆环，或使用“直接选择工具”拖动图片的任意位置，如图 8-7 所示。

提　示

“选择工具”用于选择框架，使用该工具单击图片中心的圆环也能选择图片。“直接选择工具”用于选择框架内的图片或处理形状及其路径。如果选中的是框架内的图片而非框架本身，则会显示图片的红色边框，其上分布着用于调整图片大小的控制点。

如果只想移动框架，而保持图片的位置不变，则可以先使用“选择工具”选择框架，然后使用“直接选择工具”拖动框架的中心点，注意鼠标指针形状的变化，以此来识别不同的状态，如图 8-8 所示。

如需裁剪图片四周的多余部分，可以使用“选择工具”选择图片所在的框架，然后拖动框架上的控制点，如图 8-9 所示。

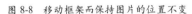

图 8-8　移动框架而保持图片的位置不变

图 8-9　裁剪图片前（左）和裁剪图片后（右）

8.1.4　在文档中链接或嵌入图片

使用“置入”命令导入的图片通常是链接到文档中的，这意味着改变原始图片文件时，会自动更新文档中对应的图片。链接形式的图片不会显著增大文档的体积，因为链接的图片本身并没有真正与文档合为一体。

使用复制 / 粘贴的方式导入的图片是嵌入到文档中的，图片本身会存储在文档中，如果图片很大，则将显著增大文档的体积。嵌入的图片会断开与原始图片文件的链接关系，当原始图片改变时，不会更新文档中对应的图片。

打开“链接”面板，其中会显示文档中所有链接形式的图片，单击图片名称，将在下方显示链接的详细信息，如图 8-10 所示。

每个图片名称右侧的数字表示图片所在的页码，单击数字会在文档窗口中显示对应的图片。同一张图片在文档中出现多次时，InDesign 会自动为它们创建一个分类，并在分类名称的右侧显示该图片在文档中出现的次数。分类名称的左侧有一个黑色箭头，单击该箭头可以展开或折叠分类中的项目。

如需将链接形式的图片嵌入到文档中，可以在“链接”面板中右击要嵌入的图片，然后在弹出的菜单中选择“嵌入链接”命令，如图 8-11 所示。

如果改变了原始图片文件的名称或位置，那么 InDesign 文档中对应的图片将无法正常显示。

此时可以在“链接”面板中右击无法显示的图片名称，然后在弹出的菜单中选择“重新链接”命令，如图 8-11 所示，在打开的对话框中重新选择所需的图片。

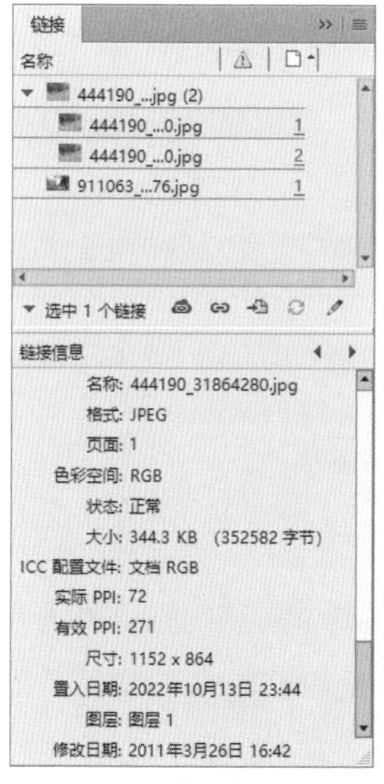

图 8-10　“链接”面板

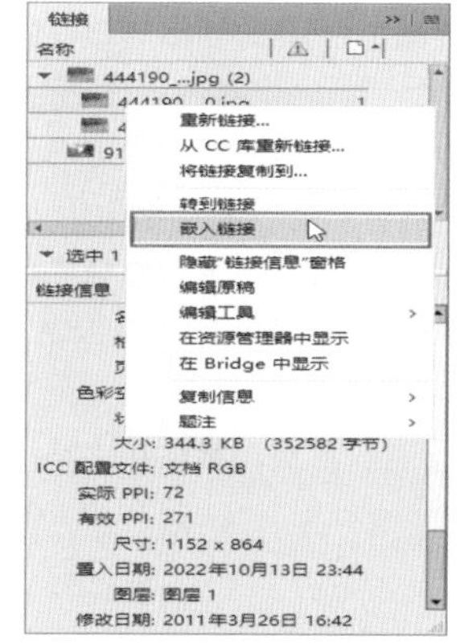

图 8-11　选择“嵌入链接”命令

提　示

如需将嵌入图片改为链接形式，可以在“链接”面板中右击嵌入的图片，然后在弹出的菜单中选择“取消嵌入的图片”命令，再在显示的对话框中单击“是”按钮。

8.1.5　删除图片

对于不再需要的图片，可以将其从文档中删除。如果只想删除图片，而保留框架，则可以使用“选择工具”或“直接选择工具”选择框架中的图片，然后按 Delete 键；如需同时删除图片和框架，则可以使用“选择工具”选择框架，然后按 Delete 键。此外，还可以对选中的框架或图片执行剪切操作来达到删除的目的。

8.2　绘制和设置形状

在 InDesign 中可以使用多种工具绘制形状，并对形状的外观格式进行调整和控制。绘制的形状属于矢量图形，它们是由称作矢量的数学对象定义的直线和曲线构成的。矢量图形与分辨率无关，所以调整矢量图形的大小不会影响其清晰度。本节将介绍在 InDesign 中绘制形状并为其设置格式的方法。

8.2.1 绘制基本形状

使用“工具”面板中的“直线工具”和“矩形工具”，可以绘制直线和矩形。右击“工具”面板中的“矩形工具”，在弹出的菜单中可以选择“椭圆工具”或“多边形工具”，以此绘制椭圆形或多边形。

提 示

如需绘制正方形和圆形，可以在使用“矩形工具”和“椭圆工具”绘制形状时按住 Shift 键。

绘制多边形时，如需改变多边形的边数，可以在开始绘制前双击“工具”面板中的“多边形工具”，然后在打开的对话框中输入所需的边数，如图 8-12 所示。

绘制形状后，可以将其转换为其他形状，有以下两种方法：

选择已绘制的形状，然后单击菜单栏中的“对象”|“转换形状”命令，在子菜单中选择所需的形状。

选择已绘制的形状，然后在“路径查找器”面板中选择所需的形状，如图 8-13 所示。

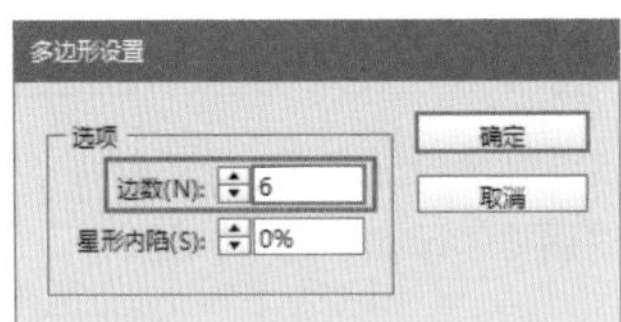

图 8-12 设置多边形的边数

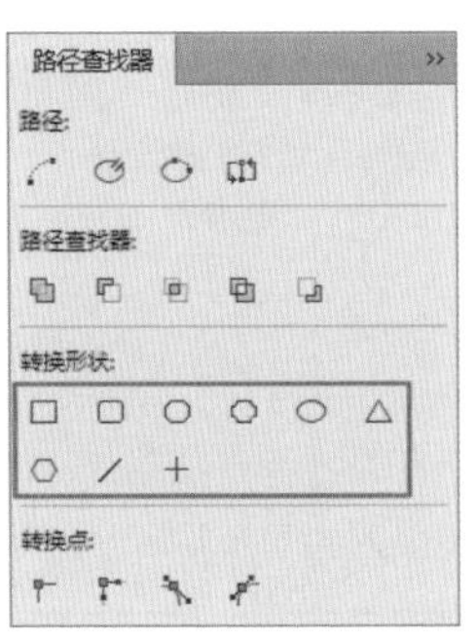

图 8-13 选择转换后的目标形状

拓 展

在 InDesign 中，可以将绘制的直线、矩形等形状，以及后续将要介绍的使用铅笔工具和钢笔工具创建的形状都称为路径，路径可以是开放或闭合的。路径由一个或多个直线或曲线线段组成，每个线段的起点和终点由锚点（类似于框架边缘的控制点）标记，在锚点位置显示的方向线的末尾是方向点。拖动路径上的锚点、方向点或路径本身，可以改变路径的形状。

8.2.2 使用铅笔工具和钢笔工具绘制形状

使用铅笔工具和钢笔工具可以绘制具有开放路径或闭合路径的形状。使用“铅笔工具”绘制的形状自动具有锚点，锚点的数量由路径的长度和复杂程度，以及“首选项”对话框中铅笔工具的容差设置决定。绘制形状后，用户可以随时调整形状上的锚点。

如需使用“铅笔工具”绘制开放路径的形状，可以在“工具”面板中选择“铅笔工具”，然后在页面中拖动鼠标，到达目标位置时，释放鼠标按键即可，如图 8-14 所示。

如果在拖动时按住 Alt 键，鼠标指针附近会显示一个小圆圈，表示正在创建闭合路径的形状。当路径达到所需的大小和形状时，先释放鼠标按键，路径将自动闭合，此时再释放 Alt 键。

使用“铅笔工具”绘制形状后，如需调整路径的长度和方向，可以使用“选择工具”选择形状，然后选择“铅笔工具”并将鼠标指针移动到路径上的锚点附近，当鼠标指针附近的 * 标记消失时，拖动该锚点即可调整路径。

使用“铅笔工具”绘制的形状具有较大的灵活性，适合创建不规则的线条和形状。如需创建直线或由直线段组成的闭合形状，“钢笔工具”是更好的选择。当然，使用“钢笔工具”也可以创建曲线。

如需使用“钢笔工具”绘制形状，可以在“工具”面板中选择“钢笔工具”，然后在页面中的多个位置上单击，InDesign 会自动使用直线依次连接单击过的点，如图 8-15 所示。

图 8-14　使用“铅笔工具”绘制的形状　　图 8-15　使用“钢笔工具”绘制的形状

如需结束形状的绘制，可以按住 Ctrl 键并单击页面中的空白处，将创建开放路径的形状。如果要让路径闭合，可以将鼠标指针移动到形状的起点（即使用“钢笔工具”单击的第一个位置）上，当鼠标指针附近显示一个小圆圈时，单击或拖动即可使路径闭合，如图 8-16 所示。

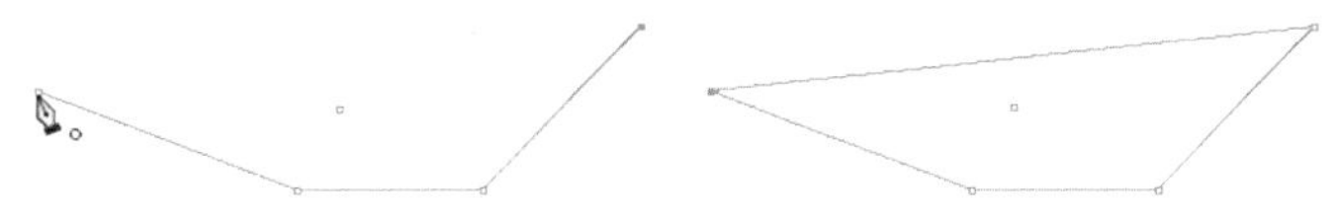

图 8-16　使用“钢笔工具”将路径闭合

提　示

单击第一个位置后，按住 Shift 键并继续单击其他位置，可将线段的角度限制为 45° 的倍数。

如需使用“钢笔工具”创建曲线，可以先选择形状，然后使用“钢笔工具”在形状上单击并拖动，添加一个锚点。再使用“直接选择工具”选择该锚点，将显示方向线。拖动方向线和锚点，可以调整曲线的弧度和位置，如图 8-17 所示。

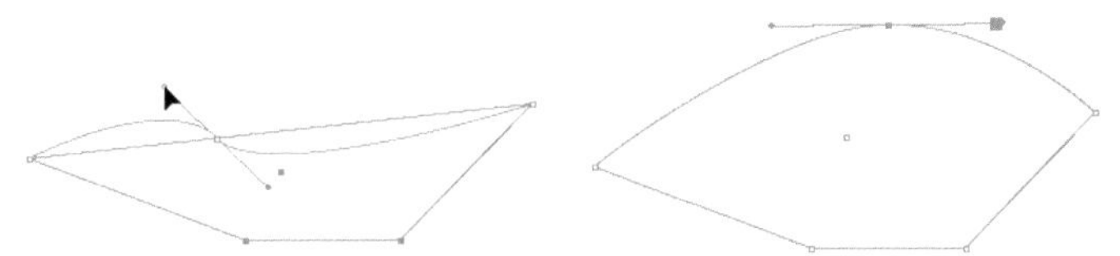

图 8-17　添加锚点并调整曲线的弧度和位置

8.2.3　设置形状的描边和填充

如需设置形状的描边（即形状的边缘），可以选择形状，然后在“描边”面板中设置形状描边的粗细、线型、颜色及其他选项，如图 8-18 所示。

如需为形状设置填充色，可以选择形状，然后在“颜色”面板或“色板”面板中进行设置。

单击■图标后设置描边的颜色，单击□图标后设置填充的颜色，两个图标上显示的颜色会自动显示为当前为形状设置的颜色。图 8-19 是为形状设置了描边色和填充色后的效果，描边的粗细为 6 点。

图 8-18　设置形状的描边

图 8-19　设置形状的描边色和填充色

8.3　组织和编排对象

图片、图形、图形框架、文本框架等都属于对象，在 InDesign 中可以快速对齐和分布多个对象，还可以轻松设置文本和对象之间的排版方式。

8.3.1　对齐和分布多个对象

使用“对齐”面板中的选项可以快速对齐页面中的多个对象。开始对齐多个对象之前，首先需要选择对齐基准，可以在“对齐”面板中单击“对齐”右侧的按钮，然后在弹出的菜单中进行选择，如图 8-20 所示。

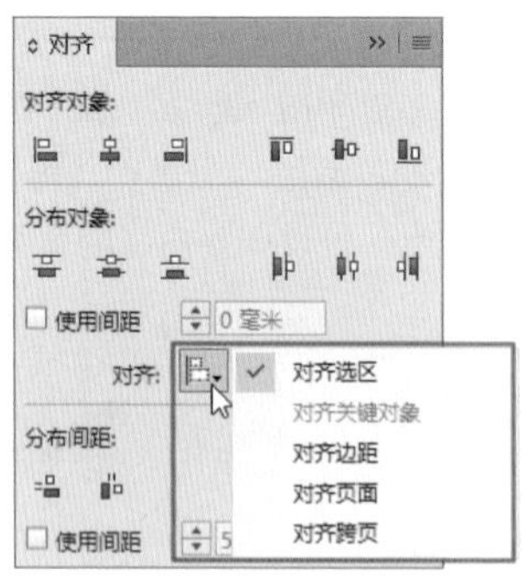

图 8-20　选择对齐基准

选择对齐基准后，在页面中选择要对齐的多个对象。可以先选择一个对象，然后按住 Shift 键，再选择其他对象。也可以拖动鼠标快速选择与鼠标选择框触碰到的所有对象。选择好多个对象后，在“对齐”面板中单击对齐按钮，即可以指定的方式对齐选中的对象。图 8-21 是为 3 个形状设置“底对齐”之前和之后的效果。

拓展

“关键对象”是作为对齐基准的对象，对齐时，关键对象的位置保持不变，其他对象以关键对象为参照进行对齐。如需指定关键对象，可以先选择要对齐的多个对象，然后单击选区中要作为关键对象的那个对象，该对象的边缘将加粗显示，表示它已被指定为关键对象。图 8-22 的黄色正方形被指定为关键对象。

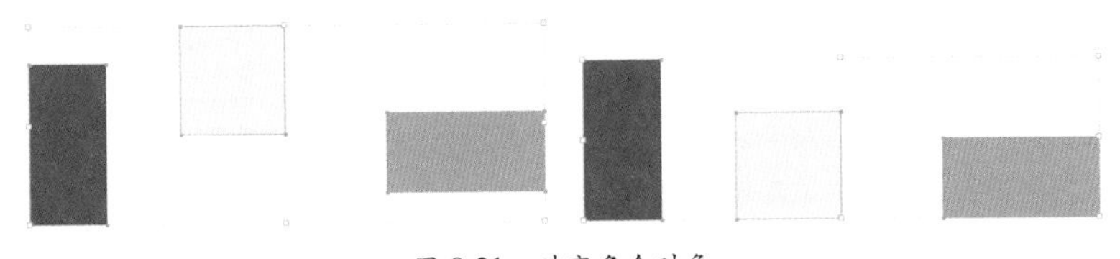

图 8-21 对齐多个对象

如需将多个对象等间距排列，可以在选择这些对象之后，在“对齐”面板中单击“垂直分布间距”按钮或“水平分布间距”按钮，如图 8-23 所示。

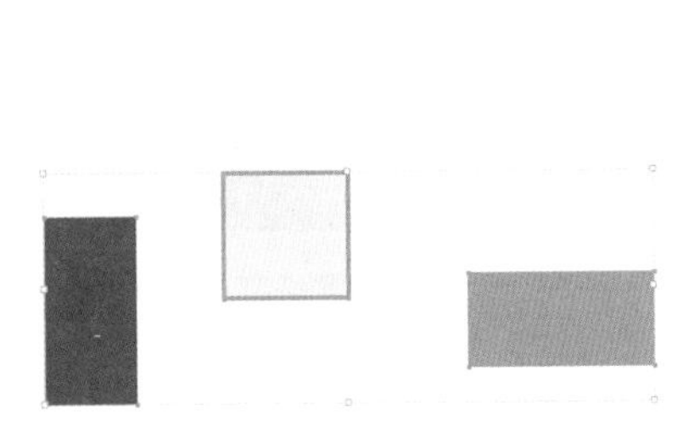

图 8-22 指定关键对象

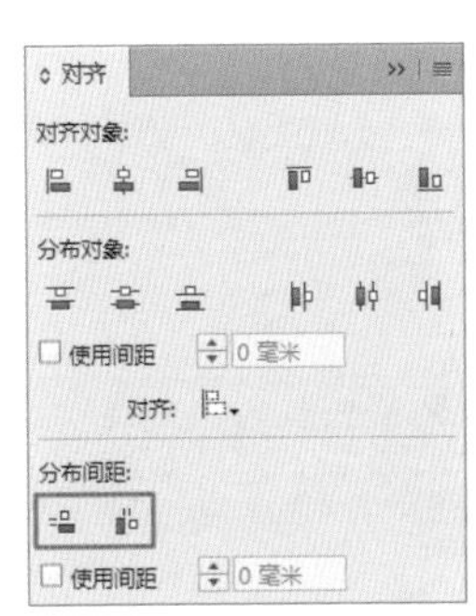

图 8-23 等间距排列对象

提 示

如需指定对象之间的间距值，可以勾选图 8-23 的“使用间距”复选框，然后在右侧的文本框中输入所需的间距值。

8.3.2 将文本绕排在对象周围

在 InDesign 中可以将文本绕排在图片、形状、框架等对象的周围，以实现最佳的图文混排效果。为对象设置文本绕排时，InDesign 会在对象周围创建一个阻止文本靠近对象的边界，并且用户可以设置文本与该边界之间的距离。将文本围绕的对象称为绕排对象，所有的绕排选项都是设置在绕排对象上而非文本。

将文本绕排在对象周围的操作步骤如下：

（1）创建一个文本框架，在其中输入所需的文本。

（2）导入一张图片，将该图片移动到文本框架的范围内，如图 8-24 所示。

图 8-24 将图片移动到文本框架的范围内

（3）选择图片或其所在的框架，然后打开“文本绕排”面板，由于本例中的图片是具有透明背景的 PNG 格式的图片，为了让文本按照形状边缘的轮廓进行绕排，需要进行以下几项设置，如图 8-25 所示。

- 将文本绕排方式设置为“沿对象形状绕排”，即“文本绕排”面板第一行按钮中的第三个。
- 将“类型”设置为“Alpha 通道”，即通过图片的透明度来识别图片的边界。
- 将“绕排至”设置为“左侧和右侧”。
- 将“上位移”设置为“3 毫米”，在文本与图片轮廓之间增加了 3 毫米的间距。

完成上述设置后，将得到如图 8-26 所示的效果，文本绕排在图片边缘的轮廓周围。

图 8-25 设置绕排选项

图 8-26 文本绕排在图片边缘的轮廓周围

动手实践　在文本中定位对象

有时可能需要在文本行中插入图标或图片，并且要让这些对象与其相关的文本保持固定的相对位置，即移动文本行时，其中的图标或图片也随之移动。在 InDesign 中可以通过创建定位对象实现上述排版功能。创建定位对象的操作步骤如下：

（1）将作为定位对象的对象导入 InDesign 中。由于本例要将一个图标插入到文本行中，所以需要调整该图标的大小，使其适应文本行的高度。

（2）选择第（1）步中的图标，按 Ctrl+X 组合键，剪切该图标。

（3）使用“文字工具”在文本中要放置定位对象的位置单击，将插入点显示在此处。

（4）按 Ctrl+V 组合键，将第（2）步剪切的图标粘贴到插入点位置，即可完成定位对象的创建。图 8-27 位于第二行开头的图标就是创建的定位对象。

提　示

如果还未决定要使用哪个对象作为定位对象，则可以单击菜单栏中的“对象”|“定位对象”|“插入”命令，先在插入点位置插入一个空白框架作为占位符，以后再将指定的对象放置到该占位符框架中。

创建的定位对象默认与插入点处的基线对齐。如需调整定位对象在垂直方向上的位置，可以选择定位对象，然后单击菜单栏中的“对象”|“定位对象”|“选项”命令，打开“定位对象选项”对话框，在“Y 位移”文本框中输入将定位对象向上或向下移动的距离，如图 8-28 所示。在该对话框中还可以选择定位对象的位置类型，然后根据所选择的位置进行进一步设置。

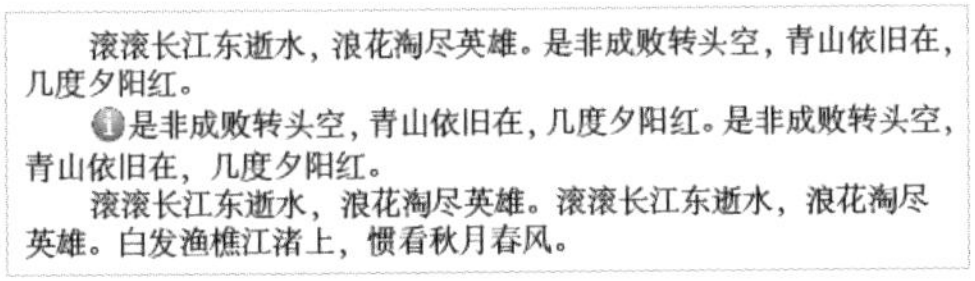

滚滚长江东逝水，浪花淘尽英雄。是非成败转头空，青山依旧在，几度夕阳红。

❶是非成败转头空，青山依旧在，几度夕阳红。是非成败转头空，青山依旧在，几度夕阳红。

滚滚长江东逝水，浪花淘尽英雄。滚滚长江东逝水，浪花淘尽英雄。白发渔樵江渚上，惯看秋月春风。

图 8-27　在文本行中插入图标

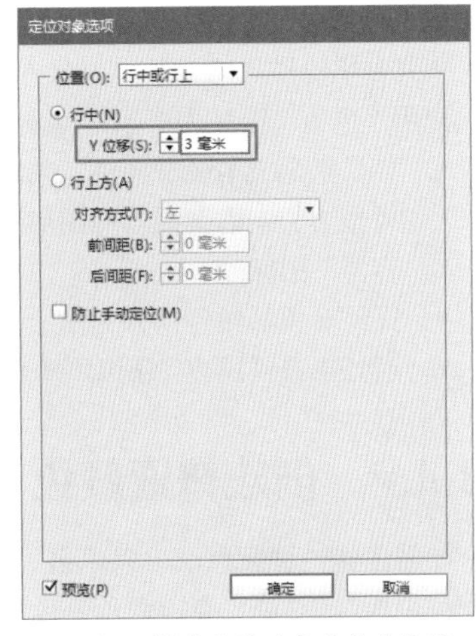

图 8-28　调整定位对象的垂直位置

8.4　创建和管理颜色

为了实现更好的视觉效果，在 InDesign 中无论哪种类型的对象，都与颜色的使用密不可分，因此，了解在 InDesign 中如何创建和管理颜色就变得非常重要，本节将介绍这方面的内容。

8.4.1　了解 InDesign 中的色板

在 InDesign 中可以使用“色板”面板创建、使用和管理颜色。“色板”面板中的每一种颜色都称为色板，其中默认显示使用 CMYK 颜色模式定义的 6 种颜色：青色、洋红色、黄色、红色、绿色和蓝色，如图 8-29 所示。如果为对象设置了“色板”面板中存在的颜色，则当选中该对象时，在“色板”面板中会突出显示该对象上的颜色。

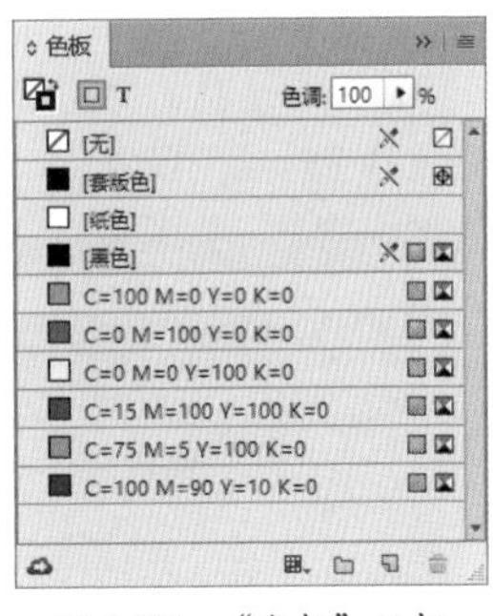

图 8-29　“色板”面板

提　示

如果在“色板”面板中未显示任何色板，则可以单击“色板”面板底部的▦按钮，在弹出的菜单中选择“显示全部色板”命令。

虽然也可以使用“颜色”面板为对象设置颜色，但是更好的方法是使用“色板”面板为对象设置颜色。这是因为“色板”面板中的颜色在文档中是全局性的，这意味着在“色板”面板中修改某个色板，修改结果会自动作用于应用了该色板的所有对象。

使用“颜色”面板设置的颜色只存在于特定的对象，除非选择该对象，否则设置的颜色不会显示在“颜色”面板或“色板”中。简单来说，“颜色”面板更适合临时设置某种颜色，而“色板”面板则适合规范统一地设置颜色，且便于以后随时修改颜色，这两者之间的关系类似于字符格式和字符样式的关系。

使用“色板”面板为对象设置颜色时应注意以下两点：

- 如果是为文本设置颜色，则需要在“色板”面板中单击“格式针对文本”图标[T]；如果是为文本框架或其他图形对象设置颜色，则需要在“色板”面板中单击“格式针对容器”图标[□]。
- 任何对象的颜色都分为描边色和填充色两种。为对象设置颜色前，需要在“色板”中通过单击“描边”或“填色”两个图标之一来指定要设置哪种颜色。

8.4.2 创建普通颜色

如需创建一种颜色，可以单击“色板”面板右上角的[≡]按钮，在弹出的菜单中选择“新建颜色色板”，打开“新建颜色色板”对话框，然后设置以下几项，如图 8-30 所示。

- 如果勾选“以颜色值命名”复选框，则会使用颜色值作为创建的颜色的名称。如需自定义设置颜色的名称，需要取消勾选该复选框，然后在“色板名称”文本框中输入所需的名称。
- 在“颜色类型”下拉列表中选择“印刷色”或“专色”。如果所需使用的颜色种类很多，则应该选择“印刷色”；如果所需使用的颜色种类很少且对颜色的精确度有很高的要求，则可以选择“专色”。
- 在“颜色模式”下拉列表中选择一种颜色模式。如果要将颜色打印输出，则应该将颜色模式设置为 CMYK；如果颜色只用于电子文档，则可以将颜色模式设置为 RGB，以呈现更丰富的色彩。
- 指定颜色模式后，拖动颜色滑块来设置颜色。例如，如果将颜色模式设置为 CMYK，则需要分别设置组成 CMYK 颜色的 4 个颜色分量。

完成各个选项的设置后，单击“确定”按钮，将在“色板”面板中显示新建的颜色，并自动成为选中状态，如图 8-31 所示。

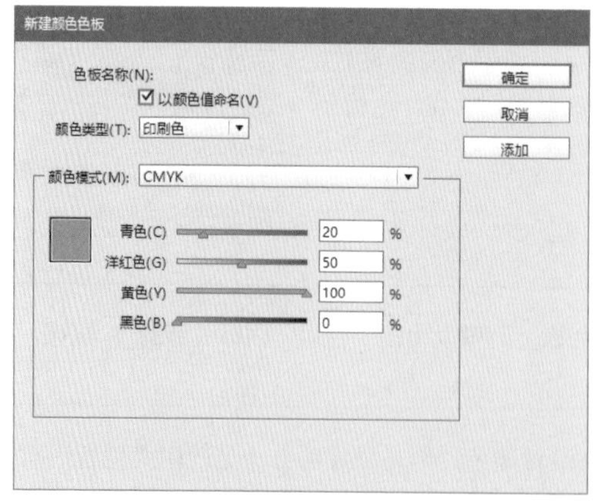

图 8-30 “新建颜色色板”对话框

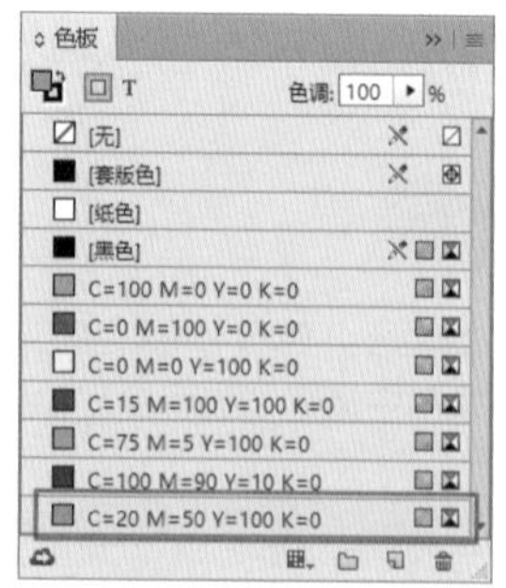

图 8-31 创建颜色色板

如需修改“色板”面板中的颜色，可以双击该颜色，然后在打开的“色板选项”对话框中修改颜色的各个选项，该对话框中的选项与“新建颜色色板”对话框相同。

如需删除某个颜色，可以在“色板”面板中右击该颜色，然后在弹出的菜单中选择“删除色板”命令，如图 8-32 所示。

注 意

删除一个已应用于对象的颜色时，将打开“删除色板”对话框，如图 8-33 所示。用户需要选择一个替代颜色，以便在删除对象上的当前颜色之后，自动为对象设置所选择的替换颜色。如需在删除色板时保留对象上的颜色，可以在“删除色板”对话框中选中“未命名色板”单选钮。

图 8-32 使用“删除色板”命令删除颜色

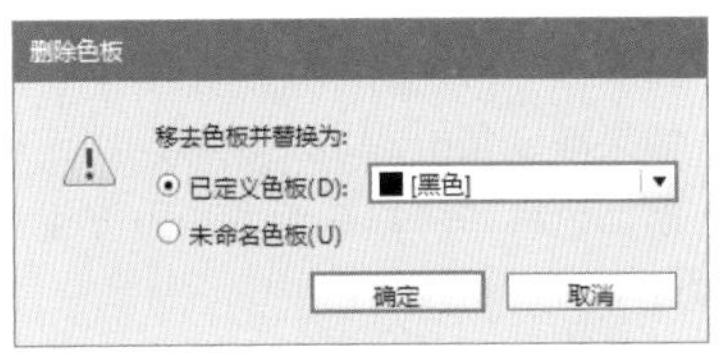

图 8-33 “删除色板”对话框

8.4.3 创建不同深浅度的颜色

如需调整颜色的深浅度，可以在“色板”面板中选择一种颜色，然后调整“色调”值。如需经常使用同一种颜色的不同深浅度，可以为该颜色创建不同的色调，以便在同一种颜色的不同深浅度之间快速切换。

如需创建不同色调的颜色，可以先在“色板”面板中选择一种颜色，然后单击“色板”面板右上角的☰按钮，在弹出的菜单中选择“新建色调色板”，打开“新建色调色板”对话框，在下方拖动“色调”的滑块或者在文本框中输入色调值（以百分比表示），如图 8-34 所示。

单击“确定”按钮，将为选中的颜色创建一种色调，并显示在“色板”面板中，默认会将设置的色调百分比值添加到色调色板名称的末尾，如图 8-35 所示。使用相同的方法，可以为同一种颜色创建多个色调。

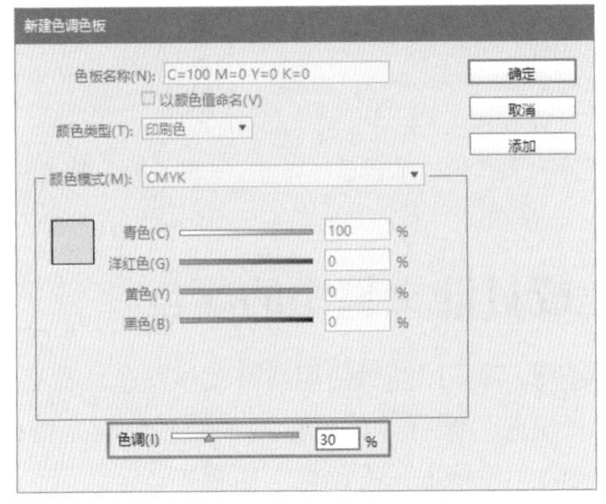

图 8-34 “新建色调色板”

图 8-35 创建色调色板

8.4.4 创建渐变色

渐变色是指在两种或两种以上颜色之间，或者同一种颜色的不同色调之间逐渐过渡并融合在一起的颜色，如图 8-36 所示。

渐变是通过渐变条中的一系列色标定义的。色标是渐变中的一个点，渐变在该点从一种颜色变为另一种颜色，色标由渐变条下方的彩色方块标识。在 InDesign 中创建渐变色时的初始颜色有两种和一个色标，色标位于两种颜色的中点。

如需创建渐变色，可以单击“色板”面板右上角的☰按钮，在弹出的菜单中选择“新建渐变色板”，打开“新建渐变色板”对话框，然后设置以下几项，如图 8-37 所示。

- 在“色板名称”文本框中为新建的色调色板设置一个名称。
- 在“类型”下拉列表中选择“线性”或“径向”，以指定渐变的类型。
- 单击渐变条中的第一个色标对应的彩色方块，然后使用“站点颜色”选项为该色标设置一种颜色。再单击渐变条中的下一个色标对应的彩色方块，然后为其设置另一种颜色。如果渐变条上有多个色标，则使用相同的方法逐一为它们设置颜色。如需在渐变条上添加色标，可以在渐变条下方空白处单击，然后拖动色标以调整其在渐变条上的位置。
- 在“站点颜色”下拉列表中选择颜色来源。如果颜色来自现有的色板，则选择“色板”选项，否则，可以选择其他选项，然后拖动滑块设置各个颜色分量的值。

提示

如需从渐变条上删除色标，可以使用鼠标拖动色标。

完成上述设置后，单击“确定”按钮，将在“色板”面板中显示新建的渐变色板，如图 8-38 所示。

图 8-36 渐变色

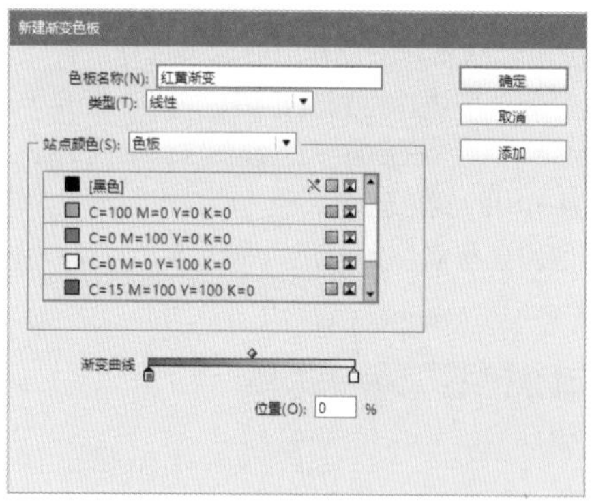

图 8-37 “新建渐变色板”对话框

图 8-38 创建渐变色板

8.4.5 使用对象上的颜色或其他文档中的颜色

如果想为对象上的颜色创建色板，以便于以后可以随时使用或修改该颜色，那么可以选择对象，在“色板”面板中单击“描边”或“填充”图标，然后单击“新建色板”按钮，将对象上的描边色或填充色创建为一个新的色板，并显示在“色板”面板中。

提 示

如需为文档中所有对象上的颜色创建色板，可以单击“色板”面板右上角的☰按钮，然后在弹出的菜单中选择“添加未命名颜色”命令即可。

在不同的 InDesign 文档中创建的色板是相互独立的，这样不用担心来自于多个文档中的大量色板汇集在一起所带来的混乱。如果要使用某个文档中的部分或全部色板，则可以将该文档中的部分或全部色板导入当前文档。

如需导入其他文档中的部分色板，可以按照新建颜色色板的方法打开“新建颜色色板”对话框，然后在“颜色模式”下拉列表中选择“其他库”选项，再在打开的对话框中双击所需的文档，将文档中的所有色板加载到“新建颜色色板”对话框中，选择要导入的色板，如图 8-39 所示。最后单击“确定”按钮，即可将选择的一个或多个色板导入到当前文档的“色板”面板中。

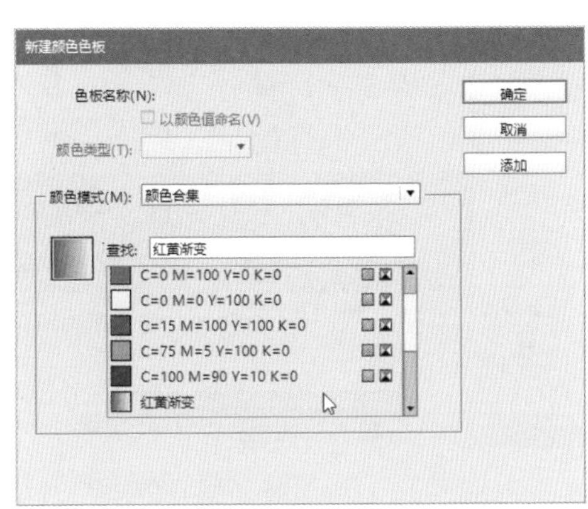

图 8-39 选择要导入的一个或多个色板

提 示

可以将一个文档中的对象复制到另一个文档，该对象上的颜色也会被复制过来，并自动添加到“色板”面板中。

如需导入其他文档中的所有色板，可以单击“色板”面板右上角的☰按钮，在弹出的菜单中选择“载入色板”命令，然后在打开的对话框中双击一个 InDesign 文档，即可将其中包含的所有色板导入到当前文档的“色板”面板中。

8.5 案例实战：制作图书封面

如图 8-40 所示，本节以制作图书封面为例，介绍在 InDesign 中使用图片、形状、颜色进行文档设计和排版的方法。

制作企业宣传页的操作步骤如下：

（1）启动 InDesign，新建一个包含 3 页的对页文档，将页面设置为纵向，并设置适当的页面大小和页边距，此处将页边距设置为 0 毫米。

（2）在“页面”面板中取消勾选“允许文档页面随机排布”，然后将第 1 页拖动到第 2 ～ 3 页的左侧，使 3 个页面横向排列在一起，如图 8-41 所示。

（3）将中间页面的宽度调整为书脊的宽度，假设书脊的宽度为 30 毫米。在“页面”面板中选择中间页面，然后在“工具”面板中选择“页面工具”，再在“控制”面板中将 W 的值设置为 30 毫米，如图 8-42 所示。

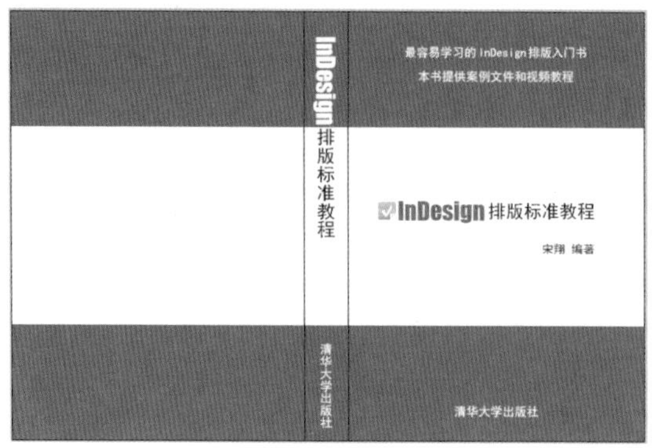

图 8-40　制作图书封面

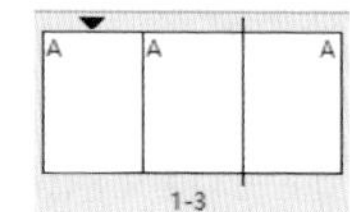

图 8-41　将 3 个页面并排排列

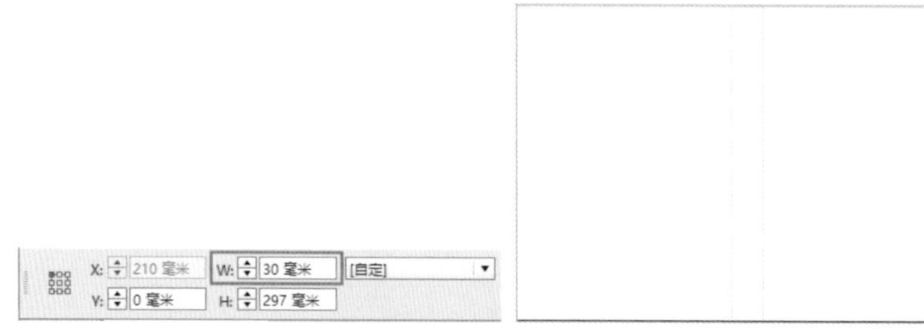

图 8-42　设置书脊的宽度

（4）在右侧的页面中绘制一个文本框架，然后在其中输入“InDesign 排版标准教程”，将其中的英文设置为紫色，并将所有文本显示在同一行，如图 8-43 所示。

（5）创建一个文本框架，在其中输入作者的姓名和编著方式，如图 8-44 所示。

InDesign排版标准教程

图 8-43　输入图书名称并设置字符颜色

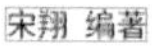

宋翔 编著

图 8-44　创建第二个文本框架并输入文字

（6）绘制一个与 3 个页面总宽度相同的矩形，将其放置到页面下方，矩形的下边缘与页面底部对齐，然后为该矩形设置与第（4）步中英文相同的紫色。复制该矩形，将复制的矩形放置到页面上方，使该矩形的上边缘与页面顶部对齐，如图 8-45 所示。

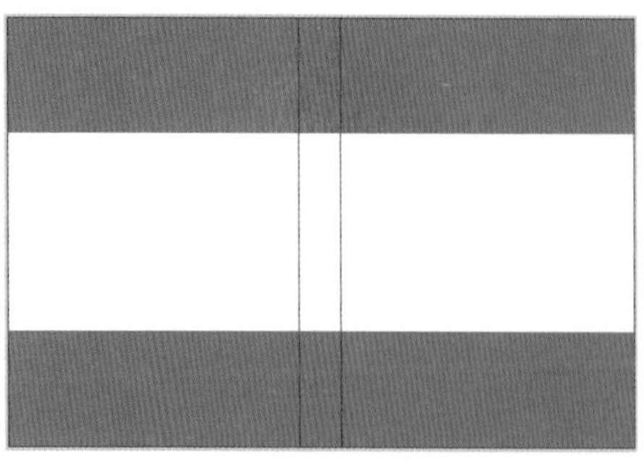

图 8-45　创建矩形并填充颜色

（7）调整书名和作者名的位置，然后可以在上下两个紫色矩形中输入一些白色的文字，然后在书名左侧插入一个图片，并调整其大小，如图 8-46 所示。

（8）在“工具”面板中选择“直排文字工具”，在书脊处绘制一个文本框架，然后在其中输入书名。使用“直排文字工具”再绘制一个文本框架，然后在其中输入出版社名称，并将它们放置到书脊中的适当位置，同时设置文本框架中的字符字体和颜色，如图 8-47 所示。

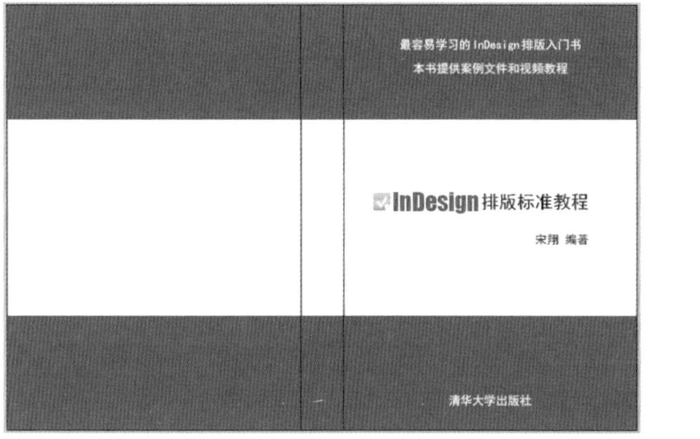

图 8-46 输入文字、插入图片并调整它们的格式和位置

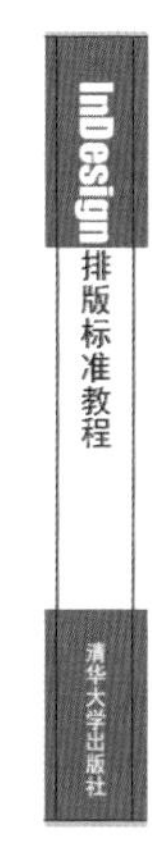

图 8-47 设置书脊位置上的文字

8.6 疑难解答

8.6.1 为何所有图片都变成了灰色方框

这是因为“显示性能”选项当前被设置为“快速显示”，该显示方式下的图片只显示灰色方框，不显示图片内容。如需显示图片内容，可以将“显示性能”选项设置为“典型显示”或“高品质显示”，有以下两种方法：

- 单击菜单栏中的“视图”|“显示性能”|“典型显示”或“高品质显示”命令。
- 在页面空白处右击，然后在弹出的菜单中选择“显示性能”|“典型显示”或“高品质显示”命令，如图 8-48 所示。

图 8-48 调整显示性能的级别

8.6.2 如何将对象在栏中居中对齐

如图 8-49 所示，页面分为两栏，如何将左栏中的图片在左栏中居中对齐？

可以在图片上方的空白区域中绘制一个与左栏等宽的矩形或矩形框架，然后同时选择图片和刚绘制的形状，单击该形状，将其指定为关键对象，如图 8-50 所示。

将“对齐关键对象”设置为对齐基准，然后单击“对齐”面板中的“水平居中对齐”按钮，再将绘制的形状删除，即可将图片在左栏里居中对齐，如图 8-51 所示。

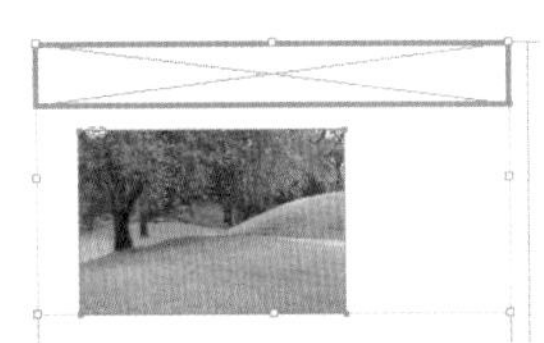

图 8-49 希望图片在左栏里居中对齐

图 8-50 将绘制的形状指定为关键对象

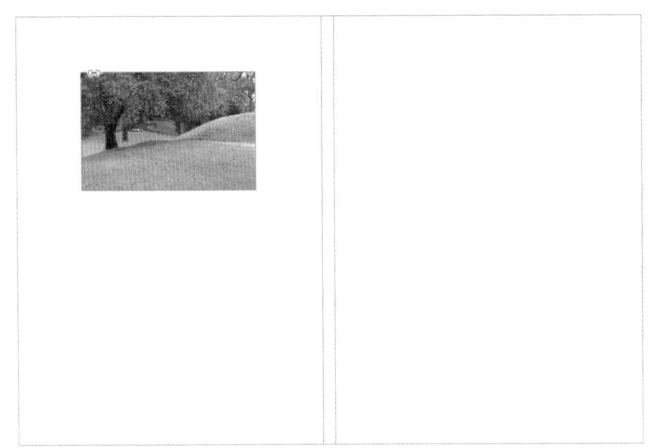

图 8-51 将图片在左栏中居中对齐

8.6.3 如何为对象设置默认颜色

可以在未选择任何对象的情况下，在“色板”面板中选择了一个色板，将为当前文档中的对象设置默认颜色，以后在该文档中创建的任何对象默认被设置为该颜色。当然，在选择色板前，需要先指定设置的描边色还是填充色。

第 9 章

InDesign 页面布局设计和印前输出

本章将介绍在 InDesign 中设计页面布局时使用的一些工具和方法，以及印前检查、打包、导出 PDF 等方面的操作。

9.1 设计页面布局

当文档包含多个页面时，实际上无论有一页的简单文档，还是包含多页的复杂文档，当需要在页面中放置多个对象时，就有设计页面的布局方式，从而编排出规范统一的文档。本节将介绍设计页面布局的一些工具和方法。

9.1.1 利用占位符设计页面布局

在文档中真正添加各类对象之前，可以先初步设计这些对象在页面中的布局方式。在InDesign中，可以将空白框架摆放到页面的不同位置，从而模拟真实对象在页面中的排列情况。

用来模拟页面布局的空白框架起到了占位符的作用，每个空白框架的内部显示一个X，以后可以随时将所需的对象放置到框架中。例如，在框架中置入文本或图片之后，框架将自动变为文本框架或图形框架，文本框架的边缘带有入口和出口，图形框架的内部显示X。

提 示

如果在图形框架中没有显示X，则可以单击菜单栏中的“视图”|“其他”|“显示框架边缘”命令。

框架除了可以作为放置其他对象的容器之外，其他方面与路径没有太大区别，两者的大多数操作基本相同，而且它们之间可以相互转换。在“工具”面板中选择“矩形框架工具”，然后在页面中拖动鼠标即可绘制一个矩形框架，如图9-1所示。

如果在“工具”面板中选择“矩形工具”，然后在页面中拖动鼠标，将绘制一个矩形，此时的矩形是路径而非框架，如图9-2所示。

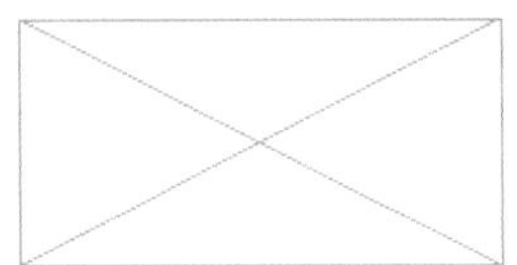

图9-1　矩形框架

图9-2　矩形路径

在框架中置入任何对象之前，可以随时将框架转换为路径。只需右击页面中的框架，在弹出的菜单中选择“内容”|“未指定”命令，如图9-3所示。如需将路径转换为框架，可以选择图中的“图形”命令。

如需精确定位占位符在页面中的位置，可以借助第1章介绍过的标尺和参考线。

根据预先的构思，可以在页面中添加文本框架和图形框架，调整它们的大小并放置到合适的位置，如图9-4所示。

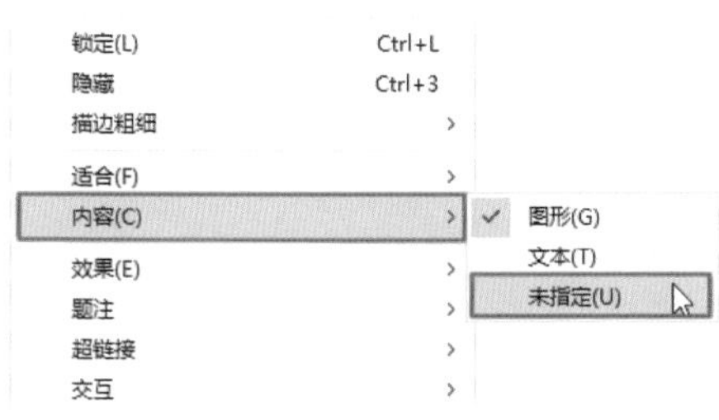

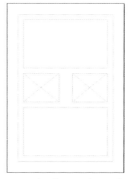

图 9-3 将框架转换为路径

图 9-4 利用框架设计页面布局

提 示

如需突出显示某个对象，或者需要为其设置特定的颜色，则可以为文本框架和图形框架设置描边色和填充色。

9.1.2 控制分页和分栏

通过分页设置，可以将指定位置之后的文本自动移入下一页，前提是下一页存在串接的文本框架。否则，设置分页后，本应移入下一页的文本会自动变成溢流文本。

如需对文本进行分页，可以使用“文字工具”在文本框架中的适当位置单击，将插入点定位到要移动到下一页的文本第一个字符的左侧，然后单击菜单栏中的“文字”|“插入分隔符”|“分页符”命令。

如需将一个文本框架中的所有内容分为左、右两栏排列，可以选择并右击该文本框架，在弹出的菜单中选择“文本框架选项”命令，打开“文本框架选项”对话框，在“常规”选项卡中设置“栏数”和“栏间距”两项，然后单击“确定”按钮，如图 9-5 所示。分成两栏后的效果如图 9-6 所示。

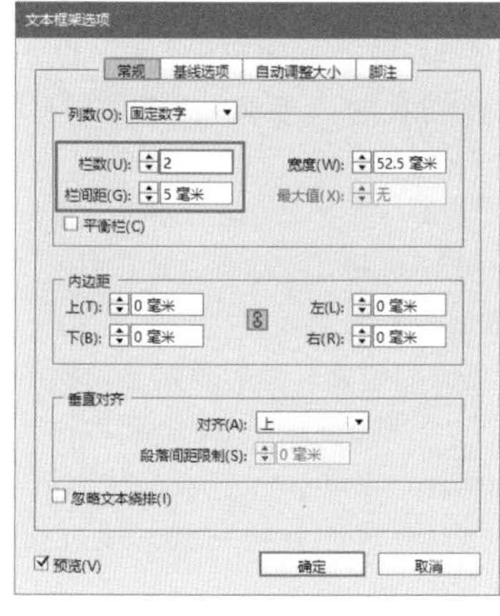

图 9-5 设置分栏选项

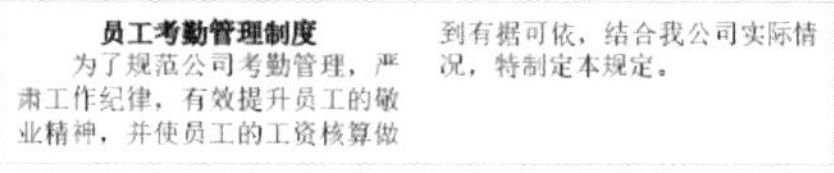
员工考勤管理制度

为了规范公司考勤管理，严肃工作纪律，有效提升员工的敬业精神，并使员工的工资核算做到有据可依，结合我公司实际情况，特制定本规定。

图 9-6 将所有文本分为两栏

如果只想为文本框架中的部分文本分栏，则可以使用“文字工具”在文本框架中选择要分栏的文本，然后单击“段落”面板右上角的☰按钮，在弹出的菜单中选择“跨栏”命令，打开“跨栏”对话框，设置以下两项，如图 9-7 所示。

- 在“段落版面”下拉列表中选择“拆分栏”。
- 在“子栏”文本框中输入“2”。

完成上述设置后，单击“确定”按钮，即可将所选文本拆分为两栏，如图 9-8 所示。

跨栏
段落版面(L): 拆分栏
子栏(U): 2
拆分前间距(B): 0 毫米
拆分后间距(A): 0 毫米
栏内间距(I): 2.117 毫米
栏外间距(O): 0 毫米
确定
取消
预览(P)

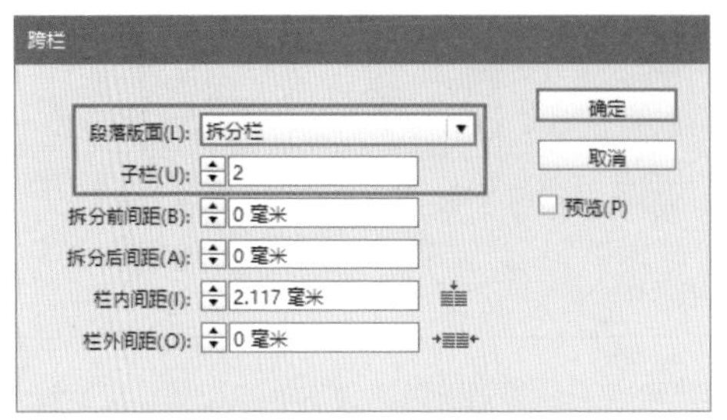

图 9-7　设置拆分栏选项

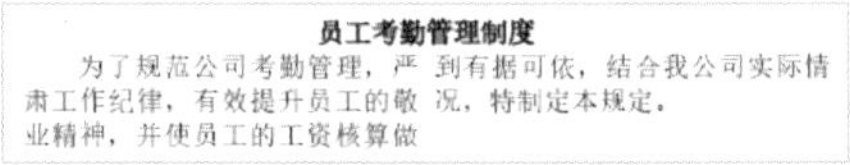

员工考勤管理制度
为了规范公司考勤管理，严 到有据可依，结合我公司实际情
肃工作纪律，有效提升员工的敬 况，特制定本规定。
业精神，并使员工的工资核算做

图 9-8　将部分文本拆分为两栏

9.1.3　创建跨栏标题

跨栏
段落版面(L): 跨栏
跨越(S): 全部
栏
跨越前间距(B): 0 毫米
跨越后间距(A): 0 毫米
确定
取消
预览(P)

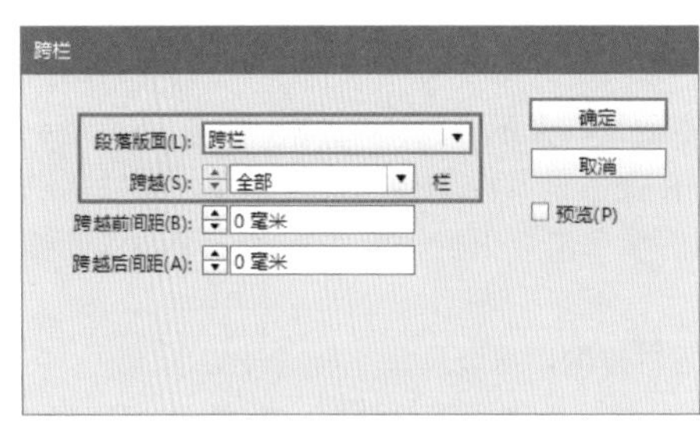

图 9-9　设置跨栏标题

对于图 9-6 中的双栏文本，如果希望加粗显示的标题可以横跨两栏显示（效果如图 9-8 所示），则可以将插入点定位到标题中，然后打开“跨栏”对话框，在“段落版面”下拉列表中选择“跨栏”，再在“跨越”下拉列表中选择“全部”，最后单击“确定”按钮，如图 9-9 所示。

9.1.4　为文档添加页码

如需在 InDesign 中为文档添加页码，可以向页面添加一个当前页码标志符，以此指定页码在页面中的位置和格式。当调整文档中的页面数量和排列顺序时，页码标志符能够自动更新，以始终显示正确的页码。为文档添加页码的操作步骤如下：

（1）在文档窗口中显示要添加页码的页面，在其中插入一个文本框架，将该文本框架移动到要显示页码的位置，并可以设置文本在文本框架中的水平对齐方式和垂直对齐方式。

（2）在文本框架中输入要在页码左右两侧显示的内容，例如“第 × 页”。

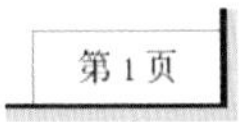

第 1 页

图 9-10　添加页码

（3）将插入点定位到要显示页码的位置，然后单击菜单栏中的“文字”|“插入特殊字符”|“标志符”|“当前页码”命令，将在插入点位置显示当前页面的页码，如图 9-10 所示。

（4）使用“原位粘贴”的方式，将第 3 步创建的页码复制并粘贴到其他页面的相同位置。

提 示

更好的方法是将页码添加到主页中，然后将主页应用给页面，以后只要修改主页中的页码，所有应用了该主页的页面中的页码都会随之改变。

9.1.5 创建和使用主页

为了提高设计和排版效率，可以将同时出现在每个页面中的对象添加到主页中，然后将主页应用给所需的一个或多个页面，主页中的所有对象将自动显示在这些页面中，来自主页的对象的边框在文档页面中会显示为点线的形式。对主页中任何对象的修改会自动反映到应用了该主页的文档页面中。

在InDesign中默认创建的空白文档会自动关联到一个主页，在“页面”面板中可以查看当前文档中的页面和主页信息。如图9-11所示，当前文档包含一个空白页面和一个名为“A-主页”的主页。文档页面缩略图的顶部显示一个字母A，该字母是主页名称的前缀，表示文档页面应用了名为“A-主页”的主页，该主页中的所有对象都会显示在文档页面中。

除了默认的主页，用户还可以创建新的主页，只需单击“页面”面板右上角的☰按钮，然后在弹出的菜单中选择“新建主页”命令，在打开的“新建主页”对话框中设置新建主页的前缀、名称、包含的页数以及页面尺寸，如图9-12所示。

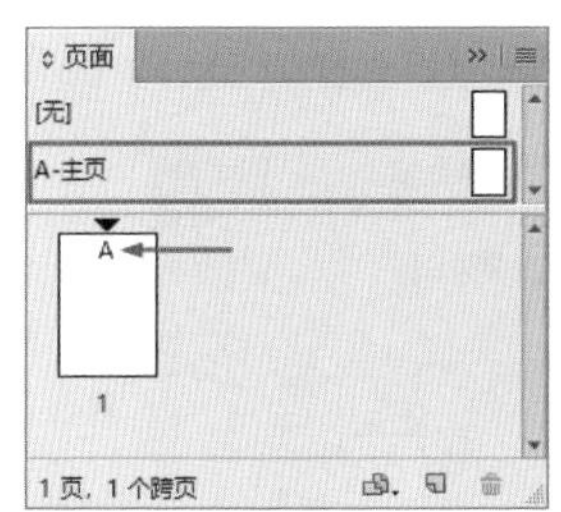

图9-11 默认创建的空白文档自动关联到一个主页

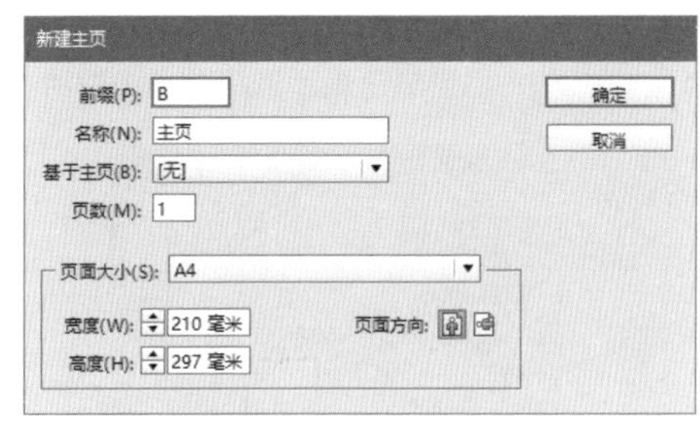

图9-12 设置新建主页的选项

注 意

对“页数”设置的最大值为10。

单击“确定”按钮，将在“页面”面板中显示新建的主页，如图9-13所示。

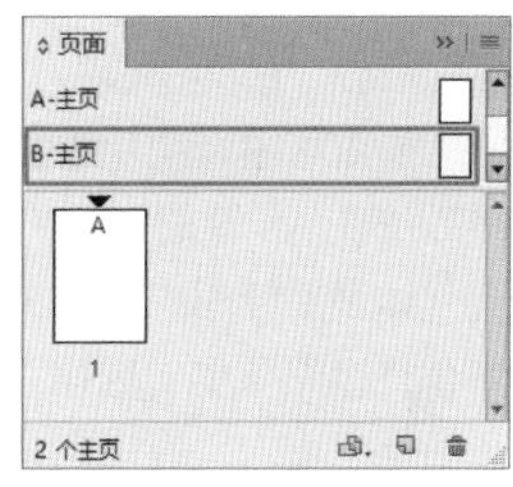

图9-13 创建新的主页

提 示

如需基于现有页面创建主页，可以在“页面”面板中选择该页面或整个跨页，然后单击“页面”面板右上角的☰按钮，在弹出的菜单中选择“主页”|“存储为主页”命令，如图9-14所示。

图 9-14　基于现有页面创建主页

创建主页后，如需编辑主页中的内容，可以在“页面”面板中双击主页缩略图，将在文档窗口中显示主页的页面，然后开始编辑主页。

为了将主页中的对象自动显示在文档页面中，需要将主页应用于一个或多个文档页面。如需将主页应用于一个文档页面，可以在“页面”面板中将主页缩略图拖动到文档页面缩略图上，当黑色矩形围绕页面时，释放鼠标按键，如图 9-15 所示。

如需将主页应用于文档中的跨页，可以在“页面”面板中将主页缩略图拖动到跨页缩略图的 4 个角点之一，当黑色矩形围绕跨页中的所有页面时，释放鼠标按键，如图 9-16 所示。

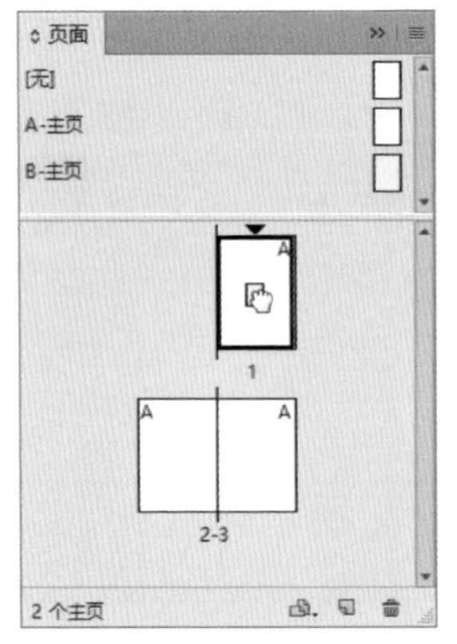

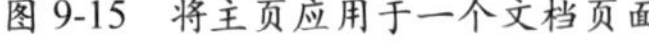
图 9-15　将主页应用于一个文档页面

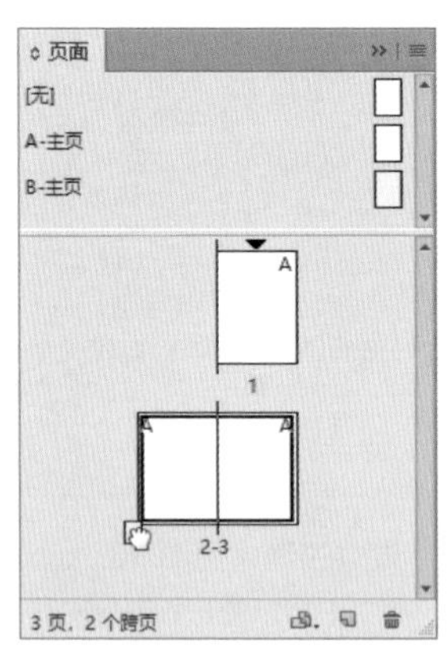

图 9-16　将主页应用于一个文档跨页

如需将主页应用于文档中的多个页面，可以在“页面”面板中选择要应用主页的多个页面，然后按住 Alt 键的同时单击要应用的主页。图 9-17 为第 1 页和第 3 页应用了 B 主页。

如果要应用主页的页面数量较多，则可以在“页面”面板中右击要应用的主页缩略图，然后在弹出的菜单中选择“将主页应用于页面”命令，打开“应用主页”对话框中，在“于页面”文本框中输入要应用主页的多个页面的页码。例如，如需为文档中的第 1 页、第 3 页、第 5 页、第 7 ～ 9 页应用主页，则可以输入“1,3,5,7-9”，如图 9-18 所示。

如果不想页面与主页再有任何关联，则可以取消应用主页，只需将“主页”面板中的“[无]”

应用于特定的文档页面即可。

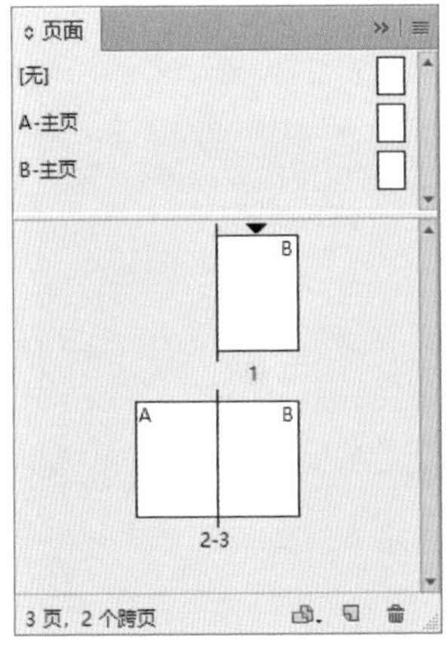

图 9-17 将主页应用于多个页面

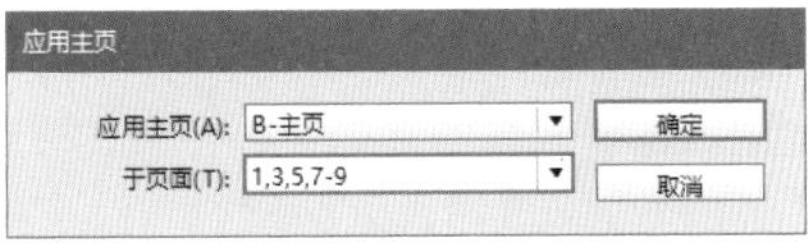

图 9-18 输入要应用主页的多个页码

9.2 印前和输出

完成文档的设计和制作后，为了避免在印刷时出现任何问题，应该对文档内容进行检查，发现问题后及时解决。没有问题后，利用打包功能将文档中用到的字体和链接对象全部汇总到一起，并将 InDesign 文档导出为 PDF 文档，送到印刷厂开始印刷。

9.2.1 印前检查

为了最大程度地保证文档内容在印刷时不会出现错误，可以使用 InDesign 中的印前检查功能，对文档中的各类对象及其相关指标进行检测，从而判断是否全部符合印刷要求。InDesign 默认指定了常规的检测标准，用户也可以根据特定要求，创建新的检测标准。

无论文档中是否包含错误，都会在 InDesign 窗口底部的状态栏中实时显示检查结果，如图 9-19 所示。

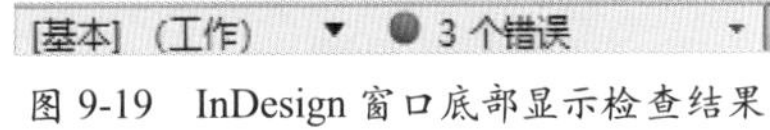

图 9-19 InDesign 窗口底部显示检查结果

在图 9-19 中单击右侧的下拉按钮，然后在弹出的菜单中选择“印前检查面板”命令，如图 9-20 所示。将打开“印前检查”面板，其中列出了检查到的错误，单击错误类别左侧的黑色箭头，可以展开并查看错误的具体项目，单击面板下方的“信息”按钮，将显示错误的详细信息，如图 9-21 所示。

如果在 InDesign 窗口底部没有显示检查结果，则可以在图 9-20 中选择“印前检查文档”命令。

对文档进行哪些检查是由 InDesign 默认指定的，用户也可以自定义检查项目，只需单击“印前检查”面板右上角的☰按钮，在弹出的菜单中选择“定义配置文件”命令，打开“印前检查配置文件”对话框。单击 + 号新建一个配置文件，然后在“配置文件名称”文本框中输入新配置文件的名称，在下方设置要检查的项目，如图 9-22 所示。最后单击“确定”按钮，即可创建一个新的印前检查配置文件。

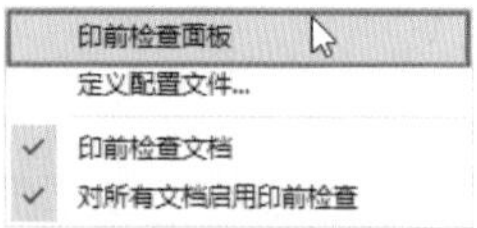

图 9-20　选择“印前检查面板”命令

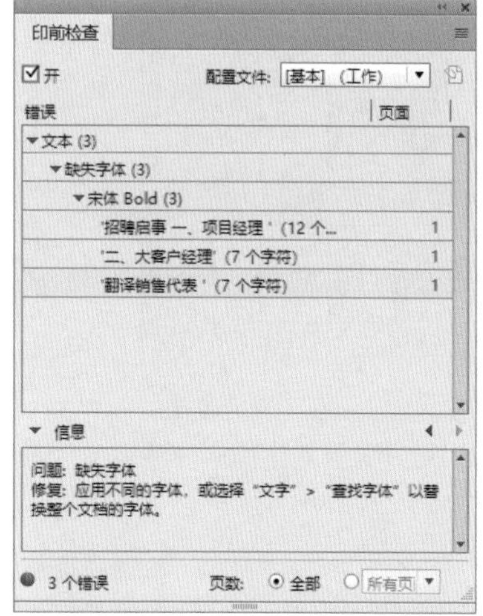

图 9-21　“印前检查”面板

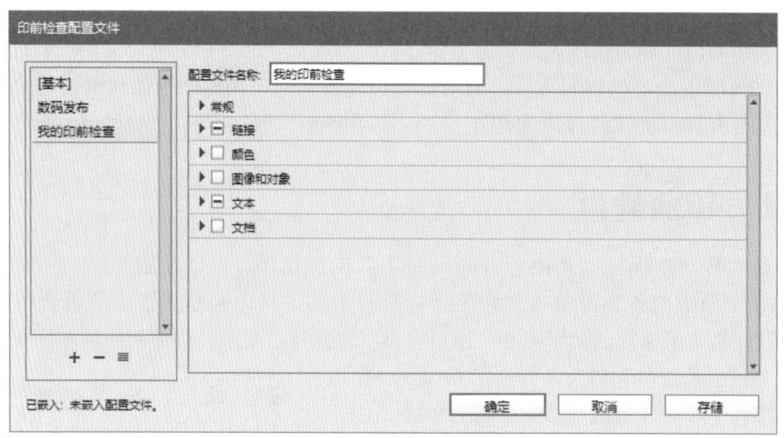

图 9-22　创建印前检查配置文件

如需使用自己创建的配置文件执行印前检查，可以在以下两个位置更改要使用的配置文件。在“印前检查”面板的“配置文件”下拉列表中选择所需的配置文件，如图 9-23 所示。在 InDesign 窗口底部的下拉列表中选择所需的配置文件，如图 9-24 所示。

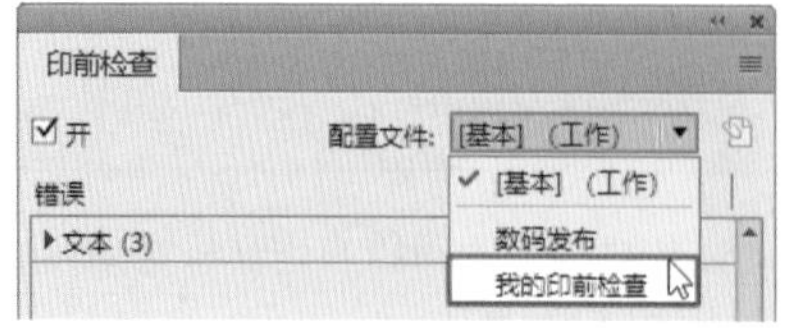

图 9-23　在“印前检查”面板中选择配置文件

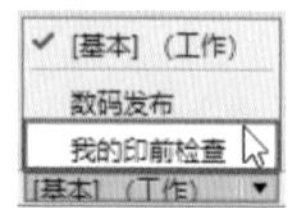

图 9-24　在 InDesign 窗口底部选择配置文件

9.2.2 打包文档

如果使用过 PowerPoint，那么应该不会对它的打包功能感到陌生。在 InDesign 中也提供了类似的打包功能，该功能用于在印刷前，将文档及其中包含的各类对象的源文件汇总到一起，并保持原有的链接关系，以便将所有相关文件一起提供给印刷厂。打包文档的操作步骤如下：

（1）单击菜单栏中的“文件”|“打包”命令，打开“打包”对话框，其中会显示对文档的检查结果，如图 9-25 所示。

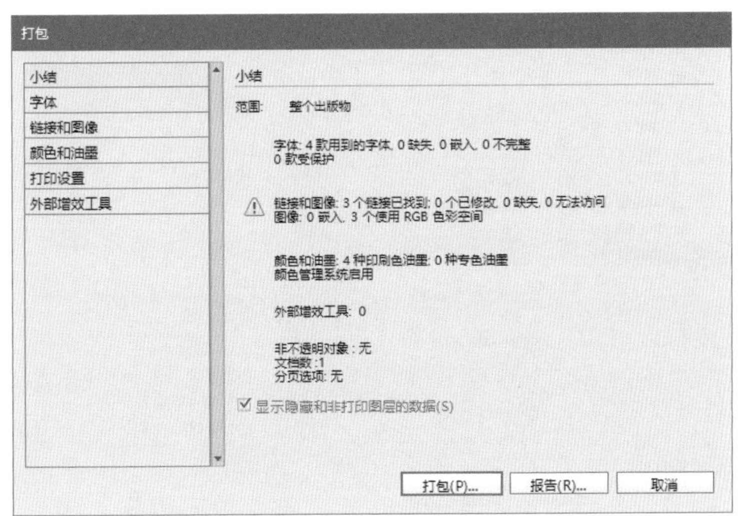

图 9-25　“打包”对话框

（2）单击“打包”按钮，打开“打印说明”对话框，在此处为打包的文件添加说明信息，以便他人可以更容易理解打包文件包含的内容，如图 9-26 所示。这些信息将存储在名为“说明”的文本文件中。

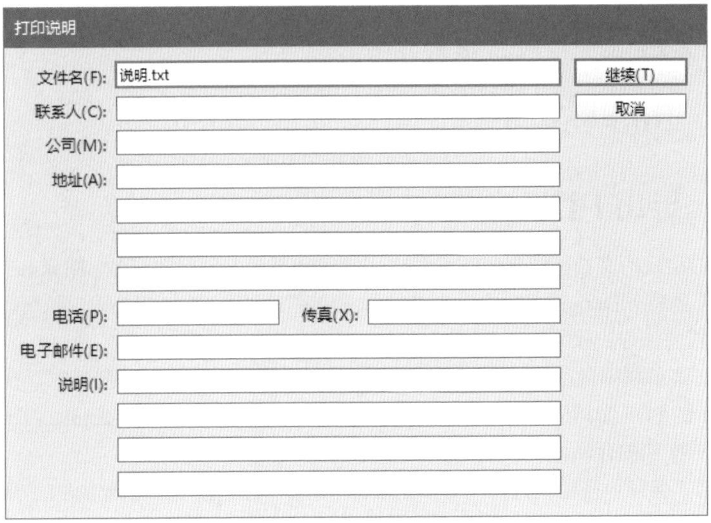

图 9-26　添加说明信息

（3）单击“继续”按钮，打开“打包出版物”对话框，在此处选择打包的内容和打包文件的存储位置。在“文件夹名称”文本框中输入一个名称，打包后的所有文件都会保存在以该名称命名的文件夹中，如图 9-27 所示。

图 9-28　打包后的文件

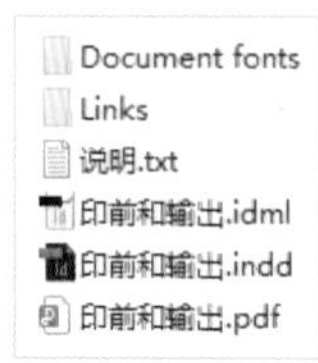

图 9-27　设置打包的内容和存储位置

（4）单击“打包”按钮，将所有相关对象和文件打包到指定的文件夹中，如图 9-28 所示。

9.2.3　导出 PDF 文档

由于 PDF 格式的文档能够保留在各种应用程序和平台上创建的字体、图像和版面，因此，印刷前通常需要将 InDesign 文档导出为 PDF 文档，然后将其交给印刷厂。将 InDesign 文档导出为 PDF 文档的操作步骤如下：

（1）单击菜单栏中的“文件”|“导出”命令，打开“导出”对话框，在“文件名”文本框中输入导出的 PDF 文档的名称，并在“保存类型”下拉列表中选择“Adobe PDF（打印）”，然后选择 PDF 文档的存储位置，如图 9-29 所示。

（2）单击“保存”按钮，打开“导出 Adobe PDF”对话框，在“Adobe PDF 预设”下拉列表中选择一种预设方案，根据实际情况，从左边选择不同的类别，然后对各个类别中的预设选项进行适当调整，如图 9-30 所示。

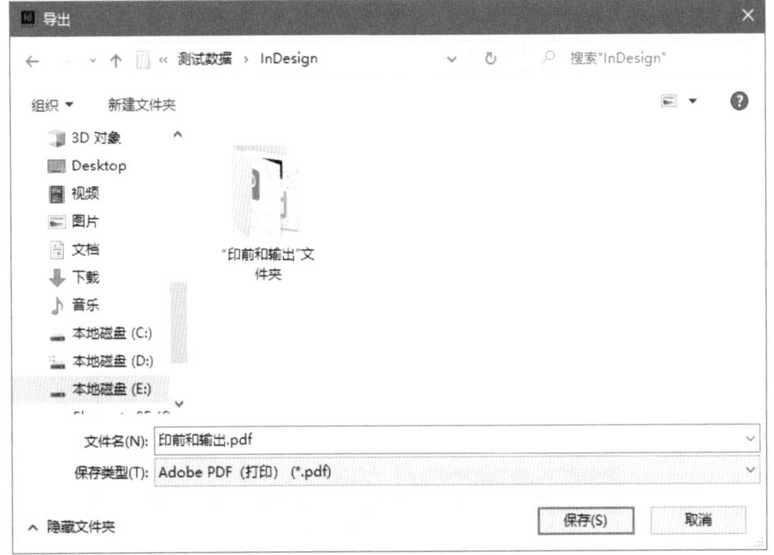

图 9-29 设置导出选项

导出 Adobe PDF

Adobe PDF 预设(S): [印刷质量]

标准(T): 无　　兼容性(C): Acrobat 5 (PDF 1.4)

常规
压缩
标记和出血
输出
高级
安全性
小结

常规

说明(D): 使用这些设定创建的 Adobe PDF 文档适用于高质量的印前印刷。您可以使用 Acrobat 和 Adobe Reader 5.0 以及更高版本来打开创建的 PDF 文档。

页面
全部(A)
范围(R): 所有页面
页面(G) 跨页(E)

查看
视图(E): 默认
版面(U): 默认
以全屏模式打开(M)

选项
嵌入页面缩览图(P)
导出后查看 PDF(W)
优化快速 Web 查看(O)
创建 Acrobat 图层(L)
创建带标签的 PDF(F)
导出图层(Y): 可见并可打印的图层

包含
书签(B)
非打印对象(N)
超链接(H)
可见参考线和基线网格(V)
交互式元素(I): 请勿包含

将您的文档联机发布到 Web
导出 PDF 后尝试运行 "Publish Online"

存储预设(V)...　导出(X)　取消

图 9-30 "导出 Adobe PDF"对话框

（3）调整好各个选项后，单击“导出”按钮，将 InDesign 文档导出为 PDF 文档。

9.3 案例实战：设计宣传册内页版式

如图 9-31 所示，本节以设计图片在上，文字在下的宣传册内页的双栏版式为例，介绍在 InDesign 中设计页面版式的方法。本例仅是抛砖引玉，读者可以设计更灵活多变的版式，例如，可以通过绘制路径在页面中创建不规则形状并为其填色，使版式的视觉效果更多变、更有趣。

图 9-31　设计宣传册内页版式

设计宣传册内页版式的操作步骤如下：

（1）启动 InDesign，新建一个文档，将页面方向设置为纵向，并设置合适的页面大小和出血。

（2）单击菜单栏中的“版面”|“边距和分栏”命令，在打开的对话框中将“栏数”设置为 2，将“栏间距”设置为 5 毫米，然后单击“确定”按钮，如图 9-32 所示。

（3）单击菜单栏中的“版面”|“创建参考线”命令，在打开的对话框中将“行数”设置

为 3，将“行间距”设置为 5 毫米，并选中“边距”单选钮，然后单击“确定”按钮，如图 9-33 所示。

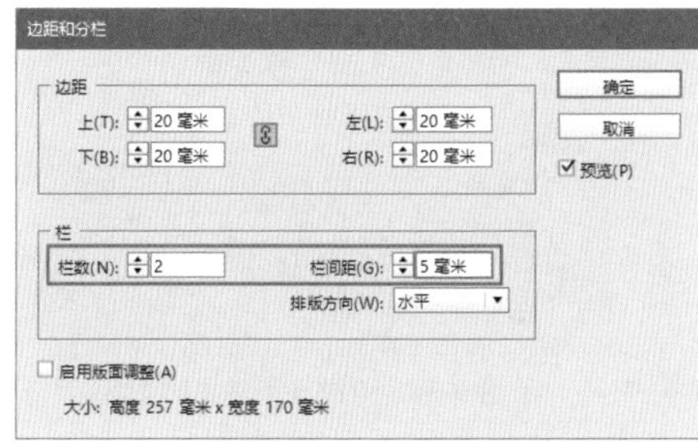

图 9-32　设置分栏和栏间距

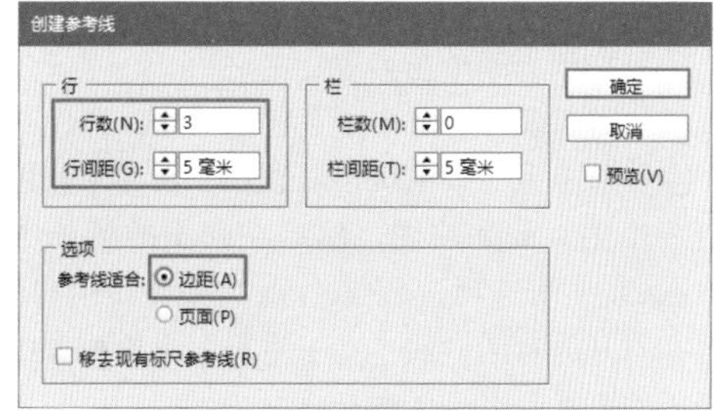

图 9-33　创建水平参考线

（4）完成上述操作后，将页面分成左右两栏，并在页面中自动添加两组水平参考线，将页面分为上、中、下 3 个区域，如图 9-34 所示。

（5）每一栏的 3 个区域中添加文本框架和图形框架，以作为真正内容的占位符，如图 9-35 所示。以后可以随时在这些框架中置入文本和图片，完成文档的制作。

图 9-34　为页面分栏并创建水平参考线

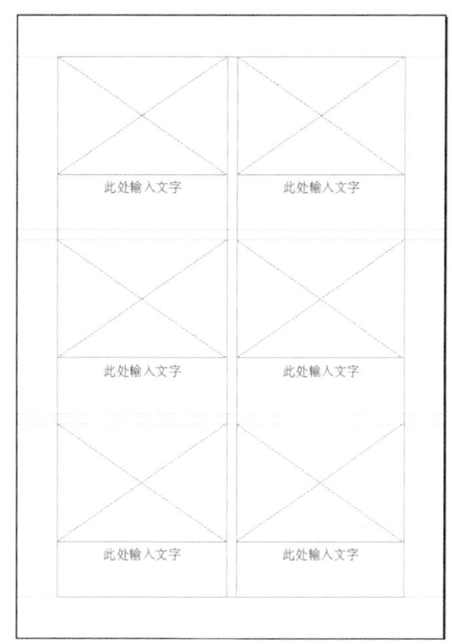

图 9-35　在页面中添加文本框架和图形框架

提 示

可以预先为所有框架设置格式，例如字符格式、段落格式、框架的适合选项和垂直对齐方式等。以后在框架中添加的内容会自动应用这些格式，这样可以节省设置格式的时间，提高操作效率。

9.4 疑难解答

1. 如何为两个主页建立关联

如需为现有的两个主页建立关联，即使其中一个主页基于另一个主页，可以在“页面”面板中右击一个主页的缩略图，然后在弹出的菜单中选择“xxx 的主页选项”命令（xxx 表示主页的名称），再在打开的对话框的“基于主页”下拉列表中选择所需的主页，如图 9-36 所示。

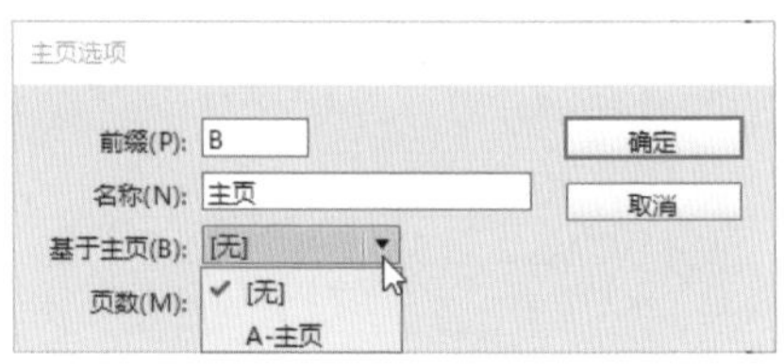

图 9-36　为两个主页建立关联

2. 如何更改主页的页面尺寸

可以在“工具”面板中选择“页面工具”，然后在“控制”面板中更改主页的页面尺寸。

3. 如何在文档页面中编辑主页中的对象

默认情况下，将主页应用于文档页面后，在文档页面中会自动显示主页中的所有对象，但是无法对它们进行编辑。如需在文档页面中编辑主页中的对象，可以在同时按住 Ctrl 键和 Shift 键时，单击文档页面中的某个主页对象。现在可以像选择任何其他页面中的对象一样，在页面中选择主页中的该对象了。

如果希望可以编辑文档页面中的所有来自于主页的对象，则可以在“页面”面板中右击该文档页面，然后在弹出的菜单中选择“覆盖所有主页项目”命令。